CATHERINE GILDINER

早安,怪物

[加]
凯瑟琳·吉尔迪纳
—
著

木草草
—
译

GOOD MORNING,
MONSTER:
FIVE HEROIC JOURNEYS
TO RECOVERY

果麦文化 出品

献给书中五位勇敢的主人公

作者的话

我要对这本书里写到的来访者们表示感谢。这五位来访者有着迥然不同的社会与文化背景，性情也各不相同，但他们每个人都拥有令我渴望的品格。我从他们身上学到了众多不同的应对策略，并且常常会用到他们的经验。他们每个人都让我的心灵变得更加美好。

分享自己的人生故事是一件无比慷慨的事情，我为此对这些来访者充满感激。作为回报，我也努力保持他们的匿名身份，确保他们不会被人认出来。

这本书的目标读者并非学术人士，而是普罗大众。我不仅希望这本书能给大家带来鼓励，还希望它能够成为学习工具。我根据我和来访者的治疗记录重新构建了我们之间的对话。不过，为了阐明我想要展现的心理真相，同时又能避免暴露来访者的身份，我在其中一些来访者的故事里加入了来自其他案例的某些细节，希望能借此更清晰地说明心理学上的问题。我将每一个案例都写成了故事，为保持故事流畅，我着重突出了其中的一些细节，对另一些则进行了删减。

感谢这些来访者与我乃至更多人分享他们各自的斗争。我想，音乐人彼得的这句话可以代表我们所有人的心声："如果分享我的故事能够帮到哪怕一个受着煎熬的人，那就很值得。"

目 录

前言 　　　　　　　　　1

劳拉 　　　　　　　　　5
1. 打开一扇门　　　　　6
2. 深入林中　　　　　　23
3. 看看猫拖来了什么　　34
4. 真相　　　　　　　　45
5. 没有活儿干了　　　　60

彼得 　　　　　　　　　77
1. 封存　　　　　　　　78
2. 爱的表达　　　　　　91
3. 火烫的问题　　　　　102
4. 突然袭击　　　　　　113

丹尼 124

1. 塔恩塞 125
2. 皮鞋 135
3. 触发点 139
4. 牧牛奖牌 146
5. 悲痛渗出 151
6. 解冻 159
7. 林木线以北 164
8. 猎人归来 176
9. 重聚 188

艾伦娜 192

1. 泰德·邦迪粉丝俱乐部 193
2. 去祖母家 203
3. 录音带 214
4. 火炉背后 226
5. 克洛伊 237
6. 举全村之力 250

玛德琳 262

    1. 父亲 263

    2. 女儿 271

    3. 飞行恐惧症 286

    4. 种瓜得瓜，种豆得豆 306

    5. 减压症 315

    6. 启示 327

致谢 339

前言

我想起现实世界是多么广阔,
充满了纷繁的希望与恐惧、刺激与兴奋,
就等那些勇敢的人们踏入这片天地,在生活的危险之中寻找真知。

——夏洛蒂·勃朗特——
《简爱》

这本书写的是我眼中的心理英雄。他们尽管在情感上留下了抗争的疤痕,却依然获得了成功。我选择把注意力放在获得成功的人们身上,那些出身苦难却没有严重精神疾病或成瘾行为的人们。与悲剧相比,我一直更喜欢励志的故事。(我九岁时翻遍附近图书馆里所有的《安妮日记》,希望找到一个安妮没有在结尾死去的版本。)

历史哲学家阿诺德·汤因比告诉我们,不管是男人还是女人,英雄的首要任务是成为永恒或普世的存在——意思是说,通过一桩壮举得到完善,继而重生。英雄的第二个任务就是改头换面重新来过,并且将其学到的教训传授给我们这些缺乏经验的人。所以说,这本书是我向这五位获得成功的英雄致敬的方式,感谢他们讲述这些可怕却充满意义的故事。他们每个人都手握不同的武器,采取不同的战斗策略,杀死了不同的米诺陶洛斯。

这五个人乍看之下也许千差万别,但当我们剥离经济与文化的差异后便会发现,他们无意识中的需求竟然惊人相似。为了过上更好的生活,他们都希望获得他人的爱。

劳拉、彼得、丹尼、艾伦娜和玛德琳能够教会我们的是:我们都可以成为英雄。他们体现的正是托马斯·哈代的诗作《在黑暗中

（二）》里的那句话："通往佳境的方式，需要在绝境中寻找。"他们向我们展示了如何深入了解自己的内心，照亮其中被阴影遮盖的部分。他们将黑暗角落里的种种发现拖到亮处，与之对峙。他们在未知的道路上英勇地前行，寻求改变，即使遇到挫折也不放弃。他们提醒我们，虽然过程往往很不容易，但我们完全可以克服恐惧，突破自我设定的各种界限——我们置身其中时，往往将禁锢错认为安全感。最后，这些英雄用行动告诉我们自我审视是一种多么勇敢的行为，以此给我们带来启发。

这五位勇敢的心理战士在来访期间给我留下了难以忘怀的印象。我依然时常想起他们，希望他们的勇敢作为会以同样的方式激励到你。

劳拉

我的内心容不下懦夫。

—— D. 安托瓦内特·弗伊 ——

1. 打开一扇门

我志得意满地坐在自己的办公室里。这是我作为心理治疗师开设的私人诊所营业的第一天，我已经用学到的知识武装好自己，深谙的规则也让我胸有成竹。接下来，就等那些有待我来"解决问题"的病人上门了。

我太天真了。

好在我当时对临床心理学这一行有多复杂还一无所知，不然的话，我可能就选择去做理论研究了，至少各种研究对象与变量都在可控范围之内。但现在，我不得不面对每周鱼贯而来的全新信息，学会如何灵活应对。开业第一天，我完全不知道心理治疗并非由治疗师来解决问题，而是治疗师与来访者一个星期又一个星期地面对面交流，争取获得某种彼此能够达成共识的心理真相。

让我真正体会到这一点的是劳拉·威尔克斯——我的第一位来访者。介绍她来我这儿就诊的全科医生在电话录音留言中说："等她自己告诉你具体情况。"我不知道劳拉和我相比，谁对此更加畏怯。我在不久以前还是身穿牛仔裤与T恤衫的学生，转眼便按照二十世纪八十年代初的着装礼节换上了丝绸衬衫，以及垫肩厚度堪比橄榄球中后卫的名牌西服，摇身一变成了职业人士。端坐在巨大的桃花心木桌后面的我，看起来仿佛是心理学家安娜·弗洛伊德与演员琼·克劳福德的合体。幸好我二十多岁就早早长出白发，这恰如其分地为我的举止增添了几分庄重。

劳拉身高不过五英尺[1]，身材玲珑有致。她长着一双大大的杏眼与两瓣饱满的嘴唇，要是我在三十年之后见到她，肯定会以为她的嘴唇注射过肉毒杆菌。她一头浓密的挑染金发长及肩膀，肌肤如陶瓷般白皙，与乌黑的双眼形成鲜明对比。她双唇鲜红，五官在精致妆容的衬托下显得分外标致。她身穿定制款丝绸衬衫、黑色铅笔裙，搭配一双细高跟鞋，看起来特别时髦。

她说自己二十六岁，单身，在一家大型证券公司工作。她一开始是秘书，后来受到提拔进入人力资源部门。

我询问如何才能帮助到她，劳拉却坐在那儿久久地凝视着窗外。我等她告诉我问题何在。我所面对的这种持续等待便是所谓的"治疗性沉默"——来访者置身于这种不自在的安静中时，更容易吐露真相。终于，她开口了："我得了疱疹。"

我问她："带状疱疹，还是单纯疱疹？"

"生活不检点才会得的那种。"

"性传播的那种。"我帮她翻译道。

当我问起她的性伴侣是否知道自己患有疱疹时，劳拉说，她交往了两年的男友艾德对此矢口否认。不过，她回忆说在对方的柜子里发现了一个药瓶，和她配的药是同一种。我对此提出疑问后，她却表现得不以为意，觉得自己对此无能为力。她说："艾德就是这个样子。我已经狠狠说过他了，还能怎么办呢？"

1　约为1.52米。（如无特别说明，本书中注释均为译注，下文不再一一标出）

这种漫不经心的回答表明，劳拉对于自私与欺骗的行为早就习以为常。她说，她之所以被转到我这儿来看病，是因为连最强效的药物都无法控制病情，医生认为她需要接受精神科的帮助。但劳拉明确表示不希望接受心理治疗，她只想快点儿治好疱疹。

我解释说，对于有些人而言，压力是潜伏的病毒发作的主要诱因。她说："我知道'压力'这个词的意思，但我不知道那到底是什么感觉。我不觉得自己有压力。我就是一天天地过日子，身边全是愚蠢的乡巴佬。"劳拉告诉我，她这辈子没遇到过太多困扰，不过她也承认疱疹对她造成了莫大的影响。

为了让她放心，我告诉她，十四岁到四十九岁的人之中，每六个人就会有一个得疱疹。她的回答是："那又怎么样？大家都深陷泥潭，自身难保。"我改换策略，告诉她我理解她为什么难过。一个声称爱她的男子背叛了她，而且这病疼痛难忍——事实上，她几乎都没法坐下来。最难受的则是羞耻感，从今以后，她不得不告诉所有和她亲密接触过的人自己得过疱疹或者是疱疹病毒携带者。

劳拉也这么认为，但对她而言最糟糕的是，尽管她想尽一切办法摆脱原有的家庭环境，自己却还是像家人那样，深陷在一片混乱的生活之中。"就像是流沙。"她说，"不管我多么努力地试图爬出这滩污泥，还是不断往下陷。我自己清楚，我已经尽了全力。"

我请劳拉谈谈自己的家庭情况，她说她不想细说"那些烂事"。她说自己很务实，只想减轻压力——无论其来自何处——这样一来，疱疹带来的疼痛也能有所好转。她只打算来这么一次，希望我要么给她开点药片，要么就"治好"她的"压力"。我不得不给她泼冷水，告诉她压力或者焦虑有时很容易缓解，有时却很顽固。我向她解释，我们需要预约好几次会面才能搞清楚她的压力究竟是什么、她对此有什么样的感受，以及压力源自何处，然后再寻找缓解的办法。我说，有可能是因为免疫系统忙着对抗压力，就没有余力再去对付疱疹病毒了。

"真不敢相信我会经历这种事。我原本以为自己是来拔牙的，结果一不小心，整个脑袋都被连根拔掉了。"劳拉一脸不悦，但最终还是妥协了，"好吧，再帮我预约一次吧。"

无意寻求心理治疗的来访者特别难办。劳拉只想治好疱疹，而且在她看来，心理治疗只是达成这个目的的一种手段。她也不想细数家族史，因为她不觉得这跟疱疹有什么关联。

从事心理治疗的第一天便发生了两件我没有料到的事情：第一，这个女人怎么可能不知道什么是压力呢？第二，我读过数百个案例研究，看过许多心理治疗的录像带，参加过几十次大型巡诊，其中没有一个病人会拒绝提供家族史。即便是我在精神病院值夜班的时候——他们把那些迷失的心灵安置在医院深处的病房里[1]——也从未听到病人对此有任何异议。甚至像某位病人那样，仅仅透露自己来自以色列的拿撒勒，父母分别叫作约瑟夫与玛利亚，那也算是家族史[2]。可现在，我的第一位来访者却什么都不肯说！我意识到自己必须遵从劳拉的奇怪路数，配合她的节奏循序渐进，不然她就不会再来了。于是我在写字板上写下："第一桩任务：让劳拉打开心门。"

弗洛伊德曾经提出过一个名叫"移情"（transference）的概念，指的是来访者对心理治疗师逐渐产生感情。在他看来，这是心理治

---

[1] 精神病院深处的病房（back wards）通常被用来安置那些在精神病学专家眼中无法治愈的病人，环境条件较为糟糕，与十八世纪相比好不了多少。

[2] 此处形容的应该是一位精神分裂症患者，自以为是耶稣基督本人，所以才声称自己来自拿撒勒，父亲是约瑟夫，母亲是玛利亚。

疗的基石。相应的，心理治疗师对来访者产生感情的过程则被称为"反移情"（countertransference）。经营私人诊所十多年以来，我发现，如果我们没有真正喜欢上来访者、没有给予其支持，来访者都会察觉，而治疗也注定失败。来访者与心理治疗师之间存在一种化学纽带，只不过，这种纽带可遇不可求。有的心理治疗师也许不这么认为，但在我看来，他们是在自欺欺人。

我很走运。我一开始就与劳拉有所共鸣。她矫健的步伐、断然的语气和严肃的态度都让我想到自己。她每周工作长达六十小时，却依然坚持去上夜大，一门一门课业逐个攻克。当时二十六岁的她正在攻读商业学位。

接下来的那次来访中，劳拉带着四本有关压力的书走了进来，书上贴满了黄色的便利贴。除此之外，她还费力地拿着一个硕大的挂纸白板，上面是她精心制作的彩色图表，最顶上写着："压力？"下面分成好几栏，红色的第一栏标题为"应付浑蛋"，底下则列出了一些"浑蛋"：第一个是她的老板克莱顿；第二个是她男友艾德；第三个则是她的父亲。

劳拉告诉我，开始阅读这些有关压力的书籍后，她便试着寻找自己生活里的压力来源。她整个星期都在忙着制作这张图表。当我评论说这里面没有任何女性时，她仔细打量了一番说："有意思。确实如此，我不认识什么浑蛋女人。即便我认识，也能躲开或者避免自己因为她们而生气。"我指出我们距离查明她的压力来源越来越近了，随后让她就这些男性登上这一栏的原因举一个例子。"他们不把任何规矩放在眼里，不在乎任何事情的成败。"她向我说道。

我说，考虑到她的父亲也在这份名单上，我希望能对她迄今为止的生活经历有一个大致了解。她听了之后，白眼翻得都快背过气去了。我继续说下去,问劳拉对父亲最深刻的印象是什么。她立即说起自己四岁时从滑梯上摔下来,脚被一块锋利的金属划破了,父亲温柔地将她抱起,带她去医院缝针。他们在候诊室的时候,一位护士说劳拉伤得如此厉害,却像个真正的勇士那样一声不吭。父亲搂住劳拉拥抱她,说:"不愧是我的女儿,真是让我骄傲。一声不吭的,就像马一样强壮。"

劳拉那天接收到一条对她影响深远的信息,她自此永远不会忘记:只有坚强不吭声才能赢得爱与关怀。我指出其中的一体两面性后,劳拉说:"所有人被爱都需要理由。"显然,无条件的爱——即无论孩子做了什么都会得到双亲的爱——这样的概念对她来说相当陌生。

我问起劳拉的母亲,她说自己八岁时母亲便已去世。我接着问起她母亲的为人。劳拉只说了两个词语:"疏远"和"意大利人"。这在我听来有点儿不太寻常。她想不起关于母亲的任何事情。在我的追问下,她也仅仅提起自己四岁时母亲把一个玩具炉子作为圣诞礼物送给了她。在她打开盒子的时候,母亲笑了。

至于母亲是怎么死的,劳拉也不太确定。我为此不得不提醒她说得再具体一点。"她早上还好好的,等到我和弟弟妹妹放学回家后却没有午饭吃。我觉得有点儿奇怪,于是推门进到父母的卧室。我发现母亲在睡觉,于是推了推她,然后把她翻到面朝我的方向。我至今依然记得雪尼尔床罩在她脸上留下的印子。我不知道父亲在哪里上班,因此没有打电话给他。我让弟弟和妹妹回学校去,随后拨打了报警电话。"

警察找到劳拉的父亲后,用警车把他送回了家。"他们用毯子盖住我母亲的面孔,毯子上还印着'多伦多东部综合医院财产'的字样。我也不知道为什么还记得这个。"她说,"然后那些人用轮床把她抬下楼,她的遗体就这么消失了。"

"没有守夜或者举行葬礼吗?"

"我记得没有。我的父亲出门去,接着天就黑了。那时已经过了晚饭时间,没有人给我们做饭。"劳拉意识到,现在得由她来做晚饭,还要告诉弟弟妹妹母亲去世的消息。她说了之后,六岁的妹妹哭了,五岁的弟弟却毫无反应,只是问劳拉是不是现在开始会成为他们的母亲。

她母亲的家人既没有出席葬礼,也没有向外孙和外孙女伸出援手。"我母亲从未提起过他们,但我从父亲的冷嘲热讽中大体可以猜到,他们基本已经与她断绝了关系。"劳拉解释说,"他们都是真正的意大利人。你知道,就是只在小意大利[1]一带走动,整天都穿黑衣服,像是一直在为别人服丧一样。我的母亲是家里六个孩子中唯一的女儿,她十岁以后便不被允许出门,必须待在家里做饭打扫。她无法单独上街,唯一的外出机会便是陪她母亲去购物,连每天上学放学都得由其中一个兄弟陪同。"

尽管家教严格,劳拉的母亲还是在十六岁时怀孕了。劳拉的父亲是个有着苏格兰血统的加拿大人。在这家意大利人眼中,他就是搞大他们女儿肚子的十七岁小流氓。劳拉母亲的兄弟们把他狠狠揍了一顿,还说如果他不和她结婚就要杀了他。婚礼那天之后,劳拉母亲的家人就再也没来看过她。

劳拉的母亲在婚礼的五个月后生下劳拉,二十个月后产下她的妹妹,过了一年,又迎来了她的弟弟。我问劳拉是否去小意大利看望过外祖父母,她表示对此毫无兴趣。

---

1 小意大利(Little Italy):多伦多的地标,是意大利移民聚居的社区。

我好奇劳拉的母亲是否患有抑郁症，并因此陷入情绪无能的状态。童年时被用拳头说话的男性家人保护得密不透风，长大后又嫁给一个无意与其结婚的男子，而且后者不仅没什么能耐，还可能对她施加了情感及身体上的虐待，因为记恨她而对她不理不睬。就算没有发展成精神创伤，试问谁不会因此陷入抑郁？她的父母也和她断绝了关系，从未对她让家人蒙羞的行为释怀。她因此无路可走。我询问劳拉她母亲是否死于自杀，她说她也不知道发生了什么。据她所知，警方没有进行尸检。

难以置信的是，劳拉在接受心理治疗的四年时间里关于母亲的回忆唯有这个玩具炉子。在此期间，我与劳拉尝试自由联想法[1]，让她写下关于母亲的日记，去拜访母亲的坟墓，可依然一无所获。

接下来的那次来访中，我们的话题又回到了劳拉的父亲身上。劳拉告诉我，他曾是一名汽车销售员，但在她很小的时候就失业了。劳拉的父亲一直为酒精、赌博和"误解"所困。尽管他金发碧眼，既英俊聪明又富有魅力，却还是日渐落魄。

劳拉母亲去世后的第二年，她父亲带着全家搬到了多伦多东北面的鲍勃坎基恩。劳拉认为他是为了躲避在多伦多找他麻烦的那些人，不过她也不是很确定。为了谋生，父亲搞来一辆餐车，向来此地消暑的人们贩卖薯条。劳拉会在一旁开汽水罐、递送薯条，她的弟弟妹妹则在停车场里玩耍。劳拉因此成为父亲口中的"得力助手"。他们一家住在镇外的一间小木屋里。木屋主人那家人的地皮上

---

[1] 自由联想法（free-association）是指鼓励来访者自由地说出自己在梦中、现实乃至幻想之中出现的任何想法或记忆，是精神分析治疗的主要方法之一。

有好几间简陋的小屋,这些屋子四散在树林各个偏僻的角落。

劳拉九岁那年,她和弟弟妹妹都在九月开始上学了。度假的人们离开以后,卖薯条的生意便难以为继。他们为这间只有一个房间的小木屋买了个小小的暖炉,然后全都挤在炉子周围。劳拉记得,有一次,两个男人出现在家门口讨要餐车的钱,她的父亲则躲在厕所不肯出面。驱赶这两个人成了劳拉的职责。

后来在十一月底的某一天,她父亲说要开车去镇上买烟,结果一去不回。三个孩子没有吃的,衣服也只有两套。劳拉在讲述这段故事时没有表现出恐惧、愤怒或任何其他情绪。

由于害怕被安置到寄养家庭,她不希望有人知道他们遭父亲遗弃,因此还是保持原来的生活习惯。这些位于湖区森林深处的小木屋的主人是一个五口之家。劳拉和他们的女儿凯西一起玩的时候,那家人的母亲格伦达一直对她很好;那家的父亲罗恩不多话,经常会热心地带着劳拉六岁的弟弟克雷格和自己的儿子一起去钓鱼。

劳拉的妹妹翠西"一直在抱怨",劳拉特别烦恼地说道。翠西想去格伦达和罗恩那儿跟他们说有人带走了父亲,还想知道是否可以和他们住在一起。

劳拉和弟弟妹妹不同,她意识到父亲已经抛弃了他们。"他被逼得走投无路,欠别人钱,天知道还欠了什么。"她说。几个小孩在母亲去世后难以管束,父亲便威胁说要把他们送到孤儿院去。劳拉明白他不是在吓唬他们。她只知道,自己的任务就是让生活照常继续下去。当我问劳拉被遗弃后有什么感受,她看着我,就好像我在危言耸听。她说:"我父亲并没有彻底抛下我们,他知道我会打点一切。"

"你当时九岁,身无分文,孤零零地住在树林里。你会如何形容这样的生活呢?"我说道。

"我想，从表面上看，父亲确实遗弃了我们，但他离开鲍勃坎恩是情非得已，他其实不想跟我们分开。他别无选择。"

我到那一刻才认识到劳拉和她父亲有多亲密，而她又是如何小心翼翼地保护自己，以免感到失落。动物和人类都有建立情感纽带的倾向，都想要亲近父亲或母亲，当对方在身边时会感到安全。劳拉不记得当时的"感受"了，她有的全是"计划"。换句话说，她让生存本能接管了一切。毕竟，在加拿大冬日的荒野里她要让两个小孩吃饱穿暖。劳拉之后依然会对我不断询问她的感受嗤之以鼻，并且不止一次表示，感受是那些生活无忧又——用她的话来说——不用"动脑子"的人的奢侈品。

我明白劳拉说的计划与感受的区别。我自己在生活中遭遇逆境时，也没有时间去琢磨感受；我有的无非是应对的工夫。我儿时家境优渥，但在十几岁时，我那位极其明智的生意人父亲开始显露出精神疾病的迹象。我们后来发现他脑部有肿瘤，且已经无法手术。我打电话给父亲的会计后得知他已经彻底没有钱了。于是，我不得不边上学边打两份工来养家。我和劳拉一样，根本不记得有过任何感受。我当时满脑子都在琢磨如何应对生计。

我在一开始为劳拉进行心理治疗的时候加入了一个同行督导小组。小组里都是心理治疗师，大家会聚在一起讨论案例并为彼此提供建议。他们之中的大多数人都认为我"止步于她的心理防卫"，没有充分挖掘劳拉的感受。我意识到，为了确保我对创伤的反应不会影响到此次心理治疗，我必须深入探究自己的想法。一方面，我的同行很可能是对的，但另一方面，我也想知道他们是否曾遇到过众所周知的那堵壁垒：如果没有时时刻刻聚焦于现实生活，便有可能受到严重伤害。毕竟，没有什么比生存需求更能让人集中精神的了。

不过不可否认的是，无法深入了解劳拉的感受让治疗变得更加困难。我很快认清自己的首要工作并非诠释她的感受，而是进行挖掘，随后再加以诠释。

我在总结第一个月的心理治疗时在笔记里是这样写的："此次的来访者无意寻求心理治疗，对曾经和自己相处八年的母亲也没有什么清晰的记忆——这一点在文献中闻所未闻；她不知道什么是压力，却希望能将其摆脱，她在自己遭遗弃时也不记得有过任何感受。我接下来还有很多工作要做。"

劳拉继续讲述她的遭遇。很明显，她的头脑一直都很清醒。她发现大多数木屋都在越冬前打扫过了，于是带着弟妹搬到最偏远的屋子，因为那里到春天才可能开放。他们还带上了暖炉。她知道他们必须保持原先的生活习惯，不然就会有人察觉。因此，他们每天会走将近一英里[1]的路去坐校车。劳拉会跟其他人谈起自己的父亲，像是他已经回到了小木屋；她让弟弟和妹妹也这么干。

"所以说，你们在九岁、七岁和六岁的年纪被孤零零地留在小木屋里过日子。"我说，"如果你要搜集造成压力的事例，可以把这一件写进去。"

"首先，一切都结束了。再说了，我没有被打倒，"劳拉反驳道，"九岁不小了。"

"你们这样生活了多久？"

"六七个月吧。"

那次来访结束前，我总结了自己对这一情况的看法。"你一直都

---

[1] 约等于 1.6 千米。

很勇敢。你的遭遇听起来相当艰难，有时还很可怕。被遗弃后你带着两个年幼的孩子单独住在森林里，而你又年纪太小，无法担起家长的职责。"我说，"你经历了《糖果屋》[1]里的种种危难，还没有面包屑指引回家的路。"

她呆坐了足足有一分钟才开口。在近五年的心理治疗过程中，这是她为数不多的几次双眼湿润的时刻，只不过，她涌出的是愤怒的泪水。"你为什么要这么说？"她质问道。

我说我是在表达同理心，她断然驳斥了我。"这是有人去世时才会说的话。听着，医生，如果我还会回到这里，我绝对不希望再听到你这么说，不然我就走人。把你的同理心或随便什么东西留给自己吧。"

"为什么？"我问她，由衷地感到困惑。

"你谈到感受的时候，我看到有一扇门开了，门里全是妖怪。我永远不会踏进那个房间。"她坚决地说道，"我得不断朝前走。我要是开始沉溺——哪怕就一次——就会淹死。况且，这也不会让事情有所起色。"

我点头的时候，她又说："在我今天离开之前，你必须保证再也不会说这些。不然我可没法接着来。"

"所以你的意思是，你永远不希望从我这里感受到任何善意、同理心或同情？"

"正确。如果我想要同情，买贺曼百货公司的贺卡就能拥有，要多少有多少。"

---

[1] 又名《汉泽尔与格莱特》，是格林兄弟收录的德国童话之一。故事里，贫穷伐木工人的小孩汉泽尔和格莱特被遗弃在森林里，他们曾试图通过小石头和面包屑寻找回家的路。

要记得，劳拉是我的第一位来访者。我可不希望在她的病态需求面前做出妥协。不过，我看得出她是真的想要退出心理治疗。我的那一丁点同理心对她来说不堪重负，让她感到害怕。这成了目前心理治疗中的大忌。

我如果是个更有经验的心理治疗师，就会把我感受到的难处摆在她面前。我们可以按照格式塔疗法（gestalt therapy）[1]的创始人弗里茨·皮尔斯（Fritz Perls）的方法，用他提出的"此时此地"原则（the here and now）来解决这个问题。皮尔斯相信，治疗师及来访者在心理治疗中建立起的互动关系，跟来访者自身及其面对的世界之间的互动关系是一致的。我其实可以这样说："劳拉，你是在要求我表现得像你的家长那样，对你的痛苦漠不关心。你已经习惯于没有人回应你的悲伤。但我不想成为那样的角色，我现在觉得很为难。"

但我当时说的是："你显然已经下定决心。我会尊重你的意愿，接受你的要求，我也希望让你感到自在，这样才能顺利进行下去。不过，我不会在整个心理治疗过程中都按照这个要求来做。"

接下来的那个星期，劳拉又带着各种书籍出现，还指出她的工作场所是压力来源。"我有很多工作要完成，但我的老板克莱顿来得很晚，还会跟和他有外遇的秘书花两个小时吃午餐。"她解释说，"他五点下班，所以说，我上班时间比他早，下班也比他晚好几个小时。"

"你跟克莱顿谈过这个吗？"

1　也称为"完形疗法"，是西方现代心理学的主要疗法之一。其关注个人的当下体验、心理治疗师与来访者的关系、个人生活的环境与社会背景，以及个人根据所处大环境做出的自我调节等。

"当然了！我甚至都朝他大喊大叫，但他根本不理睬我。"

"所以说，你承担了太多工作。"

"我实在没有选择。我得干他的活儿和我自己的活儿。"

"感到别无选择确实会让人压力很大。"我总结道。

我们花了很长时间讨论如何应对克莱顿的问题。实际上，劳拉没有看出他有任何转变。就像她男友艾德说的那样："克莱顿过得好着呢，为什么要改变呢？"

"有意思，这话居然是艾德说的。"我说。

"为什么？"她问我。

"你看，艾德也会把问题推到你身上。克莱顿把工作推给你，艾德则把疱疹传染给你，他就这样让你去处理问题。你对他生气的时候，他拒不承认自己携带病毒，当你发现他也在服用治疗疱疹的药物时，他还找了个站不住脚的借口，说自己以为这病不会传染。这样认为的人要么来自另一个星球，要么就是在自欺欺人。"

"至少艾德道歉了。他寄了两打玫瑰到我公司，随附的卡片上还写着'因为我爱你'。"

她觉得这样就能原谅他把疱疹传染给她这件事吗？我当时说的是："艾德不是在捷豹经销商工作吗？你跟我说过，每当有女的去试车，他第二天都会送去玫瑰花。这并不难办。"

"你是想让我生气吗？"

我向她保证我无意激怒她，我说我只不过想知道她对艾德的行为作何感想。

"那我该怎么办？永远都不原谅他吗？"

我指出我们一开始说的是艾德对克莱顿的评价，而这两个人里，前者不太靠谱，后者也不怎么靠谱。艾德认为由于劳拉包揽了一切，所以克莱顿才不需要做出任何改变，我希望劳拉能明白这样的话由他说来是有多讽刺。可劳拉两手一摊,表示自己不明白其中的意思。于是我问劳拉,她与艾德的恋爱关系里谁付出得更多。当她承认是她自己时,我沉默了。最后,她问我到底是在针对谁。

"艾德老是迟到、拈花惹草,还把疱疹传染给你,你都不跟他计较。"我直言道。沉默了好一阵后,我问她为什么不期待男性能做出得体且成熟的行为。

"至少他道歉了。这已经比我父亲强了。"接着,她望着窗外说道,"而且,我父亲在当父亲这件事上也没那么糟糕。他在我母亲去世后没有把我们丢开,很多男的会直接打电话给儿童保护机构。"

"不过,他确实把你们扔在了北面鲍勃坎基恩冰天雪地的小木屋里。"

"我已经说过,我们应付过来了。"她的语气不屑一顾,就好像我喋喋不休地反复在絮叨一些无关紧要的细节。她采用的心理技能叫作"重构"(reframing),指的是赋予某一概念新的定义,以此改变其中的意义。她把我眼中的疏于照管进行重构,并将我的担忧视作"过度保护"。

"你第一次来的时候说起'生活中的那些浑蛋',我们能不能展开聊一聊这个话题?"劳拉看起来很茫然,于是我改换措辞,"你所说的浑蛋是不是那种一味索取却从不付出的人?就是只顾着满足自身需求的人?"

"所有人都只为自己着想,这是我父亲的座右铭之一。"

"他是想让自己的行为显得合乎情理。有多少父亲会出门买烟然后一去不回?"

"肯定有这样的父亲。我是说,世上有孤儿院。为什么会有成千上万的孩子进入儿童保护协会?因为父母抛下他们不管了,这就是为什么!"

"职场上有多少当主管的因为有助理加班打掩护,即便偷懒还是能保住工作?"我问道。

"好吧,你看,如果我把克莱顿逼得太紧,他也许会开除我。"

"有多少人在得疱疹这么可怕的事情上被男友欺骗?"

"可能跟花冤枉钱看心理医生的人一样多。"

劳拉一边气愤地收拾东西准备离开,一边摇着头喘着粗气说:"我语气是重了点,但我真是不敢相信自己得听这些没用的废话。"她随后补充说,除了"几次失误",父亲在她的生活里一直没有缺席。实际上,她大声强调,她经常和父亲见面聊天。

劳拉依然是个不愿意接受心理治疗的来访者,而我也依然是个操之过急的新手治疗师,一心想要卸下她的防备。我逐渐发现,我是否知道来访者的问题出在哪里其实一点儿也不重要。心理治疗的关键在于来访者是否知道问题何在。如果我们用力过猛,他们就会关上心门。劳拉花了一辈子的时间才搭建起这样的心理防御,要将其一层一层卸下势必需要时间。

我有我自己的心理困境。我需要锻炼自己身为心理治疗师的耐心,可我内心深处却埋藏着 A 型性格。人的性格分为两类:A 型和 B 型[1]。A 型性格的特点是有野心、侵略性和控制欲;而 B 型性格则比较闲散且与世无争。(这是比较宽泛的概括,大多数人其实介于 A 型和 B 型之间。)A 型性格的人急于求成,而这种内心的欲望有时会转化为压力。事实上,这些特征往往与压力相关的疾病有关。比如,劳拉的压力就导致了她的疱疹病情加重。

---

[1] 美国心脏病专家迈耶·弗里德曼(Meyer Friedman)与同事家雷·罗森曼(Ray Rosenman)在合著的《A 型行为与你的心脏》(*Type A Behavior and Your Heart*)一书中将人群分为 A 型和 B 型两种性格。

许多社会心理学家认为人的性格类型与生俱来，这意味着我们天生就拥有特定的倾向，并不会随着成长而改变。当然，无论我们是哪种性格类型，我们的出生顺序、父母的教养方式乃至社会变量都会产生影响，不过，这些影响很有限。换句话说，一旦你是 A 型，就永远是 A 型。劳拉和我都是 A 型性格。好的一面是我们都工作勤奋、有所成就；不好的一面则是我们都缺乏耐心和同理心。我们往往会在实现自己抱负的过程中伤害到他人。因此我要格外注意，避免与劳拉发生 A 型性格之间的对峙。如果我想成为一名优秀的心理治疗师，就得学会收敛这样的性格。耐心——A 型性格人群的短板——至关重要。

2. 深入林中

来访者经常会在心理治疗中提到各类文化典故。他们讲述的梦境里会出现——比如说——电视剧角色,或者自己在梦里成了政治人物,或是遇到新闻里发生的事情。他们通常会以为我对这些内容也很熟悉,可我其实往往一无所知。在二十世纪七八十年代,我在整整二十年里几乎不看电视也不听广播。我上大学时家里没有电视机,而且因为一边学习一边还要忙于各种工作,也根本没时间看电视。接着,我在攻读博士学位期间生下一个儿子,一年之后,又生了一对双胞胎儿子。我丈夫也还在读书,我们俩带着孩子住在一家商店的楼上,狭小的空间里还摆着一辆三人座婴儿推车,外加三个婴儿汽车座椅。我必须在规定时间内拿到博士学位,因此那时会把闹钟定在清晨四点半,围绕婴儿的作息安排工作。我丈夫和我都没时间看电视或听广播,我们把空余时间的每一分每一秒都用在了照顾孩子或工作上。我也因此处于一种奇怪的境地:我对十九世纪的科学了如指掌,尤其是与达尔文和弗洛伊德有关的内容,对自己所处时代的流行文化则一窍不通。许多年以后,我并没有发现自己有任何遗憾,我有书看就足够了。

不过,我倒是会每年前往纽约电视和广播博物馆朝圣,那里收录了有史以来所有电视节目的拷贝（当然，那个年代还没有YouTube）。公众可以在阅片室里挑选并观看节目，我就是在那里补剧，了解我的来访者们提到的电视节目以及帮助他们塑造性格的各种角色。知晓一部电视剧之于某位来访者的意义后再观看，就特别有意思。他们之中的许多人都没有充分得到过家长的引导，因此，电视剧与电影中的人物互动方式对他们产生了很大的影响。

劳拉就是一个完美的例证。她的电视剧梦为心理治疗带来了全新的转机。跟往常一样，要让她讲述梦境特别困难；我问她做过什么梦的时候，她便说自己从来不做梦。不过，她难以抑制自己的上进心。接下来的那次来访中，她脚踩高跟鞋来到诊所，带着一份手写的近期梦境报告，上面还用荧光笔高亮标出了关键词句。她一屁股坐到椅子上，说："我梦见了波特上校。"

"你有亲戚在服役吗？"我问道。

她说："哦，天哪！你不会不知道他是电视剧《陆军野战医院》里的上校吧？"她看我一脸茫然，于是说，"别告诉我你不知道波特上校。我可不希望遇到一个来自外星球的心理治疗师。"

她说这是一部情景喜剧片，讲的是朝鲜战争时期的美国医疗队。波特上校是一名职业军官，也是这支医疗队的负责人，他本人还是一名外科医生。劳拉说他很善良，而且不管面对什么样的白痴，他都不会妄加评断。

"所以说，他是个可敬又可靠的人。"我注意到，这是她的老板、男友和父亲都不具备的两个特点。

"我梦里的波特上校戴着飞蝇钓爱好者的那种帽子，上面挂满了鱼饵。"她说，"我穿着病号服一瘸一拐地走在医院走廊上，他则朝我走来，身上的装束和电视剧里的军装一样，只是帽子是飞蝇钓的帽子。我继续跛着脚朝前走，他一只手放在我肩膀上，什么也没有说。我醒来后感觉特别开心。"

"波特上校对你来说代表着什么？"

"哦，我可不想聊这些，我的天！我为自己在父亲离开的日子里的所作所为感到羞耻，这个梦肯定和那段时间有关。"

我知道劳拉喜欢明确又实际的解决方案，于是说："我知道你想在最短时间内得到改善。羞耻感像是凝固汽油弹，不仅黏稠、会灼伤人，还会一直黏附在人身上。如果可能，最好一点一点将其剥下。"

"羞耻感和压力是一回事吗？"劳拉问我。她还是在从务实的角度考虑，希望能为压力找到归属，借此摆脱痛苦的疱疹。

"要我说，羞耻感自然会带来压力。"我回答道，"这是一种令人不快的羞辱或悲痛的感觉，其成因是在某种程度上被我们的社会视为禁忌的行为。弗洛伊德认为羞耻感让人觉得自己不会被爱。羞耻感比内疚感更有害，因为后者是一种关于自身行为的痛苦感觉，而前者则是关于自身作为一个人的糟糕感觉，因此在心理层面具有更大的破坏性。"

劳拉听了这话扬起一边的眉毛，然后点了点头，像是意识到自己得好好琢磨一番。

"那么，"我继续说道，"我们继续聊聊你九岁时和七岁的妹妹、六岁的弟弟一起在小木屋的生活吧。"

她说："这就像面对冰冷的湖水，最好的办法是一头扎进湖里游起来。所以说，你不要打断我，让我一口气讲下去。你听完会说：'怪不得她会得疱疹，她活该。'"她最后那句话是典型的内疚与羞耻的结合，因此听起来显得她十分厌恶自己。

劳拉看着窗外，一边避免与我有视线接触，一边开始以一成不变的语气讲述自己的故事。"我父亲离开后过了几天，我意识到我们得吃饭。此外，克雷格的老师还跑到我的班上，问我他为什么没有带午餐。"她描述了克雷格是如何哭泣的。其他学生让出一些午餐,老师则注意到他会把饼干放进自己的口袋。"她问我家里的情况好不好。我说一切都好,而且我父亲那天就会拿到工资。她想往我家打电话,但我跟她说我们家没有电话。"老师于是让她叫母亲致电学校。

"我就是从那时候开始从牛奶箱里偷钱的。"劳拉接着说了下去,"大家把牛奶箱传来传去,每个人都应该把自己的钱放进去,我却把钱从里面拿了出来。我拿得不多,不然会被发现。等到放学后,我就把钱给翠西,让她去杂货店买点几便士的糖果。她分散店员的注意力时,我就去偷火腿罐头和其他各种食物。我偷起来特别拿手,还会光顾镇上的不同商店,这样就没人会怀疑我了。"

随后,劳拉讲述自己是如何在没有洗衣机的情况下让弟弟妹妹有干净的衣服穿的。"我们最喜欢看的电视节目是《迪士尼奇妙世界》,因此,我会让他们在迪士尼之夜洗澡,把他们的脏衣服都扔掉,然后赶在周末来临之前的星期五去巨虎折扣商店偷星期一穿的新衣服。我和父亲一样是个了不起的小偷,我猜这是遗传。我曾经看过帕蒂·麦科马克主演的电影《坏种》,电影里的那个人就是我,外表漂亮善良,内心却狡诈险恶。"

在劳拉讲述这些经历的过程中,我格外注意避免用自己的见解打断她。我只是按照她的要求在聆听。

"我感觉翠西一直在哭,克雷格则除了嚷嚷饿之外什么也没说。但他尿床了,我一开始会对他大喊大叫,后来就不再理会,任由他睡在被尿湿了的床上。最后我还想到一些办法,比如对他们说,如果不停止抱怨或者不按我说的去做,我就抛下他们不管了。这招很有效。我就这样成了他们的母亲。"

令我震惊的是,没有任何官方机构介入过,就连克雷格的老师后来也没有跟进。

劳拉低头看着地板，我能够感觉到她的羞愧。她一般不会露出痛苦的表情，但我看得出来，她接下来要说的话对她来说意义重大。"我不是个好母亲。我不允许他们提起父亲或他离开的事。如果他们开始哭闹，我就说我们必须这么过下去。谁开始哭我就揍谁。"

电视上播出的《陆军野战医院》圣诞特别单元让劳拉懂得了如何对弟妹更有同情心。"波特上校说，只要大家拥有彼此，有没有礼物其实不重要。"劳拉出于绝望，开始听从波特上校给手下年轻士兵雷达的建议，"他就像是雷达的父亲，我也把他当作我们的父亲。我假装他去打仗了，我们得通过电视获得他的消息。我告诉自己，不管他说什么，我都会照做。我把他从里到外都了解得一清二楚，然后就能对自己说：'波特上校遇到类似的情况会怎么做？'"

劳拉就是这样应对克雷格尿床的问题的。"我把克雷格当作雷达，把自己当作波特上校。我说：'说吧，孩子，你哪里不舒服？'"克雷格没有回答，劳拉于是伸出胳膊搂住他，告诉他一切都会好起来。没过几天，他就不再尿床了。

"后来我开始跟波特上校说起我偷东西的事。他会跟我说：'等战争结束了，你可以把偷窃的金额都补上。'他会说我不是坏人，说外面在打仗，我们只是迫不得已。他还说，'总有一天，这一切都会结束，我们会回到自己的家园，我们爱的人都在那里等着我们。'"劳拉随即开始用同样的话来安慰翠西和克雷格，"我告诉他们，我们都会长大，然后会找到波特上校那样的人，他会爱我们，永远为我们着想。这帮助我们渡过了难关。"劳拉至今依然会梦见波特上校，基本上都是在她感到孤独或陷入困境的时候。

她靠回座位看着我，"好了，这下子你是唯一知道这一整出离奇往事的人了。我知道这意味着我是个小偷，不过，这是否也说明我是个疯子呢？"她问我，"每当我在哪里看到别人写到疯子的脑袋里会冒出声音，我就感到害怕。认为波特上校是自己的父亲，还想象他对我说话，这样寻求慰藉简直太像个疯子了。"

接下来轮到我来"重构"这段经历了。"在我看来，你一点也不疯狂。实际上，我觉得你非常足智多谋。你想尽一切办法维持生计，你希望让家人都待在一起，而且做得比大多数九岁的孩子都要好。我认为你特别英勇。"

劳拉没有听进去。她见我没再往下说，便挖苦我说："别跟我来罗杰斯先生[1]那一套。"儿时很少得到表扬的来访者在成年后往往不太相信他人给予的正面评价。儿童对自我的认知在童年时期形成，在此期间获得的自我概念需要经过长期的正面肯定才能扭转过来。

"我到现在还记得偷火腿罐头时的恐惧，而且依然能闻到店主放在地板上吸附雪水的湿润硬纸板的气味。"她坦言道。

"你做这些是为了让弟弟妹妹活下去。我认为波特上校是一个完美的父亲，而我们都会向榜样学习。这比其他形式的学习都更有效。你很聪明，找了一个让自己乃至弟弟妹妹都能学到东西的榜样。"

"可我对待他们时脾气很差。"

"你比较务实，不可能一味地哭泣抱怨，否则你们都会完蛋。你管得很严，可一旦你学会像波特上校那样处事，很快就解决了克雷格尿床的问题。"

劳拉并不这么认为。"我真的不是一个好母亲。翠西和克雷格都过得很糟糕。翠西高中都没毕业，现在住在乡下的某个破地方，在工厂里摘火鸡内脏。她跟一个名叫安德鲁的勤杂工勾搭上，两个人

---

[1] 指的是二十世纪美国家喻户晓的电视节目《罗杰斯先生和他的邻居》的主持人弗雷德·罗杰斯，其主持风格温暖人心，好几代美国人都是看着他的节目长大的。

都不太懂人情世故，根本不知道怎么谈恋爱，甚至不知道要如何跟彼此相处。我的弟弟克雷格已经有了一个孩子。他没有跟孩子的母亲住在一起，还整天游手好闲。他只干一些季节性的杂活，比如扫雪，平时则整天抽大麻。"

"你知道自己担起家长的责任时才九岁对吧？"

"那又怎么样？很多女孩都在九岁时当家长了。她们都做到了。"

劳拉根深蒂固的羞耻感显然是建立在"九岁时就应该当个好母亲"的错觉之上。人们最大的痛苦往往就是源于一个错误的假设。我说："她们并非没有人帮忙。你被迫去做一份自己毫无头绪的工作，失败在所难免。"

遗憾的是，劳拉从未完全解决的问题之一就是这样的错觉：她认为自己没能成为弟弟妹妹的好家长。她无法接受自己只是个小女孩且无法胜任这份工作的现实。

我在多年来的心理治疗中发现，每当儿童在小小年纪就担上成年人的责任且不可避免地失败以后，他们在长大成人后便会一直为此感到焦虑。他们似乎永远无法接受自己当时年纪太小无法胜任的现实，于是会将这种失败藏在心底。劳拉纠结于自己作为家长的失败，却很少提及被遗弃的创伤。她从不认为父亲疏于照管，而是把一切责任都揽到自己身上。

为了说明劳拉当时年纪有多小，以及她与她父亲的期望有多不现实，我带她去看学校里九岁的孩子。我的一位当校长的朋友帮我们安排了一次小学三年级的实地考察。劳拉看到一群穿着紧身裤袜和罩裙的八九岁小女孩后惊呆了。不过正如我预料的那样，她并没有在离开后说她对自己太苛刻，而是说："天哪，她们那么稚嫩。"我带她看了三个不同的班级。最后，她在回家的路上说："八岁和九岁的年纪比我记忆中的小多了。"

我想，她坚如磐石的防线在拜访过小学之后出现了些许裂痕。在她存有差错的记忆之中，生活在小木屋的自己是个成年人，但她现在意识到自己当时年纪有多小。这足以说明我们无意识中的需求会如何悄悄渗入记忆并对其进行篡改。劳拉在父亲的引导下相信自己是个成年人，这是因为她的父亲在当时的生活里需要一名成年人，所以她才会这样看待自己。

这是我的第一个个案，而我们当时正处于心理治疗的第一年。慢慢地，劳拉认识到自己的生活与大多数人的迥然不同。有一次她提起曾经收到一份生日聚会的邀请，当时三年级的所有人都收到了。她对过生日的女孩说，自己的父亲会在那天带她去看棒球比赛。冬天的加拿大自然没有棒球比赛，因此那个女孩的母亲很可能有所察觉。这位女士在生日聚会的第二天来到学校，给劳拉带来一块蛋糕、一个写着她名字的氦气球，还有一个装满小礼物的糖果袋。劳拉来到学校时，这些东西就已经摆在桌子上了。她惊讶于这位母亲的举措，但同时又感到不安。直到多年以后她才体会到这是出于善意的举动。每当劳拉看到那位母亲在操场边上等待接女儿放学时，她就会躲在厕所，直到她们离开。我问起原因时，她说："我就是觉得怪怪的。我不知道她想从我这里得到什么。"劳拉无疑在生存模式下应对自如，面对人类的善意却不知所措。

劳拉的情况并没有因为心理治疗而产生重大改观，相反，她面前仿佛出现了一块巨大的拼图。一些拼图碎片会时不时地落在正确的位置，但这尚不足以让她看清整个画面。

之后的那次来访中，劳拉描述了他们在小屋里如恐怖童话般的生活是如何告终的。"我搞砸了。我在巨虎折扣商店为克雷格偷内裤时被抓到了。"当时是四月,这几个孩子已经独自生活了六个月。

我将她所形容的"搞砸"重构为一场胜利。"也就是说,九岁的你带着弟弟和妹妹在加拿大冬季的十一月到四月靠自己成功地活了下来。"

"警察抓到我们后,把我们带回了小木屋。"劳拉回忆道,"他们特别震惊,连连摇头,随后敲开木屋主人格伦达与罗恩的家门,问两人愿不愿意在他们联系上儿童保护协会或者我们的父亲来安顿我们之前帮忙照看。"(他们的父亲直到四年后才重新露面,不过,这一点留待之后再细说。)

格伦达和罗恩有三个孩子。劳拉看得出来,翠西和克雷格喜欢待在他们家,这让她很难过。"我还以为我们自己过得挺好的。而且,我不习惯听从他人。我们三个人里,我最难以适应。"

他们跟这家人一起生活了四年。我掩饰住自己对于这家人收留三个孩子的惊讶,问起他们是什么样的人。"挺好的,我觉得"是劳拉的回答,她说在他们家要有纪律有秩序。"翠西和克雷格依然把他们视作家长,还会在圣诞节时去看望他们,我则不然。当母亲的格伦达有一堆规矩,她希望我们都按照她的方式做事。"

当我问起她的弟弟妹妹比她更容易适应的原因时,劳拉说,因为她父亲最宠爱的是她。"父亲从来都不会亏待我,我也是对他最忠诚的一个。他不理睬翠西,对克雷格则很刻薄。"她的父亲曾把身材瘦弱的克雷格称作"妈妈的乖宝宝"。

相比之下,收留他们的那位父亲态度就好多了。"罗恩平和又善良。他常常带克雷格去钓鱼,也从不在他口吃的时候不耐烦。"(克雷格在母亲去世后便开始结巴。)"自从和他们一起生活,克雷格的所有烦恼都消失了。我得承认,不用担心温饱是一种解脱。"

我问起劳拉与格伦达之间的关系。

"翠西和克雷格觉得格伦达无所不能。而她也投入大量时间来安抚翠西的不安。"劳拉说完,坦言自己是另一番感受,"要知道,我一直和我父亲很亲。"

"你和母亲从来都不亲吗?"

"是,从来都不亲。所以说,我觉得我不知道有母亲关爱是什么感受。"劳拉停顿了一下,笑了,"嘿,你听听!我变得跟你一样了,我在诠释自我!"

劳拉描述自己是如何抗拒格伦达的关心。"格伦达会说:'外面很冷,你要戴顶帽子。'我不明白,到现在都无法明白。把我当孩子为时已晚,我已经懂得如何持家。我们以沉默的方式针锋相对。"

不过,她对罗恩心存感激。"他过去一直带男孩们去钓鱼。他有一顶那种钓鱼时戴的帽子,上面别着各种鱼饵。他从来没对我说过任何鼓励的话,但他偶尔会对格伦达说:'别管劳拉,格伦达。她有自己的想法。'"

我指出,她梦中的波特上校也戴着一顶有鱼饵的渔夫帽。"你梦见的男子会不会一部分是波特上校,一部分是罗恩呢——是一种善意的综合体现?"

劳拉看起来很惊讶。"嗯,有可能。现在想来,我梦见的就是罗恩的那顶帽子。"她微笑着说,"我有时会幻想自己长大有钱了之后,给罗恩买一艘能乘风破浪的大船。他一直想买却买不起。"

我与劳拉第一年的心理治疗接近尾声。我需要制定详细的治疗方案,还要规划好实现的办法。劳拉非常依恋父亲,但这种依恋却令人担忧。劳拉原谅他的过失,现在还照顾他,简直成了他的家长,而且并不认为父亲需要为他自己的疏忽与自私负责。劳拉已经被遗弃过一次，因此紧紧抓住他不放，成了这段关系中的拯救者。家中没有担责任的成年人，为了一家人能生活下去，劳拉便承担起了这个角色。她的母亲已经去世，父亲却由于成长迟滞，停留在了不负责任的青春期阶段。劳拉不得不支持父亲，而她从中得到了什么呢？活下来的可能。

劳拉是这个家庭里真正的英雄，但问题在于，她在与其他男性的关系中也同样承担起了拯救者的角色。她以为这很正常，但实际上，这是一种适应性行为。她任由男友艾德与老板克莱顿做出各种不负责任的行为，并且认为一如她对父亲那样，拯救他们也是她的职责。而我的职责就是要让她意识到，她的无意识深处埋藏着想要成为拯救者的念头，以及她是如何下意识地选择像她父亲那样软弱自私、需要得到拯救的男性。

识别模式是心理治疗师的任务。在劳拉的案例中，软弱——且有可能精神变态——的男性就是显而易见的一种模式。不过，要让劳拉看清这一点很困难，原因有以下几点：首先，她接受心理治疗是为了治好疱疹，而非化解童年的心理问题；其次，她一心一意爱她的父亲，甚至拒绝与善良的养父母建立感情。尽管劳拉的父亲失踪了，而且长达四年都没有跟孩子联系，但她与父亲的情感纽带却始终紧密。而劳拉挽救家庭得到的回报，就是他仅有的那一丁点爱。人们为了爱会做出几乎任何事情，因此，这样的关系很难被瓦解。在家庭中，无论我们因为扮演什么样的角色而获得爱，都会一直扮演下去，哪怕为此付出代价。

尽管劳拉认为她掌控着自己的生活，但实际上，她失去了母亲，是一个遭到遗弃、背叛和利用的孩子。显然，劳拉和我都还有很长的路要走。

3. 看看猫拖来了什么[1]

随着劳拉进入第二年的心理治疗，我担任治疗师的第二年也开始了。当时我对于心理治疗过程之难以预料有了日益深刻的认识。在开诊所前，我并不知道理论与实际的来访者之间竟会有如此之大的偏差。我很快认识到，纯粹的理论完全是学术上的奢侈。身为心理治疗师，我不管在什么学科里找到什么武器，都会拿来使用。

然而，即便我受过必要的知识培训，还是偶尔会在实践中遇到困难。劳拉有满腔怒火要发泄，她会花大把时间表达愤怒，却并没有获得多少启发。我引导她的方式也远不够巧妙——这项技能要加以学习才能掌握。马尔科姆·格拉德威尔在《眨眼之间：不假思索的决断力》一书中描述了我们的直觉判断是如何通过多年的经验积累而成，这可是任何书籍里都学不到的内容。随着我作为心理治疗师的经验越来越丰富，我也学会了如何聚焦于疗愈所必需的东西。

---

[1] "看看猫拖来了什么"（look what the cat dragged in）是一句俗语，带有嘲讽意味，常用来形容人或东西污秽不堪的模样，意思是"瞧瞧你这副德性"。

圣诞节过后不久，劳拉告诉我，艾德送了她一床黑色缎子床单当礼物。当我问起艾德的礼物从心理学角度来说有什么意义时，她说："知道吗，你对老好人艾德挺苛刻的。"还说他是个优秀的伴侣，"我有时候下班回到家发现他在房间里点了一圈蜡烛。他还会给我买内衣、跟我跳舞。他特别希望我过得开心。"

"这件礼物很有趣，其中富有性意味。"我反驳道，"艾德正是通过性行为把疱疹传染给你，辜负了你的信任，从而对你造成莫大的伤害。"

"哇，你是不是从来都不放过别人？比如说，你什么时候说过：'嘿，那是昨天的事。过去的就让它过去吧。'我选择放他一马。疱疹的事让他心里难受极了。"

艾德失去捷豹经销商的工作时，劳拉维护他，说他被解雇是因为另一名竞争不过他的销售陷害了他。接着，艾德为了保住自己的豪华公寓，在找到下一份工作前卖起了可卡因。

我和劳拉谈过不少关于心理边界（psychological boundaries）的问题。人们确立这样的界限，好让他人以安全合理的方式与自己打交道。一个人的边界感越强，心理也就越健康；他或她就能向别人表示自己能够接受什么、不能接受什么。很明显，艾德已经越过了劳拉的个人边界。她不赞成酗酒、贩毒和当个无业游民，但她没法直接说："艾德，你传播疱疹、贩卖毒品又没工作，这些行为我无法接受。我们分手吧。"即便艾德的行为给她带来心理上的痛苦，她却不知道自己有权利要求他改变。几个月过去了，艾德并没有找到工作。我也没有再提起这件事，而是希望随着我们对边界有更多的探讨之后，劳拉也能为自己确立一些界限。

劳拉对自己生活中的窝囊废男子三人组忠心耿耿。我认为其中最薄弱的一环就是她的老板克莱顿。如果要让她立场坚定地站在自己这边，从拯救者的角色中解放出来，那克莱顿就是首选。劳拉无法改变他，但可以改变自己在面对他时做出的行为。她开始专注于自己的工作，不再为克莱顿打掩护。

由于劳拉从未学会如何建立心理边界，面对克莱顿施加的压力，她会在他的心理操纵下感到焦虑和内疚。她下意识地认为自己应该完成克莱顿布置的工作，怀疑自己对他置之不理是不是太过残酷。她不知道得体社会交往的基本原则。在她看来，人与人之间平等地付出与索取这样的正常行为显得虚伪造作。

我问她为什么没有自己的原则，她表示不解："既然每个人都能践踏边界任意妄为，最后只剩一堆废墟，要原则有什么用？没有人会按照我的意愿行事。他们为什么非得那么做呢？"劳拉的描述恰如其分地解释了什么是无力感，而人际关系中的无力感正是压力或焦虑的主要成因之一。

人在心理上做出改变也会引发焦虑。当我们对某种行为模式习以为常，不管它有多不健康，都是我们赖以为生的手段，因此改变相当困难。我们的无意识很强大，会拼尽全力保持原来的模式。

劳拉通过拒绝帮克莱顿完成工作打破了自己的模式。身为部门经理的克莱顿随后因为怠工且薪酬过高遭解雇。劳拉不仅随之颠覆了原有模式，还被提拔到克莱顿此前担任的高薪职位。"他们责备的真的是他！"她又惊又喜地说道。这件事不仅让她学到很多，还让她有了干劲。

大约在同一时期，劳拉出席了一场婚礼。她在婚宴上意外遇见了一位醉醺醺的伴娘。"我看你是跟艾德一起来的。"女子说，"他也把疱疹传染给你了吗？"

听劳拉说完，我就这么看着她，扬了扬一边的眉毛。事到如今，她已经清楚我在想什么了。"我知道你希望我离开他。"她说，"但有谁会要我呢？好男人是不会跟得了疱疹的人在一起的。"

她说得有道理，不过，我也指出这是比较不寻常的因祸得福。"你一直很漂亮，享受性爱，却总是害怕亲密。"我温和地指出，"这下你得先培养亲密的情感关系，然后再发生性关系。能够在跟你发生关系之前接纳你所有缺点的那个人，势必非同一般。"

"吉尔迪纳医生，"她回答说，"你有没有接触过现实世界啊？"

一个月后，劳拉来会面时宣布："好了，我做到了。我知道艾德有外遇，但我不知道他把疱疹传遍了半个城市。我跟他说我们结束了。"我问起艾德的反应，她说他哭了，"他说他很抱歉，然后说想娶我。我跟他说：'艾德，我为什么要跟一个对我撒谎、对我不忠、传染疾病给别人，而且以贩毒为生的人结婚呢？有个这样的男朋友已经够糟糕的了。'我这是在大扫除吗？我正在摆脱生活里的所有浑蛋。"她为自己感到骄傲，我也为她感到骄傲。

"浑蛋三人组"——按照劳拉的说法——里头唯一剩下的就是她父亲了。这一位要棘手得多。他跟克莱顿和艾德不一样，他是劳拉最钟爱的人，将永远在她生活中占据重要位置。

揭示劳拉与父亲的情感关系发生转变的是她的梦。弗洛伊德说，我们的显意识扼制住了无意识的冲动或本能，比如性欲或攻击性，而我们置身的文明社会也不希望我们意识到其存在。因此，这些欲望受到压抑、否认与升华之类的防御机制的层层防护。无意识欲望渗入我们意识的一种途径就是梦境。在梦中，无意识中的内容伪装成了各种符号。不过弗洛伊德也认为，如果我们对这些符号进行解释与自由联想，就有可能弄清楚其试图透露的是什么。如果梦境伪装得太好，就难以诠释；如果伪装得不够好，就成了噩梦。弗洛伊德有句话说得很对："梦是通往无意识的捷径。"所以说，梦在心理治疗中至关重要。

劳拉和我通过诠释梦境取得了一定进展。一天，她把梦境日记紧紧抱在胸前说道："尽管弗洛伊德在许多方面都很浑蛋，他在有关梦的问题上确实有所建树。我做了一个非常生动的梦，醒来以后心脏怦怦直跳。有那么几分钟，我还以为这些真实发生过。

"我站在舞台上，观众席里有好几百人。我穿着破烂的衣服，没有涂口红，感到很难为情。台上有一只纸糊的巨大黑猫。毒药乐队演奏新歌《看看猫拖来了什么》时，我不停朝猫的嘴巴踢去，直到把猫踢散架为止。观众席中有一些人鼓掌了，但我感觉很糟，也不知道自己为什么会忍不住这么去做。"

分析这个梦的时候，劳拉说要弄清音乐的出处并不难，因为她最近刚在妹妹家听到过这首歌。我问她"看看猫拖来了什么"这句话对她来说意味着什么，她的脸色随即一沉，"我父亲在我去监狱探望他时说过这句话"。

我对于她的父亲坐过牢的消息感到惊讶。劳拉读懂了我的面部表情，没等我开口便说自己一直不知道父亲为什么会坐牢。"去监狱要坐十三个小时的巴士。我当时十四岁，为了去一趟要存好几个月的钱。我走进监狱时男人们吹起了口哨，我父亲却只是笑着说：'哎哟，看看猫拖来了什么。'"

"说得好像你是问题所在？"

"他一个劲地笑。我想冲他发火，但有什么用呢？他已经很落魄了，所以我忍气吞声，不想把局面搞僵。更何况，回去的巴士要隔天才有。当我告诉他我只能在巴士站过夜时，他说：'嗯，你这身打扮正好合适。'我那天穿的是当时流行的水洗牛仔裤，他看不惯那种装束。那是我最后一次去监狱看他。"

"我想你应该很生气。在梦里，你愤怒到朝猫的嘴踢了过去。"

"我本想说：'我来让你见识见识猫拖来了什么。'于是在梦里摧毁了那只纸糊的猫。"劳拉的脸色再次沉了下来,"真是个自私的蠢货。而且其他犯人都在不怀好意地朝我抛媚眼,他并没有说'这可是我的女儿,都给我滚开',而是用他那蹩脚的方式当着一群败类的面油嘴滑舌。他的伟大形象就此崩塌。"

"你眼中的他曾经特别伟大,看到他变得如此渺小,一定很难过。"

她叹了口气。"我想他从来都不伟大,只是我自己这么认为罢了。"

这是劳拉头一回表达对父亲实实在在的愤怒与失望,也是心理治疗中的一个重要时刻。拼图里的一大块完成了。

"所以说,你去监狱看他,用课外打工挣到的钱买车票,在十四岁独自出远门,结果他侮辱你、嘲笑你,也没有在其他囚犯面前维护你。你觉得自己很狼狈,而他的狱友则色迷迷地打量你。在梦里,'没有涂口红'和'观众'代表的是你暴露在其他囚犯的目光之中,没有得到父亲的保护。在梦里,你愤怒地踢着的那只猫就是你的父亲,可你还是感到内疚。观众席中有一些人鼓掌了,另一些人则没有。那是怎么回事呢?"

"我生他气的时候感到内疚,但我知道你希望我对他发火。但话说回来,探监那次是他唯一一次批评我。"

我纠正说,我是希望她从现实的角度来看待他。这样一来,她才能建立一段对他们二人都有益的关系。我说他们无意识中跳起了探戈舞——他不负责,她则太过负责。

"你和世界上的所有女儿一样,和父亲建立了情感纽带。达尔文指出,所有物种中都会出现情感纽带。你与父亲之间的联系不仅正常还很必要。然而,我认为你将这种情感纽带误认为是爱。情感纽带并非一种选择,而是生理的必然性,是生存的必要条件。爱则是一种选择。当你遇到一个缺乏关心又不中用的男人便立即对其产生

39

好感，这是因为你对他们的行为太过熟悉。你磨炼出了照顾男性的能力，并且因此得到过爱。可是，爱是相互照顾；是欣赏所爱之人的特质，而非保护其免受现实世界摧残。你照顾父亲，因此他尽己所能地爱你。但有些男人会爱上你的所有特点，而不仅仅是能为他掩盖错误的那些特质。"

劳拉听完似乎松了口气。"我以前觉得这就像罗杰斯先生会说的话，但近几个月来，我心里有一小块地方开始渴望这样的爱。"

在心理治疗中，当病态的防御开始瓦解，来访者会提起更多此前一直悉心守护的往事。忽然之间，治疗之初想不起来的回忆浮现了。劳拉一心维护父亲的时候屏蔽了许多关于他的负面记忆，然而现在，经过两年的心理治疗，这些痛苦的记忆如同滚烫的岩浆一般喷涌而出。

劳拉和弟弟妹妹住在鲍勃坎基恩的时候，格伦达、罗恩及儿童保护机构曾试图寻找他们的父亲而未果。罗恩一家后来不再寻找，还收养了这几个孩子。那几年孩子们都过得很不错，劳拉、翠西，尤其是克雷格，都茁壮成长。克雷格跟罗恩相处融洽，还跟后者学习如何当勤杂工。他话变多了，夜里则会在窗前耐心等待罗恩回家。

孩子们被收养后第四年，在一个寒冷的冬夜，外面响起一阵敲门声。罗恩打开门，外头站着的是几个孩子的父亲。据劳拉说，他走进来开口说道："嘿，孩子们！我再婚了，是时候收拾东西回家了。"他见没人有反应，又欢快地说："你们有新妈妈了！"

劳拉说到弟弟妹妹当时宁愿待在寄养家庭时，突然显得很难过。坚持要他们离开罗恩和格伦达的人正是劳拉。"我现在才意识到，这个决定对他们来说特别糟糕，简直毁了他们的人生。我父亲从来就不喜欢他们。克雷格有罗恩这样一直充满关爱的父亲在，过得很开心。"她的双眼湿润了，这是她接受心理治疗以来第二次涌出泪水。

一家人之后搬去了多伦多。父亲当时已经穷困潦倒，他住在一片破旧地区里一间脏兮兮的酒吧楼上，而且常年酗酒，几乎无法正常工作。几个孩子走上昏暗潮湿的楼梯，面前站着一个比劳拉年长不足十岁的年轻女子。她骨瘦如柴，头发漂成金色，发根处则是深色的。她身穿一件涤纶金银线透视上衣，里面是黑色蕾丝胸罩。这个叫琳达的女人那年二十一岁，劳拉的父亲则是三十多岁，不过在年幼的劳拉看来，他比实际年龄要苍老许多。他们一家人出门时，别人都会把琳达当成第四个孩子。

琳达踩着高跟鞋蹒跚地走向他们，用稚嫩的声音说道："嗨，亲爱的孩子们，我是你们的新妈妈。"翠西与克雷格都跟她打了招呼，但十三岁的劳拉却只是瞪了一眼这个二十一岁的对手，随后走进自己的房间。她不得不与弟弟妹妹们共用一间卧室，房间没有门，有的只是从印着水渍的天花板上垂下来的珠帘。

接下来的两年里，琳达大部分时间都醉醺醺的，她不像劳拉的母亲那样沉默，喝醉酒会变得特别刻薄。她会大喊大叫，说自己可以跟世上任何一个男人在一起，结果却被一个糟老头缠住。劳拉的父亲喝醉后会殴打琳达，劳拉则会为她被打伤的嘴唇或眼睛敷冰块。

一天晚上，劳拉的父亲与琳达在连续三天喝得酩酊大醉的时候吵了起来。劳拉描述了接下来势必会发生的一幕：她的继母会嘲笑她的父亲，把跟其他男人睡觉的经历拿来跟他比较。"她知道他会发火，然后，如同钟表走时一样，我父亲也一直会赶点发作。"劳拉回忆说，"她从来都不知道什么时候该住嘴，因此付出了代价。父亲不停叫她闭嘴，不要自找苦吃。"

听到击打声、东西摔碎以及楼梯间骚动的声音时，劳拉正在房间里读青少年小说《上帝在吗？我是玛格丽特》。翠西与克雷格留在了房间里，劳拉则跑了出去，看见琳达躺在楼梯最底下蜷成了一团。她的父亲穿着一件破衬衫，双手抱头坐在厨房餐桌旁，他满头大汗，上气不接下气。劳拉跑下楼去，楼梯的两面都是墙壁，狭窄得如同隧道。"琳达缩成一团躺在地上失去了意识，她的脖子扭成了一个奇怪的角度。"劳拉摸不到她的脉搏，于是跑上楼打电话报警。她接着看向父亲，意识到可能是他把琳达推下了楼。"我叫他脱掉衬衫。我把那件衣服藏到我的房间，又找了一件给他穿上。我擦干他手臂上被琳达抓出的血迹，还告诉翠西和克雷格，等警察来了之后说没有人吵过架。"

"你父亲在此期间做了些什么呢？"我问她。

"他醉得不省人事。"

急救人员抵达后，宣布琳达因颈部骨折而死亡。劳拉跟警察说是她自己摔下了楼。当他们问起为什么她看起来遍体鳞伤时，劳拉解释说，她摔下去时脑袋在每一级台阶上都磕了一下。"当地人都知道琳达是个会在酒吧滋事的酒鬼，因此她就这么被抬走了。"劳拉面无表情地说道。

"第二天，我父亲酒醒后叫大家上下楼梯要当心，说有些踏板松了，很危险。克雷格找来一把锤子，修好了橡胶踏板。家庭传说就此变成琳达自己摔下了楼梯。"

"传说？"我问道，想知道劳拉是否承认是她父亲把琳达推下楼梯。

"我到今天都不确定是父亲把她推下楼去的，还是她自己摔下去的。没有人看见。"

"但她跌下去的速度快到足以致命。"我指出。

"没错。"劳拉说，接着补充道，"但她个子很小，体重大约八十五磅[1]。而且，人们自己从楼梯上摔落致死的事情经常发生。"

"你对于琳达去世及当时的情况有什么感受？"

"老实说，我从来都不喜欢琳达。她既自私又难伺候，还是个刻薄的酒鬼。她从来没做过一顿饭。对我来说，这不过是又一个难以相处的人而已。"

"不过，这肯定会造成不小的创伤。这是你第二次因为父亲的妻子去世而报警。一次是自己的母亲，另一次是继母。"

劳拉说她不觉得这构成创伤，认为不过是多了一件需要应付的事情而已。

"只不过是一件分内事吗？你是否曾经对父亲感到怀疑、愤怒或者害怕？"

"我知道你会觉得我很奇怪，但我责备的是自己。我真正的创伤——既然你喜欢用这个词语——是把克雷格和翠西强行带回多伦多，让他们的生活变得如此糟糕。我父亲什么也做不好。我早该料到的，不应该给他带来那么大的负担。"

"所以说，你责怪的是自己给他带来过多压力，而不是他可能谋杀了琳达？"

"我在两年的心理治疗后知道这种逻辑不对，但那就是我的真实感受。"

身为一名心理治疗新手，我对于劳拉的极力否认感到惊讶。不管她对自己父亲的所作所为有多了解，都仍然不愿意让他担起责任。我开始认识到自己正在开凿的不是一块冰块，而是一座冰川。

劳拉第二年的心理治疗快要结束了。虽然我们已经有所进展，

---

1 约为38.6千克。

但仍然需要深入探究劳拉与她父亲的关系。"踢猫"的梦无疑表明，她开始以更现实的角度看待她的父亲。我担心她在停止维护父亲以前会在与其他男性的关系中重蹈覆辙。

就现实层面而言，我也开始怀疑这位父亲是否谋杀了琳达及他的第一任妻子，这显然更像是个精神变态者，而不是一个倒霉的酒鬼。我好奇劳拉封锁住有关母亲的全部记忆是不是为了保护父亲。她在无意识层面对生母死亡的了解，是不是比她意识到的更多？

4. 真相

　　心理治疗师可以基于特定的心理学理论，运用多种方式帮助来访者。在执业生涯早期，我主要依循弗洛伊德的范式，即假设无意识真实存在。随着时间的推移，我变得更加不拘一格。我会采用格式塔疗法的技术，比如角色扮演法，并关注"此时此地"的经验，通过观察咨访双方的互动，了解来访者会如何应对现实世界的冲突。我还实践了卡尔·罗杰斯[1]的人本主义疗法，以来访者为中心。这种疗法强调来访者是解决自身困境的专家，而治疗师主要充当参谋。

　　简单来说，我发现拘泥于单一的疗法局限性很大。我需要思考每个案例，权衡对每一位来访者而言什么方法最好。有时候来访者并不善于内省，难以借助弗洛伊德式的自由联想法感受自己的情绪。因此，我会从这种以洞察力为导向的方法转为更直接、更有冲击性的角色扮演法，使来访者重新体验某个情境，不得不做出回应。比如说，如果她生老板的气，我就假装成那个老板，来访者的真实情

---

[1] 卡尔·罗杰斯（Carl Rogers）是二十世纪美国心理学家，他在二十世纪四五十年代首创个人中心治疗法（person-centered therapy），被誉为人本主义心理学的创始人之一。

绪便会在扮演过程中浮现。或者，要是一个人极度匮乏关爱，童年时从没有人好好聆听过他的需求，我便会采用卡尔·罗杰斯的方法，单纯以倾听的方式为对方提供成长所需的养分。每一个案例都需要反复评估，如果来访者心理上未表现出改善，就有必要采取别的方法。据说爱因斯坦就说过这样的话："疯狂的定义就是反复做同一件事并期待不同的结果。"

有时候，运用社会学模型比心理学模型更有帮助。如果从社会学角度重新看待劳拉的情况便会发现，她的父亲属于酗酒者群体，她则属于"酗酒者的成年子女"这个群体。匿名戒酒会组织认为，酗酒者都有一定的特征，他们的子女也因为父母酗酒而发展出自己独有的特征。事实上，世界各地都有专门的组织帮助在酗酒家庭长大的成年人。

我于是把美国心理学家珍妮特·沃伊提兹（Janet Woititz）写的《酗酒者的成年子女》（*Adult Children of Alcoholics*）送给劳拉。我希望她看看众多酗酒者成年子女的共同特征，尤其是长女，其往往会成为家中的代理家长。

下一次来访时，劳拉对自己符合清单上的所有特征感到很不安。她又做了张活动挂图，还以一副军队中士点名的架势将每一条都高声念了出来。"酗酒者成年子女会做出以下这些事情。"她开始了：

1. 猜测正常行为是什么样子。
"我以前根本不知道，让一个九岁的孩子充当家长很不正常。"

2. 毫不留情地自我评判。
"我因为当不好家长和得了疱疹而十分厌恶自己。"

3. 很难玩得开心。
"开心?我几岁啊,难道还在念幼儿园吗?我有工作。"

4. 对待自己过于一本正经。
"同事和父亲都说我开不起玩笑。"

5. 难以建立亲密关系。
"既不让人靠近,也不让人同情。因为那会带来这本书里说的亲密感——不管那到底是什么意思。"

6. 对于自身无法控制的改变反应过度。
"为什么不会呢?所有改变都很糟糕。要么是谋杀,要么是警察要我们搬家,或者是得躲避追债的人。"

7. 不断寻求认可与肯定。
"我会不断付出,寻求艾德、我父亲以及克莱顿的认可,哪怕他们都是浑蛋。好吧,我的父亲不完全是个浑蛋,但他有时确实挺浑蛋的。"

8. 感觉自己和其他人不一样。
"我确实和其他人不一样。其他人都还在玩沙子呢,我做过的事情他们可想象不出来。"

9. 超级负责。
"我会为完成工作鞠躬尽瘁,而且永远不会觉得自己做得足够好。我还会在夜里醒来,为第二天的工作犯愁。"

10. 极度忠诚，即便有证据表明不值得这么做。

"好吧，这一点太明显了，根本用不着说。我对克莱顿、艾德和我父亲这些分属不同年龄段的年度浑蛋奖获得者都很忠诚。"

这本书和这份症状清单像闪电一样照亮了劳拉的世界。她觉得这些描述是如此贴切，仿佛作者已经看透了她的内心。

读了这本书，她才知道自己的情况并不特殊。她念完清单，抬高嗓门道出自己的发现："我就是酗酒家庭的产物。我现在明白了。"

有一个星期，劳拉透露自己的祖母去世了。我对她说节哀顺变，她却说没这个必要，因为她的祖父母一直都很"白痴"。她沉默了几分钟后接着说："我肯定最清楚，因为我跟他们一起生活过。琳达去世后，我父亲被卷入一些偷鸡摸狗的事情，因此被关了起来。在我十四五岁的时候，我们被送到欧文桑德跟爷爷奶奶一起过。"

她的祖父母住在旅行拖车停车场。她说，"他们像电线杆子一样蠢，还搞坏了住在旅行拖车里的垃圾白人的名声。他们能走到一起真是不可思议，因为这两个人的疯狂程度简直不相上下。我要是不愿意做他们要我做的蠢事，他们就会发疯。"有一次，劳拉从商店回来时拿的是奶油玉米而不是玉米粒，结果不仅被他们用皮带抽了一顿，还被锁进壁橱里关了二十四小时。（狭窄空间与樟脑丸的气味至今依然让她喘不过气来。）类似的事例还有很多。而且他们一边打她还会一边数落，说她的父亲也好她也好，都不是好东西。

劳拉其实对身体虐待与言语辱骂很陌生。她父亲即便在与琳达一起生活时也从未对她动粗，而且他也谈不上是纪律严格的人。实际上，他经常表扬劳拉。疏于照管才是他的毛病。

她提到祖父对待她时"异乎寻常地露骨"。我让她具体讲讲,她说,"爷爷会说我看起来跟我母亲一样像个'意大利妓女',说如果不是因为她勾走他们的儿子,毁了他的人生,他本来是能够出人头地的。每次我约会结束回到家,他都说要检查我还是不是处女。直到有一天我举着刀子说,他要是敢碰我,我就打电话给养父母罗恩和格伦达。那样一来,警察就会上门把他跟他儿子关在一起。我爷爷太蠢了,根本看不出我是动真格的,但我奶奶明白得很,她说:'让她去,我们可不想弄脏自己的手。'"

这是劳拉第一次提起含有性意味的不正当行为。这种情况通常意味着来访者还隐瞒了其他事情。

"你能告诉我你的祖父还说过其他什么带有性意味的话吗?"

她不屑一顾地摇摇头:"他从来都只是说说,骨子里是个懦夫。我奶奶才是那个会把恶心人的想法都付诸行动的人。"

我试图谨慎对待,避免灌输任何想法,但我还是告诉了她,经历过混乱生活的人往往更容易遭受性虐待,因为他们没有家长保护,更容易受到伤害。此外,他们对正常行为一无所知,也不知道自己有权利说"不"。

"我可不会。谁要是靠近我,我就割开他的喉咙。我觉得男人们能感觉到我做得出这样的事情。"

劳拉曾经受到伤害,但她从未扮演过受害者的角色。这也正是她的英勇之处。多年来一直在奋斗的她,每天起床时依然会下决心要成为更好的自己。

不过,虽然就某种程度而言她是个英雄,但她拒绝面对痛苦也存在问题。她无法感受到被埋藏的真实感受——恐惧、孤独与被抛弃感——能感觉到的只有愤怒。此时的愤怒不是一种感受,而是一种防御机制。当我们因为过于痛苦而无法面对自己的真实感受，就会用愤怒来抵抗。我的工作就是让劳拉对她的经历产生真实的感受。

我从劳拉的案例中学到的一件事就是，心理治疗师不能说三道四。每个人就某种程度而言都爱褒贬，这是人类辨别与评估形势的方法。我可以将劳拉的父亲说成是"在青春期阶段成长停滞且酗酒成瘾的反社会者"，或者可以直接用外行的话，说他很自私。然而，当我听说了他虐待狂式的母亲以及找不到工作的变态父亲，我意识到他也过得很艰难。没有人教导过他如何面对成年生活。实际上，他在为人父母方面做得比他的父母更好。他的父母在他童年时做过什么，只有他自己知道。他没有榜样、心理治疗或是其他任何办法，但他确实一直在努力，希望用他极为有限的方式重新建立联系。

在治疗的第三年半，一些来自过去的信息浮现，对治疗产生了巨大影响。劳拉的妹妹翠西过去几年过得并不好。她两岁的儿子在前一年得了脑膜炎，长期处于昏迷状态，病愈后留下了轻微的脑损伤。最近翠西又生下一对双胞胎。她的丈夫没什么能耐，而且是低功能的抑郁症患者[1]。劳拉有好几个周末都曾前往翠西位于乡下的家帮忙照顾刚出生的宝宝。

后来劳拉得知，翠西的丈夫在浴室上吊自杀了。这一可怕的事件发生后，翠西坦言自己无法独自抚养双胞胎。

"翠西问你要什么？"我试图搞明白。

"帮助。我会帮她的。我每个周末都会去她那间破烂的农舍帮

---

[1] 低功能（low-functioning）抑郁症患者意味着患者在完成日常基本事务方面都有困难，生活能力低下。

忙。唉，我在那里的时候一直忙个不停，还得帮她买尿布，因为她连尿布都买不起。老天，她真的是应付不过来。"

"我也认为她需要你的帮助。有你帮她太好了；没有人比你更会打理或者更勤劳的了。"我试探性地问道，"那么，情感上的帮助呢？"

"我只要没在讨论具体的事情，她就一个劲地哭。"

我提醒劳拉，她妹妹也经历了与她相同的失落：母亲的离世、父亲的抛弃、琳达的横死，还有父亲的牢狱。我指出她们的父亲最宠爱劳拉，对翠西却不怎么过问，还叫她"爱哭包太太"。劳拉是她聪明又漂亮的姐姐，有着令人钦佩的钢铁意志。翠西没有这样的天赋。我温和地提示说，她也许需要劳拉的情感支持。

"我会尽力的。我已经跟她说过，我们会渡过这个难关。"

劳拉描述的是鼓励而非亲密。我决定再次引入这个话题。我们虽然讨论过"亲密感"（intimacy）这个词语，她也读了相关的书，但我认为她并没有理解其真正的含义。我知道她依然牢牢保护着内心深处的情感，因此我得慎重推进，要不然，她反而会紧紧锁住心门。我提示说，也许劳拉应该与自己的妹妹分享内心的感受，随后指出她已经进行了三年的心理治疗，翠西却没有。"你跟翠西说起过自己在接受心理治疗吗？"

"天啊！没——有！"

我提醒劳拉，她来接受心理治疗是为了学会如何面对压力与焦虑，并且确实有所起色。她不仅疱疹发作减少了，还更了解自己，懂得如何改善生活质量。不过，她依然需要深入探索。"你读到过一种被称为'亲密感'的概念，指的是人们分享自己的感受。"我斟字酌句。

"我当然知道。我可不是欧克星球[1]来的。"

可是，劳拉还是显得很茫然。我于是说："亲密感指的是你了解自己的情绪，然后会将你的感受，你的恐惧、羞愧、希望乃至喜悦与另一个人分享。"

"老天！干脆脱光了上街跳舞算了。"

我不予理会。"你一开始会感到困难，是因为你小时候从来没有人对你表达过感受。"我说，"实际上，你不得不封闭自己的内心，以此应对生活。这样学习起来确实很难。"我解释说，进行亲密交谈就像学习另一种语言，会越说越熟练。

劳拉非常注重实际，非要我举一个例子。

"你跟我说疱疹让你感到无比羞愧的时候，我非常理解你的感受。"我说起她第一次参加心理治疗时，根本不允许他人表达同理心。

她点点头笑了起来，仿佛那是上辈子发生的事。

"要是人们用我分享的感受来对付我呢？"她问道。

"这样的可能性永远存在。你应该只对自己认为信得过的人表达亲密感。这是加深信任的基础。要建立亲密关系，你得冒点风险。"

"说实话，这听起来有点儿危险。但我明白了。这要么会拉近彼此的距离，要么就会给人当头一击。"

"人们分享感受之后会感觉好一些，压力和焦虑感都会减少。你要是打算与他人成为生活伴侣，那么在生理上的亲密感消退之后，使你们长久维系在一起的就是这种情感上的亲密感。"她皱了皱脸，表示这个概念有点儿牵强。

---

[1] 典出二十世纪七十年代著名美国电视剧《默克与明蒂》，主角默克是来自欧克星球的外星人，对地球文化一无所知。

劳拉和我练习如何展开亲密对话。我试着告诉她一些可以用到的词汇。我说："翠西可能跟你一样，不知道如何与人建立亲密关系。她的抱怨就像是你的愤怒，是一种防御机制。"劳拉告诉过我，翠西发现她的丈夫在浴室上吊自杀后的第一反应是："这下谁会来帮助我？"却没有说过失去爱人之类的话。翠西和她的伴侣犹如两颗迷失的心灵，就亲密程度而言，他们是彻头彻尾的陌生人。

心理治疗进入第三年，劳拉在边界感方面有了很大的进步，但我们依然要谈论亲密感之类的基本内容。她依然十分厌恶这样的概念。毕竟，她最初的记忆就是父亲在她伤到脚后表扬她很坚强。在劳拉看来，分享痛苦就是坚强的反义词。而我现在正要求她放下防备。这与她二十多年来在家庭与学校遭遇的磨难中学到的东西背道而驰。在拳击场上，没有人会叫拳击手放下左手停止防守。

劳拉取消了接下来的那次心理治疗，这以前从来没有发生过，因为她把治疗视作"救命稻草"。几个星期后她来了，表面上显得挺高兴，但我从她的脸上就能看出她遇到了问题。

我说我察觉到房间里有股危险的暗流，还补充说，她上一次没有来，一定是有什么紧急事件发生了。有那么几分钟，她就坐在那里望向窗外。终于，她如同子弹连发一般飞快说道："我尝试了你异想天开的想法，试图与我的妹妹拉近距离。我就知道，我从不聊亲密感这么伤脑筋的话题自有其中的道理。"她用拳头猛击椅子的扶手，还以责难的目光看着我。我不作声。她继续说道："我去了翠西家。半夜里，我正喂着翠西的一个孩子，她在喂另一个。我们坐在配套的摇椅上，周围几乎一片黑暗。我说起我们小时候过得很不容易，说这是我在心理治疗中才明白的事。听到我这么说她很惊讶，因为她一直爱哭鼻子，而我则不允许她哭哭啼啼。她说她以为我很幸福，因为我'什么都不缺'。"

劳拉不仅告诉翠西自己在接受心理治疗，还说她开始意识到她们的父亲并非完美的家长。"他也许尽力了，但这还是不够。我告诉她我意识到艾德就是父亲的翻版。他帅气、富有魅力，但他把疱疹传染给我，背叛了我。"

劳拉随后直视我的眼睛说："是的，吉尔迪纳医生，意外吧——我还说了疱疹的事。后来我说到艾德连工作都跟父亲的相同，总是干一些不合法的勾当。我说我一直为艾德找借口，就像我为父亲找借口那样。翠西看起来很迷惑，我于是把关于建立情感纽带的整个复杂过程都说了一遍。我有一整晚的时间，不是吗？"

劳拉也向妹妹坦白，她在当翠西与克雷格的母亲时做得很糟糕，只想着如何活下去，不考虑他们的情感健康，她因此内心备受煎熬。"我告诉她我有多抱歉。接着停顿了一下，"劳拉静静地说着，"我想我是希望她要么原谅我，要么像你经常对我说的那样，说我只是个孩子，已经尽力了。

"她并没有说话，只是呆呆地坐在那里。我有点儿生气，觉得自己真情流露，她却像一辆生了锈的报废汽车那样一动不动。最后，我催促她说：'翠西，你有没有什么想跟我说的？'躺椅摇晃时发出的嘎吱声清晰可闻。终于，她以一种完全不带情绪的语气说道：'我们小的时候，父亲和我……'"

这下轮到我不知所措了，我可没料到这样的事。我跟当时的劳拉一样震惊。劳拉见我如此惊讶，示意我等她说完。"我就坐在那里，手里晃着奶瓶等她说下去。她再也没有开口。我真想尖叫，说她在撒谎。我知道这样做不对，但我耳朵里只听得见自己心脏怦怦跳动的声音，根本无法思考。我默默地坐了很久，直到我的内脏不再翻腾。"最终，翠西开口了。"有一次，我们的亲生母亲打开门时撞见了我们。她就站在那里看着，没一会儿便关上了门。"她对劳拉说道。

劳拉问她，为什么自己跟她睡在同一房间却不知道。翠西说她们的父亲是在没人的时候下手的，有时也会铤而走险。

"我问她为什么从来没告诉过我。"劳拉说完，陷入了沉默。

她看起来并不难过，而是很生气——确切来说，她看起来很愤怒。最后，我问她翠西如何作答。

"她只是像平时那样没精打采地耸了耸肩膀。然后说：'你不会相信我的。你认为他像耶稣一样能在水上行走。'无论我说什么，她都没再开口。"劳拉回忆道，"然后我想起你说过的关于同理心的话，于是没再追问细节，而是告诉她我有多抱歉。她于是哭了起来，眼泪落在她怀里孩子的脸上。我不得不用干尿布去擦。"

"你一定特别震惊。"我说，"你得知真相后有什么感受？"

劳拉没有回答，而是说起自己如何请了三天假北上去找父亲谈话的。他和一位名叫琴的老师——是位富裕的寡妇——一起住在苏圣玛丽。

"他跟以前一样，看到我特别高兴。他问起我的近况，听到我升职了很兴奋，听说我跟艾德分开则表示遗憾。他觉得艾德'生龙活虎'。"劳拉说，"他的打扮简直像个中产阶级——就差没穿成学院风格了。而且他喝健怡可乐时用的竟然是玻璃杯，里面应该没有掺酒。我不知道他是怎么站稳脚跟的，反正也不会长久。"

劳拉向琴解释说自己想讨论一些家务事，于是琴便去探望她妹妹了。琴一走，劳拉便平静地问她父亲："你有没有性虐待过翠西？她说你做过。"

她的父亲气坏了。"老天啊，没有！我可不愁找不到女人。我永远不会对我的孩子下手。那太变态了。无论发生什么，翠西永远是受害者。她就是气我跟琴不愿意跟她一起住,帮她照顾孩子。她这是自作自受。"劳拉的父亲还说他不想把琴拖到"大老远的地方去帮助一个不管别人为她做什么都还是稀里糊涂的人"。劳拉说,他接着把手重重拍在桌子上,她感觉玻璃杯要被震碎了。"他说:'我知道她会报复,这种事她干得出来。她那个丈夫受够了她扮演受害者的把戏,上吊自杀了,也许他是想挑明:你看,现在谁是受害者?'"

"他在屋子里迈着重重的步子走来走去,还大声嚷嚷:'翠西要是想陷害我,那就让她去。尽管去说。我就是希望你看清楚翠西一直以来到底是个什么样的人。她和她母亲永远是受冤枉的一方。问克雷格去,他会告诉你这是在胡扯。'"

"克雷格跟这件事没关系。"我说。

劳拉继续说了下去,告诉我她拿起手提包准备离开,走的时候,她对父亲说"这件事还没完"。

我等待劳拉接着说,她却看向我摇了摇头,用气愤的语调说道:"我知道你认为我在维护他,但是老天做证,翠西从来没有单独和他待在一起过,而且她确实一直觉得自己是个受害者。"她随后模仿翠西哭哭啼啼的语气:"'为什么丈夫自杀的事会发生在我身上','为什么得脑膜炎的是我的孩子?'"

我问劳拉,她为什么能断定翠西从来没有单独和父亲待在一起过。劳拉有很多朋友,她经常出门参加聚会或是由母亲带去跟别的小朋友玩耍,而翠西则被丢在家里。

她皱了皱脸,勉强承认我说的属实。

"重要的问题在于:'翠西是个会撒谎的人吗?'"我继续说道,"她撒谎说自己是受害者了吗?不,她没有。事实上,她的丈夫真的自杀了,而她的孩子也确实因为一种可怕的疾病而病倒了。"

劳拉厌烦地摇了摇头说:"在奶奶家的时候,如果没人约她出去，她就会说是因为我们跟疯子一起住在拖车里。可是约我出去玩的人有很多。小的时候，她说她没有收到生日派对的邀请是因为我们的母亲从来不跟其他母亲交谈。可我还是收到了邀请。她永远有借口，而且永远都不是她的错。"

"那不算撒谎。"我澄清道。

"她一直嫉妒我跟父亲的关系。可能翠西在以一种很可悲的方式跟我竞争，像是在说：'看，我也跟他很亲近。'吉尔迪纳医生，你不认识她。看在老天的分上，她还想把双胞胎交给儿童保护协会呢。我不得不告诉她，她能够成为好家长。我说我们可不希望家里好几代人都是遭遗弃的孩子。"

"正如你说的那样，她做得肯定不够好。但这算不上撒谎。"

"说真的，我相信他。我知道你的下一个问题。不，他从来没有对我做过这样的事，从来都没有——一点儿苗头也没有。人们说我漂亮的时候，他甚至都不予置评。"

"除了在监狱里，当你觉得他利用了你的美貌的时候。"

"天啊，你说起话来真是步步相逼。我是在证人席上，还是在接受心理治疗？"

她说得对。我得后退一步，专心寻找心理上的真相，而非字面意义的真相。

我们其实无法知晓真相。诚然，翠西既没什么能力又很依赖人，刚好是那些"掠夺者"会选择的施虐对象。父亲知道劳拉绝不会容忍，她会拿着菜刀追着他砍。但归根结底，如果我暗示劳拉不相信翠西是为了保护父亲，那我就是在偏袒一方。继续讨论那件事是否真实发生过，超出了我身为心理学家的职责范围。心理学家的工作是指出来访者行为中的模式。我也确实提醒过劳拉，她的模式就是袒护父亲，无法客观看待他。我已经把工具交给劳拉，现在轮到她来决定真相是什么。

那一事件中有一个细节让我印象深刻：翠西描述她的母亲是如何打开门又轻轻关上，并且从未提起自己看见了什么。我想象那个可怜的母亲无处可去，又得知自己的孩子遭到了侵害。她想必极度抑郁，或者单纯是在这段关系中没有勇气或力量来保护女儿。我再一次怀疑她是否死于自杀。警方没有对此展开任何调查，也不认为发生过任何犯罪活动。我在听闻劳拉父亲的第二任妻子的死讯时怀疑过劳拉的母亲是否也死于丈夫之手。我始终都没弄明白为何劳拉只有一段关于母亲的记忆。

在这个节骨眼上，我必须非常小心，我不希望给劳拉灌输什么想法。我从事心理治疗已经有三年，但还没有遇到过这样的案例。我也必须牢记，心理治疗的重点不是寻找真相，就像杰克·尼克尔森在电影《好人寥寥》中喊出的那句著名台词：有时人们"难以接受真相"。确切来说，这其实在于要让我们的无意识不再去控制意识。有效的心理治疗是要让人不再如此防备，这样才能处理生活中出现的问题。

接着，我俩都陷入了治疗中会出现的那种沉默。这一令人震惊的发现让我们在后半段时间里都沉浸在不同以往的沉思之中。终于，大约十分钟过后，劳拉开口了。她声音里的怒气消失了："我们永远也不会知道究竟发生了什么，对不对？"

我摇摇头，表示不会。

我又将话题转回她与翠西一起度过的那个晚上。"有一件事千真万确地发生了：翠西和你一样，也希望建立亲密关系。她无疑需要帮助。不管她是否遭受过虐待，她都认为自己有过这样的经历，并且需要去看心理医生。"

我说可以去翠西家附近的医院，找一位可以免费为她提供心理治疗的精神科医生。遗憾的是，翠西只去了几次。我后来又为她找了个互助小组，但她只去了一次。我又联系上一个为双胞胎母亲提供帮助的团体，还安排了人员接送她，可翠西临行时却拒绝出席。

我感觉到自己在翠西身上投入了太多精力，她不但不是我的来访者，而且对心理治疗或任何形式的帮助都很抗拒。我也不得不提醒自己，我如此迫切地探寻真相是为了满足我自身的需求，而这并非我的来访者的需求。我得考虑两个因素：首先，劳拉在心理治疗中很用心，她并不害怕花精力去改善自己。其次，她说得对，我们永远也不会知道究竟发生了什么。第三年的心理治疗就此收尾确实有点儿糟糕，但这件事还是得由翠西和她父亲去解决才行。

5. 没有活儿干了

我感觉我们已经来到最后阶段。劳拉最初接受心理治疗是为了解决频繁发作的疱疹,如今疱疹一年只会发作一两次,这足以证明她已经学会如何应对焦虑。劳拉在职场与个人关系中都已经确立了心理边界。她不再允许自己一边被他人激怒一边又不作为。她正在努力与他人建立亲密关系并施以同理心。她已经意识到自己的童年并不健全,因此专注于成为一个心理平衡的人。

尽管如此,她还是会遇到挫折与反复。有一个星期,劳拉踩着重重的脚步走了进来,我看得出她当时正在气头上。她一旦感觉到受威胁,为了保护脆弱的自我就会变得极度愤怒。我当时早已学会不去介入劳拉与她无意识中的恐惧。不管在生理上还是心理上,她都充满斗志。有天夜里,她独自站在地铁站台上,一名男子试图偷走她的手提包。她一脚踹中对方的腹股沟,把他一下子撞到了铁轨上。她随后按下站台的通话装置告诉工作人员:"铁轨上有个混蛋。"最后搭出租车回了家。

我问她为什么这么生气,她说这一个星期"很难堪"。她先说起凯西——她的养父母罗恩和格伦达的女儿——如今在多伦多当小学老师,凯西的男友则即将获得计算机专业的硕士学位。

劳拉邀请凯西与其男友来吃晚饭，这位男友带了一个朋友，名叫史蒂夫，史蒂夫刚刚获得了同一个计算机专业的硕士学位。劳拉告诉我她之所以觉得丢脸，是因为凯西显然是要把他介绍给劳拉。"这不管从哪个角度来看都既不合适又丢面子，我都不知道要从何说起。"她说。

劳拉平时没那么戏剧化。她描述自己生母与继母去世时都只是平静地用了一句话。

"第一个层面是？"我鼓励她继续说下去。

"首先，我当年可是学校里的舞会皇后，用不着在校乐队里吹大号的凯西来满足我的约会需求。我可不是个可怜的孤儿。"

"第二个层面？"

"这家伙不是我喜欢的类型。他看起来像是在华生家长大的。"（典出一部名叫《华生一家》的电视剧，讲述的是美国大萧条时期的一个贫穷家庭。这家人亲密无间、充满爱心，有着高尚的品德。剧中的明星是家中的长子，名叫约翰小子。）"他想当个'好好先生'，凯西的男友为我修理电视、凯西借用我的缝纫机时，他收拾起了桌子。我告诉他不用收拾盘子，他说：'现在就收拾了吧。大家白天都还要上班。'接着，"她愤慨地说，"我明明说了我来洗，他还是不停地把盘子给端了出来。"

"这么做不好吗？"我问道。

"哎呀，谁会这么干啊。"

"如果波特上校看见他妻子做了一顿三道菜的餐点，而且时间已经不早了，她第二天一早还要上班，波特上校会不会帮忙呢？"

劳拉顿了几秒钟，"嗯，也许吧。但我是把波特上校当成父亲来喜欢的，而非伴侣。"

"那么，让我来理理清楚。"我说，"一个男人进入了你的生活，他在竞争激烈的领域获得硕士学位，因为知道早上疲惫是什么感受所以帮你收拾餐盘，而且还很得体地通过收拾来感谢你的招待。这样的男人是什么？一个窝囊废？你把我搞糊涂了。"

"我是说，他没有让我感到刺激，他不爱冒险。"她说。

"你怎么会知道呢？我不是在帮这个名叫史蒂夫的家伙说话，但我需要知道你为什么要利用他举止善良的例子来否定他。"

她坐着不吭声，我禁不住补充了一句，"而且，你又怎么知道他不爱冒险呢？"

"我知道艾德有很多缺点，但他一直会有各种疯狂的想法，懂得如何找乐子。"

"比如把疱疹传染给你，还丢了所有的工作。你父亲就像你说的那样'让人感到刺激'，但他的疯狂和刺激中不包含照顾自己的孩子、遵守法律，也不懂得营生。在计算机科学领域竞争需要勇气和头脑。"我意识到自己说得太过火了。我见劳拉执着地将她父亲视为榜样有点儿气急败坏，因此话也说得刺耳。我为自己不再诠释而是咄咄逼人向她道歉。

劳拉的眼里冒着怒火。"你越说越起劲了，那就尽管说吧。至少这次让我的钱花得值这个价。"

"劳拉，每次当我离你的痛苦太近，你都会将我推开。你大可以下半辈子都守着这些痛苦，但这样并不会有助于你改善。"

"不好意思。你到底想说什么？"

"我认为你已经对你父亲那样的行为习以为常。你失去了母亲，因此不得不忍受他。你能做什么呢？又能去哪儿呢？你在荒野中开辟出一条小径，这十分了不起。你没有双亲照顾，没有人应当经历这种没有双亲照顾的生活。你能把谁当作榜样呢？没有人。然而你足智多谋又顽强，你发现了波特上校，还机智地把他视为自己的榜样。没有多少人能如此灵机应变,在需要时创造出一个家长的形象。"

"真遗憾啊,你没法为我颁发紫心勋章[1]。"她讽刺地说道。

劳拉在许多方面都有所进步。然而,她还是有一个顽固的问题需要解决:她与男性之间的关系。她依然喜欢坏小子,也就是那些她称之为"刺激"而非"病态"的男性。如今又出现了这样的问题,在一名男子帮她收拾餐盘时她便从情感上拒绝了人家,因为对方让她无法像往常一样扮演拯救者的角色。

我对她的顽固感到沮丧,因此打算就她对待客人的态度发表一下我的看法。"我认为你对史蒂夫一点儿也不感兴趣,是因为你不知道自己在这段关系中会扮演什么样的角色。你也许不用去拯救他。"我接着停顿了一下,用激烈的语气说道,"这下你没有活儿干了。"

劳拉像是被人击中了胸口一样朝后靠向椅背。我追问道:"为什么你父亲最喜欢的人是你?"

"因为我照顾他。我的家庭就像古巴的那些老汽车。我就是不断用我能找到的任何备用部件不停地修补,哪怕找到的是口香糖。"

那次会面临近尾声时,我要求她思考一下,如果一个男人不需要她而只是爱她,她会怎么做?

接下来的几个月里,劳拉开始定期与史蒂夫见面。她买了自己的第一双登山靴,周末时,二人还会烹制精美的菜肴招待客人。她在学习正常的亲密关系如何运作。史蒂夫很忙,但如果他要迟到了,

---

[1] 紫心勋章是美国军方的荣誉奖章,一般颁发给对军事有贡献或在参战时负伤的人员。

就会打电话知会劳拉。劳拉起初会嘲笑这种行为，觉得他有点儿强迫症，而且过分讲究。我指出成年人之间就是应该这样相互体谅，史蒂夫把劳拉的时间看得和自己的一样重要。由于劳拉缺乏参考基准，因此将我当成了她了解亲密关系中正常行为的一扇窗户。

劳拉不管跟谁在情感上建立亲密关系都很困难，但她还是试着与史蒂夫分享了自己的过去。他似乎接受绝大部分事情。他从不催促劳拉跟他发生关系，尽管他们除了最后一步之外其他都尝试过了。劳拉说她快要找不到借口了，她准备告诉对方疱疹的事。劳拉甚至还考虑过和他分手，这样就不用等到他提出分手时蒙羞了。但她后来没有退缩，而是勇敢地说了她是疱疹病毒携带者这件事。史蒂夫静静地坐着，劳拉看得出来，他动摇了。史蒂夫没过多久便离开了，说他得想一想。劳拉一个星期都没收到他的消息，接着又是一个星期，最后到了第三个星期。

史蒂夫漫长的沉默持续到第四个星期时，劳拉说："看来约翰小子临阵脱逃，回到华生家里去了。"尽管她取笑这部电视剧，但她还是看了。她研究华生一家善良与高尚的行为举止的架势，简直像是灵长类动物学家在分析美国国家地理频道播放的有关猴群的节目。

我问她对史蒂夫的离去作何感想，她毫不犹豫地回答说："松了口气。"当我问她原因时，她说："这下我不用努力当一个正常人了，这太辛苦了。而且他很小气。比如说：有一天我们要去看电影，他做了爆米花。我说我可不要带着自己做的爆米花去电影院呢，老天。

"不过，他刚有了第一份工作，还把自己的房子出租给了学生；他和他的父亲还会在夏天的每个周末去修葺那座乡间小屋。对于一个第一年工作的人来说，他其实很富有。

"没错。可是啊，他特别抠门。我们去小屋的时候，要从黎明忙到黄昏。只要气温超过六十华氏度[1],他就不会开暖气。"她头靠椅背,像躺在躺椅上那样抬起双腿,长叹了一口气,"再会了,水手!"

"劳拉,你的解脱与故作自信的背后是什么?"

她坐了一会儿,然后看了看手表说:"我们的时间不是到了吗?"

我摇摇头表示否定。

经过三年的心理治疗,劳拉已经学会如何挖掘自己的无意识。我希望她此刻能够这么做,即便这是一道新的伤口。我提示说,伤口包扎如果没有足够的透气性会溃烂。

终于,她又长长地叹了口气说道:"我既伤心又羞愧。就像我第一个星期来这里时一样。我的垃圾家庭让我蒙羞,他也因此想离开。他的母亲是小学教师,父亲教授工业美术,还是他曲棍球队的教练。他们家的后院有个溜冰场,他和他父亲每天晚上都会为场地冲洗浇水,而且他们一直都住在同一栋房子里。他的父母和蔼可亲,是真正的波特上校。我永远都没法把他们介绍给我那些一团糟的家人认识。"

"谁都会感到伤心的。"我说着,对她表示同情,"重要的是,你已经搞清楚了自己的真实感受。"

"我想,我大概是希望他在乎我。我们真的很喜欢一起在小屋忙碌。他欣赏我对布置的想法,我也很擅长那一方面。我们两个天生就像工蜂一样。"

"他也许确实在乎你,但疱疹这道障碍过于庞大。或者,你有没有想过他其实还在考虑要怎么办?"

---

[1] 约为15摄氏度。

"不至于吧！"

"并非所有人都那么冲动。你已经对你所谓的'随性所致'习以为常，但如果你反过来换一个角度想想，这其实也意味着不计后果。有些人在做出重要决定前需要花时间仔细权衡。"我接着问道，"如果你的父亲或艾德是疱疹病毒携带者，他们会告诉别人吗？"

"艾德没有说，我父亲也不会说。"

"你看，你说了，这意味着你和你父亲以及艾德不一样。记住，你能控制的永远都只有自己的行为。"

"嗯，我今年只发过一次疱疹，还不算太糟。每次发疱疹都跟压力有关，真是太让我吃惊了。"

"史蒂夫知道关于你家人的所有事情吗？"

"嗯，所有的烂糟事都知道了。我没有说起父亲和翠西乱伦的事，因为我不相信。我同样不认为是我的父亲杀了我的母亲，关于琳达的死我也说不准。"

我很理解劳拉。她十分坦诚，却遭到了拒绝。她花了那么长时间敲击通往正常状态的大门，她肯定会感到疲惫。

接下来的那个星期，劳拉来了。她坐下时脸上露出一丝笑容："他——回——来——了！"她解释说，史蒂夫之前一直在等待跟医生见面，医生给了他很多关于如何进行安全性行为的信息，"他得考虑如何负责任，这需要时间。"

他们顺利地度过了几个月，直到情人节那天史蒂夫只送了一枝玫瑰，这让劳拉大发雷霆。史蒂夫说他们家里会把钱存下来买经久耐用的东西，礼物只会象征性地送一下。他认为自己家人给他的最大的礼物就是让他念了大学四年的本科，还读了研究生。

劳拉找到了自己的长期目标——她多年来一直在攻读大学学

位——但她对于一个男人也有长期目标并不习惯。她认为挥霍金钱就某种程度而言……充满男子气概。她将这种慷慨视作浪漫爱情的表现。然而史蒂夫却将其视为浪费。

史蒂夫像往常一样没有道歉。他说那不是他的作风，而且要是他们今后结了婚，他现在拥有的那两座房子和乡间小屋也将属于她。

劳拉对我说："那真是扯淡。他就是抠门。我父亲就算只剩下最后一丁点儿钱，也会用来给琳达买她想要的名牌手提包。"

"是在你父亲有可能杀了她之前还是之后？"我忍不住说道。

"那是场意外——整体上而言。要知道，你简直是个毒舌女王。"

她说得没错。

劳拉与史蒂夫度过了情人节的玫瑰风暴，接下来是那年的圣诞节。劳拉去拜访了史蒂夫的父母，他们住在多伦多北部名叫帕里湾的小镇上。史蒂夫的母亲给劳拉织了一件毛衣，据劳拉说，是电视剧《草原上的小屋》里的人会穿的衣服。

"能有多难看呢？"我说，我知道劳拉特别时髦。

"我就等着你问我呢。"她敞开外套让我看个究竟。她身穿一件鲜红的圣诞毛衣，上面绣着唱颂歌的人们。每个人都戴着用毛毡、天鹅绒以及某种粗布做的帽子，形状各不相同。他们站在一根路灯柱下唱歌，手里还捧着白色毛毡制成的歌本。我禁不住笑了起来。"我能在史蒂夫面前取笑这件毛衣吗？"劳拉期盼地问道。

"他见过你的家人吗？"

"嗯，除了克雷格都见过了。"

"他有没有说过什么负面的话？"

"一个字也没说过。"

我等她说下去。

她坐在那里思考了大约一分钟。"我跟这件毛衣再也分不开了。这成了我每年十二月跟他在一起时的行头了。"

劳拉慢慢学会了如何适应中产阶级的生活。她开始理解可靠、长远目标与积蓄不断增长的好处。史蒂夫则欣赏她的工作原则，喜爱她活泼又随性的幽默。

让劳拉烦恼的是，史蒂夫从没有夸过她漂亮，她对此很不习惯。我解释了沟通的必要性，说有时处在正常关系中的人也需要告诉伴侣自己需要什么。她说她可不想为了获得赞美卑躬屈膝。我告诉她，希望感到被爱再正常不过了。

劳拉说了之后，史蒂夫表示自己常常感到她有多么美丽，可是，史蒂夫来自一个不爱"奉承"的家庭。劳拉说，如果是真实想法就不算奉承。史蒂夫学得很快，现在经常会告诉劳拉自己有多爱她，她又是多么漂亮。"挺滑稽的，他说的时候似乎真的是这么想的。"她说。当时二人同居已经将近一年。

一天，劳拉来的时候脸色苍白，没有了往日的活力。她在椅子边沿坐下，说史蒂夫离开了她。她根本不知道史蒂夫已经忍受到了极限。"他抱怨的时候没有抬高声音，我于是以为他没有那么生气。"

我问她是不是遇到了什么突发事件。劳拉说她正要准备晚餐，看到冰箱里的一个保鲜盒里装着吃剩下的意大利面酱。她于是烧水煮意大利面。但等她打开保鲜盒，却发现史蒂夫只盛了一汤匙酱汁。她对他高声嚷嚷，还把装着酱汁的保鲜盒朝墙上扔去。史蒂夫平静地说要离开一个星期，还说劳拉需要好好想想是否继续以这种令他无法容忍的方式表达愤怒。如果她还打算那么做，那他们面临的问题就非常严重了。

我问劳拉她多久发一次脾气。"一个星期一到两次，但这不算多。我的意思是，真是的，谁会把一勺酱汁放在盒子里啊？"劳拉看着我，由衷地感到困惑，"你说说，吉尔迪纳医生，要是你的丈夫这么做，你也会有这样的反应。是个人都会发脾气的。"

我之前从来不知道劳拉会做出这样的行为。心理治疗的一大缺陷就是，所有的信息都经过了来访者的筛选，而来访者本人有可能是一个不可靠的叙述者。即便来访者说一切顺利，那也只是就其单方面的角度而言。在这一案例中，从另一个角度来看就是她的情绪失控了。在劳拉家里，大家都通过喊叫、对峙继而不予理会来应对各种问题。奇怪的是，当劳拉把父亲的酒倒进下水道并砸碎酒瓶时，或是当她去父亲所在的酒吧并当着其他客人的面对父亲大喊大叫时，她都从未受到过惩罚。劳拉的管束似乎让她父亲感到解脱。如今劳拉想要掌管晚餐，却不明白为什么史蒂夫不听话，也没有对盘子里有食物感到高兴。

我提议用波特上校来考察什么才是正常的行为。每当劳拉想起他，都能完美地想象出他会说些什么，从而理解正常状态是什么样子。我让她进行角色扮演，于是，她用波特上校的口吻说："史蒂夫，不要把一丁点儿食物放在冰箱里，这样很容易会被误认为是一整顿餐点。我明白你不希望浪费，但这样做会让我搞混的。"

角色扮演的问题在于，劳拉的这一小段演讲像是蹩脚的电视剧，跟伴侣之间的真实互动毫无关联。我接着告诉了她两件事。首先，假装自己能做到，久而久之就真的能够做到。我提醒劳拉，由于她来自一个不健全的家庭，因此正常的行为会让她感到尴尬与不自然。但要是她坚持下去，慢慢就会感到越来越自然。其次，我告诉她，每当她愤怒时都要记住，愤怒是一种防御而非感受，她需要分析愤怒所掩盖的是什么感受。

劳拉告诉史蒂夫，他要是回家，自己不仅会尽最大努力控制脾气，甚至还会穿上圣诞毛衣。史蒂夫回到家后提出一个条件：劳拉必须在应对挫折的方式上做出一些改变。

另一个不相关的问题很快出现了。当时在一家大型科技公司工作的史蒂夫想和其他计算机分析师一起创业。劳拉害怕风险。对她来说，变化永远意味着破坏与失去。在劳拉的童年时代，新鲜事物——八所高中、寄养家庭、在北方无依无靠的生活、刻薄的祖父母乃至不断搬家——都意味着痛苦。除此之外，她父亲愚蠢的商业创意都因为计划不周以失败告终。而现在，史蒂夫希望在离开自己的可靠工作前获得她的支持。

最终，劳拉不情不愿地同意了。在会面期间，她想搞清楚，在一份稳定的工作中埋头苦干的史蒂夫身上究竟发生了什么。我指出史蒂夫没有冒不必要的风险，他面对的是值得一试的风险。他并不鲁莽，而且有足够的信心去创建自己的公司。换句话说，他做事非常沉稳。如果一个人来自健全的家庭，便会把父母当作榜样，并在自己的成长过程中将正常的行为方式内化成自己的一部分。不过我也安慰劳拉，说她学东西很快，并鼓励她想想自己从五年前第一次进行心理治疗至今的长足进步。

劳拉终于逐渐达到被她称为"正常状态"的生活。她工作顺利，史蒂夫还向她求婚了，他们即将于圣诞节结婚。这下劳拉不得不把自己的家人介绍给史蒂夫的家人认识，这一情况也导致了她当年唯一的一次疱疹发作。她邀请两家人到他们家参加感恩节晚宴——同时期望她的父亲不会喝醉、克雷格不会嗑药上头，而翠西也不会牢骚连篇。考虑到劳拉、史蒂夫以及史蒂夫的家人为婚礼支付了费用，劳拉的父亲坚持要带火鸡来（这在他看来算是公平交易）。劳拉说他很晚才到，当时距离开始用餐还有十五分钟，而他就这么把一只冷冻火鸡丢在桌上。

"哦，不是吧！"我说道，可以想见她有多尴尬。

"我也许变得更加正常了，"劳拉说，"但我可不傻。我的烤箱里已经有一只塞满填料的火鸡，随时可以吃。我向他表示感谢，把他带来的火鸡塞进冷冻柜后便继续用餐去了。"

我一直等到劳拉结婚后才告诉她，我们的心理治疗就要结束了。她的眼里噙着泪水，但她也点头表示同意。劳拉是我的第一位来访者，也是我治疗时间最长的一个。我有时既当母亲又当父亲，并且随着我们在各自身份中的成长，一起分享了种种欢笑与成长的烦恼。

在最后一次来访中，劳拉跟我都显得特别客气。她走之前还微笑着和我握了握手。等到我一小时后来到等候室，却看到她坐在那里抽泣，身边有一大堆面巾纸。她拥抱我，过了好长一段时间才松手迈开步子离开。我的眼里也含着泪水。

没有心理治疗师会忘记自己的第一位来访者。这就像是生第一个孩子——不管是谁、不管做了多少功课都无法帮我们做好准备。这是一片未知的水域。我们曾经是宇宙中两个毫不相干的个体，如今却以治疗师与来访者的身份走到一起：我们各自都拥有了新的身份。当我们看到第一位来访者坐在对面，看见其满怀期待与希望，我们都会为自己在这项任务中肩负的责任所震撼。我们手握着生命，我们的工作就是使其得到改善。

劳拉是我职业生涯中遇到的第一位但并非最后一位英雄。九岁时的她设法带着两个年纪更小的孩子在森林里生活了六个月。她生活中没有榜样，也没有成年人给予指引。然而她并没有放弃，她从电视剧《陆军野战医院》中找到波特上校，研究这个人物，继而仿效他的行为。这需要聪明才智与想象力兼具，实在是难能可贵。有意思的是，劳拉选择的丈夫史蒂夫与波特上校惊人地相似，他也很文静，而且既沉稳又自信。

劳拉的坚韧，外加她与生俱来的力量以及无论遇到什么打击都不退缩的勇气，使她顽强地活了下来。她同时也具有天赋，其中包括美貌、头脑与好斗的性格。除此之外，出生顺序也对她有利：作为最年长的孩子，她不得不成为母亲，主动担起责任。她知道如何应对她父亲的过错，也懂得如何得到他所能给予的那一丁点爱。不管这份爱多么有限，她都有办法过下去。

心理治疗结束后，劳拉便开始时不时地给我写信。后来，我在我们最后一次治疗的六年后收到一封信，里面有一篇关于波特上校的新闻报道：

> 洛杉矶讯——周三，西洛杉矶地方法院一名法官驳回了对演员哈里·摩根殴打妻子的刑事指控。该法官此前承诺，如果这位《陆军野战医院》的主演完成针对暴力的心理咨询疗程，他将撤销此案。目前哈里·摩根已经完成为期六个月的针对家庭暴力与愤怒管理的心理咨询疗程。

劳拉在新闻上贴了一张便利贴，上面写着："我的眼光真是好啊。"

那之后又过了几年，我收到一封邮件，里面有一张巨大的渔船照片。照片背面潦草地写着：

我昨天听到电台里播放"悲哈"乐队的《鲍勃坎基恩》，想起养父罗恩以前会在黎明时分带我们去钓鱼，我们就像歌里唱的那样，会看见星座与星星露了出来。我想你要是知道我给罗恩买了这条船会很高兴。梦想真的可以实现！

我最后一次见劳拉是为了告诉她，我在一本有关心理学意义上的英雄的书里写到了她。我们约在餐馆见面，她一走进来我就认出她了。她看起来和几十年前没什么两样——妆容与发型都很完美。这么多年过去了，她依然魅力十足，在餐馆里引人回眸。她坐下来的时候，我俩的眼眶都湿润了。

我们聊起她的家庭情况时，她告诉我，她与史蒂夫的婚姻依然很幸福，而且史蒂夫后来在计算机行业大获成功。他们有两个儿子，一个从常春藤盟校的工程学专业毕业，如今在美国开了自己的公司，另一个则在多伦多当诉讼律师（我说我知道他的辩论才能是从哪儿来的。）

劳拉的父亲大约在四年前死于癌症。她边哭边告诉我，她在苏圣玛丽的医院连续待了好几个星期，最后一个月里，他只认得出她来。她在断断续续的抽泣中说，当他去世时，她感觉自己的一部分也随他一起离开了。劳拉随后抬头看着我，大概是读懂了我的表情，她说："我知道你认为我如此依恋他太疯狂了。我知道他有很大的缺陷，但我选择视而不见，他能给予什么我都照单全收。"她顿了顿，然后以我所熟悉的冷酷语气补充道，"我生来就是个斗士，我通过奋斗把他留在了我的生活里。"

当我问她为什么不管她父亲做了什么事，她都依然与其如此亲近时，她再次回忆起了童年时去医院那天的情形。她的父亲当时传达给她的信息是：他爱劳拉是因为劳拉十分坚强，对于受伤的脚没有吭声。"我对自己说，不管遇到什么事情我都能坚强应对，我永远会得到他的爱作为回报。他是不是一直都是最好的父亲呢？不是。他是不是一直爱我或是把自己所拥有的全部的爱都给了我？是的。"

劳拉认为，如果没有接受心理治疗，她可能会嫁给一个跟她父亲一样不可靠的人。她也就不会与史蒂夫结婚，无法体会他无条件的爱。"史蒂夫是我的依靠，他一直说我不必完美无缺，也无须把所有的旧账都翻出来。他说他爱的是真实的我，我努力工作也是他爱我的原因之一。"

我问劳拉是否有什么遗憾，她说她希望自己没有那么迅速地长大，也希望自己没有臣服于如此严格的自我约束。力求完美让人精疲力竭，劳拉知道自己很向往两个儿子所拥有的那种无忧无虑的童年。不过她说，就算有机会从头来过，她也不会希望有任何改变。

"真的吗？"我表示怀疑。

她举起手表示抗议。"你只要听听我在过去几十年里做了些什么，就会明白我的意思。让我从我弟弟克雷格说起。"她说克雷格独自生活，最后在四十六岁时于睡眠中静静地去世，死因不明。"他这一生过得很悲哀。"

单亲母亲翠西带着三个孩子生活，其中一个还有轻微智力障碍，她后来喝酒成瘾，完全依靠社会救助过日子，体重不足九十磅[1]。她在孩子们的父亲自杀后便一直住在乡下的那间屋子里。

一天，翠西在收集柴火时被一根钉子划伤了腿。她没有处理伤口及随之而来的感染，后来得了坏死性筋膜炎，失去了双腿。她几

1　约为40.8千克。

年后同样在睡梦中去世了。"医生说她由于酗酒和吸烟而心脏肥大。"劳拉说,"我觉得她基本上就是放弃了。全家人里只有我还活着。"

劳拉与史蒂夫收留了翠西那三个还在上学的孩子,尽可能地帮助他们。他们每个人都有这样或那样的"特殊需求",劳拉花了大量时间来满足他们的需求。"我成立了一个基金会,为脑损伤的患者筹款。"劳拉说,"你知道我一帆风顺的时候就像咬着骨头的狗一样不愿撒手。我在那个领域的工作获得了各种奖项,史蒂夫坚持要挂在房间里,我感到特别不好意思。

"所以说,就某种程度而言,我很高兴自己过上了一种需要工作并且事有所成的生活。我从小就知道没有人会替我们做自己该做的事。有一些企业赞助商是我花了好几年时间才签到的。我从来都不放弃,他们这才决定加入!"(我意识到自己真希望那些抱怨童年琐事的来访者都能听到她的这些话。)

我们等候结账期间,我详细讲述了我为什么将她视为英雄。但劳拉打断我说:"你知道吗,我觉得你把我称为英雄这件事对我产生了影响。"她随后讲了一个故事。在公司晚宴上,她丈夫的一位同事说她"靠结婚上位"真是幸运。"这实在是让我心烦。"她以自己惯常的爽快语气说道,"我以前一度觉得被人看穿,还会因此感到羞愧。现在就不可能有这样的感觉了。"她说那名男子家境十分优渥,父母不仅资助他读完私立学校,出钱让他去欧洲旅行,还供他上了一所很好的大学。也难怪他会成为CEO。"你也知道,生活就像是丛林,他是坐着教皇专车一路穿越过去的。而我则手拿斧头生生开辟出一条路,步行穿过最黑暗的区域,还深入充满水蛭和鳄鱼的沼泽。"她说,"关于这片丛林,我知道的可比他多得多。我还不得不独自穿行,不断走错方向,直到我对其了如指掌,并最终活着走了出来。我倒要看看他会怎么办。这也许算不上英雄事迹,但也是种成就。所以啊,永远不要说我靠结婚上位,伙计!"

我问她:"你过上了幸福生活,而你的弟弟妹妹却没有,你觉得这是为什么?"

她思考良久。"我想我生来就有点儿专横,父亲对我的这种特质加以打磨,尽他所能地付出,我猜这就足够了。别忘了,我在他喝醉后摆平一切,还得到了他的表扬。不管什么表扬对我都有很大帮助。我最年长,因此会察言观色,自取所需。你在五年间给我的帮助让我有了改变。在接受心理治疗以前,我根本不知道是什么在驱动我。"她的眼睛随即湿润,"老实说,你就是我从未有过的母亲。克雷格和翠西只是没有得到他们需要的东西。如果他们留在养父母罗恩与格伦达那里,生活也许会好很多。"

我们走出餐馆,置身于凉爽的秋风中,秋天的树叶在夕阳下闪闪发光。劳拉说:"哦,我差点儿忘了告诉你去年发生的一件稀奇的事情,当时我有那么一刻想到了你。史蒂夫的公司在多伦多的一家大型剧院赞助了一场活动。豪华轿车载着高管与他们的伴侣从餐厅来到剧院后打开了门,车外有好几百个看戏的人在排队,还有乞丐跑来讨零钱。其中一个头发油腻又蓬乱的人看上去十分眼熟。"她停顿了一下,看了我一眼,"是艾德。我径直朝前走,避免与他有眼神接触,以免让他难堪。后来一位摄影师召集赞助商们一起拍摄宣传用的照片,拍完之后我偷偷朝他所在的方向瞥了一眼,但他已经不见了。"

劳拉沉默了几秒钟。"我一方面对于这次偶遇感到猝不及防,一方面又觉得恍如隔世。"

彼得

孤独者听见音乐
顷刻间被簇拥

——罗伯特·勃朗宁——
《勃朗宁诗歌全集》

1. 封存

心理学与考古学在很多方面都十分相似。我们一层层不断向下挖掘,然后小心翼翼地掸去出土文物上的灰尘,最终发现一整个比小说还要离奇的被掩埋的世界。

1986年,一位主治性功能障碍的泌尿科医生打来电话,说他有个不同寻常的病例。患者是一位三十四岁的华裔男子,名叫彼得·张,患有阳痿。泌尿科医生在他尝试同房前一小时为他注射某种强效药物,之后对结果感到震惊:"从业那么多年以来,除了有严重血液循环问题的病人之外,我从没见过这种药不起效的病例。"彼得并没有血液循环方面的问题。这种药物有时会引起并发症,可能导致持续三天都保持勃起状态。然而,这种百试百灵的药物对彼得·张却完全不起作用。医生推断:"不管他脑袋里发生了什么,都强大到足以抵挡这种万无一失的针剂。"

当我问起彼得是否有可能是同性恋时,医生说他声称自己是异性恋。医生告诉彼得,经过详尽的检查,泌尿科团队推断他的性功能障碍并非生理问题,而是心理问题,因此建议心理学家接手。医生说会寄一份书面转诊单给我,并且提议我要是查明病因可以一起会诊,因为他们科室的人全都对这个病例束手无策。他在结尾部分说:"这真是个值得一书的病例。每当我们以为自己无所不知的时候,就会有人证明,我们其实对人类的状况一无所知。"

尽管转诊时伟哥尚未被发明,但近年来我也遇到过来访者服用伟哥毫无效果的情况,不管剂量多大都是如此。(泌尿科医生向我保证过,伟哥比那些老式的注射剂药效更弱。)治疗勃起功能障碍的药物只有在身体确实出现问题时才会起效,血液流动再怎么增加都无法解决情感上的问题。不管是什么样的性反应,大脑都必须和身体协调配合才行。

彼得迫不及待想要开始心理治疗,因此预约了我最早的一个档期。我走进等候室,看见一个其貌不扬、说话轻声细语的男子,他打扮低调,身穿印着"雅马哈"字样的黑色 T 恤、牛仔裤和跑鞋。他走进我的办公室后并没有直视我,而是以一种巨细无遗的风格交代了自己的过往。他诉说各种令人不安的细节时与其说是谈论自己,更像是在发表学术论文。

彼得在一个乐队里担任键盘手已经十五年了。为了补贴收入,他白天还有一份钢琴调音师的工作。他独自住在公寓里,没有伴侣。当我问起能以什么方式帮助他的时候,他说:"主要是我很孤独。我希望和女性谈恋爱,但好像做不到。"

我问他是不是在说性关系。"是的。"他轻轻说道,眼睛看着地板,"我无法进行性交,却还是渴望拥有情感关系。我希望有人一起聊天,一起分享。"

我问他之前是否尝试过建立情感关系,他表示肯定,又说经验十分有限。接着,他略带尴尬地笑了笑:"大部分都是我的想象。"

我告诉他,无论面对什么问题,心理学家都会收集有关病人家族史的信息,因为这些人际关系是其他所有关系的基石。1943 年,彼得的中国父母取道越南来到加拿大。等到1952年，这对夫妇已经有了两个孩子。彼得的姐姐比他年长四岁，如今已经结婚并有了一个小孩。彼得特地指出，他姐姐的丈夫不是华人。

彼得的父亲在他九岁时去世了。当我问起细节时，他扮了个怪相，想了半天之后说："类似于自杀。我父亲有糖尿病，但他拒绝为此调整饮食。我的母亲每天都为他做甜食，告诉他是时候去死了。他变得非常胖，再也无法用肿胀的双脚站立。那几年里，他就这么静静地坐着，或者说是郁郁寡欢。我猜想他是陷入了抑郁。后来有一天，他心脏病发去世了。"

我十分同情，说他父亲去世时他才九岁，年纪还小。他说："我很难过，但母亲说，这都是为了这个家好。"

彼得描述母亲是如何盼着父亲死去，还在明知他患有糖尿病的情况下给他吃甜食，导致病情加速恶化，并最终在他去世后表示解脱，就好像这一切稀松平常。我对他母亲的狠毒行为感到吃惊，但我不想在第一次会面时就显露担忧。我需要与彼得建立融洽的关系并了解他的过往。于是我故作轻描淡写，暗示他母亲有点儿严厉。然而彼得为母亲申辩："我母亲是为我们好，她一个人要做三份工作。"我指出一个人的一天没有那么多时间，他说他母亲一次同时做两份工，接着再去做另外一份。他们在安大略省的小镇霍普港——现实证明，这个名字颇为讽刺[1]——开了镇上唯一一家加籍华人餐馆。

彼得告诉我，他父亲当时是餐馆里的厨师，母亲则是服务员，负责打点其他所有事情。当她有多余的时间，就会制作精美的串珠首饰卖给多伦多的一家高档百货公司。夏天她会在大花园里种大家

---

[1] 霍普港（Port Hope）直译的意思是"希望港"。

平日吃的食物（中国蔬菜），还为中餐供应商提供批发业务。彼得顿了顿说："我到现在都记得，我半夜里透过窗户能看见母亲头戴矿工灯一连好几个小时采摘蔬菜和除草的情形。"

"同时做三份工，还要照顾孩子？"

他迟疑了一下，随后平静地解释说，他姐姐待在厨房的婴儿床里，等长大一些，就会坐在餐馆的高脚凳上。母亲不准她说话，也不能弄出任何声响。"她一直很乖，我却不乖。我很小的时候——还不到两岁吧——会坐在凳子上打转，而姐姐则安静地坐在卡座里。我记得有一次我用菜单做了个纸飞机，想要飞着玩。我母亲可不允许有人在餐馆里这么胡闹。她忙得四脚朝天，我这么做会打扰到客人，可我就是不听话。"

我指出男孩通常比女孩更加好动，而他的举止其实很寻常。他谦恭地点了点头，接着又把之前说的那句话重复了一遍："她这么做都是为了这个家好。"我注意到他已经牢牢记住了母亲的教诲，认为自己"特别淘气"，虽然他只是做了同龄的普通男孩都会做的事。我问起他母亲对于他的行为有什么样的反应。他说："从我记事开始，除了折纸飞机的记忆，能记得的就是一个人被锁在餐馆的阁楼上。我母亲早上会送来当天的食物。她要是来抱我回家的话，我在那个时候一般已经睡着了。"我问他在阁楼上被关了多久，他说一直到五岁。彼得说他母亲每天都把他关起来，因为父母一直要从清晨六点忙到半夜。

我在椅子上坐直身子，感到难以呼吸。我意识到眼前的案例实属罕见：这名男子在童年至关重要的时期一直被关着。两位儿童心理学的先驱埃里克·埃里克森（Erik Erikson）与让·皮亚杰（Jean Piaget）提出，儿童的发展有若干关键阶段，其中的每个阶段都建立在前一个阶段的基础之上；如果彼得在大约两岁到五岁期间一直与世隔绝，他的身心发展就会脱节。他也许已经错过了最初的几个发展阶段，比如建立依恋关系和情感纽带，还有语言发展等。我们在儿童时期都会经历所谓的"窗口期"，在此期间会习得一些与发展阶段相对应的特定技能；随着儿童的成长，这些窗口会逐渐关闭。如果孩子错过了某个时期相对应的阶段，之后很可能也难以弥补。举例而言，与世隔绝的孩子往往无法弥补语言方面的缺陷。

我对彼得的骇人往事有所消化之后，开始以全新的眼光看待他：这位来访者的勃起功能障碍只是冰山一角。如果我发出警示或者让他觉得自己很不寻常，就有可能吓到他。于是我小心翼翼地继续提问，请他描述对那段独处时光的回忆。

"嗯，冬天很冷，夏天又非常热。"他说，"我被丢在婴儿床里。我记得自己有一天学着爬上栏杆翻出婴儿床。我挺高兴的，但等我发现门锁着之后，又变得很难过。"

"你早年印象最深刻的记忆是什么？"

"那段回忆有点儿难以启齿，但我想坦白。"彼得接着描述了自己小时候如何在一个空的番茄酱罐头里排便。他记得那是个商用的大容量装罐头，边缘特别锋利，根本没法坐在上面。"我担心极了。要是我弄到罐子外面，母亲就会很生气；要是我割伤了自己，她还是会很生气。"

我说："一个两头不讨好的如厕体系。"

他微微笑着表示同意，脸上的表情不一会儿便消失了。"我记得自己因此很害怕那个罐头，我要是给母亲添了麻烦，她就会用竹鞭抽我，抽得我红肿出血。"

我说这听起来很痛苦，他便又一次说起口头禅，说母亲别无选择，只能努力谋生，不能在他身上浪费时间。他皱了皱脸说："我把绝缘材料剥下来做玩具那次被打得最惨。我当时想有个能拿在手里玩的东西。"

我插嘴说，要是母亲给他一个玩具，他就不会这样做。彼得说他们很穷，所有华人移民都得做出同样的牺牲，这是他们在加拿大生存的唯一办法。

事实当然并非如此。华人移民不是非得把自己的孩子一周七天、一天十八个小时一直锁在阁楼里，而且一锁就是好几年。彼得跟劳拉一样，早已将家长的病态行为视为常态。在他们看来，家长疏于照顾很正常，因此他们会维护自己的父母。

随着谈话的深入，我开始质疑彼得对华人移民生活经历的解读。最终，我问他是否真的以为所有华人男性在各自生命前五年中的大部分时间都被锁在房间里。他的回答令我震惊。"嗯，是我不好。"他静静地说，"我在柜台前的凳子上打转，还跑来跑去。我母亲没钱请人照看我。我的姐姐已经学会安静地坐着，我却不听话。"很显然，他还没有准备好要看清这无疑属于儿童照管不良与虐待的过去。

实际上，彼得最深刻的童年记忆——也是唯一被他视为快乐的回忆——是夏天时从阁楼的窗户看母亲坐在餐馆后门的台阶上切蔬菜。母亲偶尔会上二楼拿一包储藏在那里的大米。彼得听得见她的脚步声，巴望着她会到三楼的阁楼监狱来；彼得记得自己当时有多么渴望母亲会上来看他，因此心脏怦怦直跳。可是，母亲几乎没有来看过他。（她一直到半夜他睡着以后才会上来把他抱回隔壁的家中；天亮后，又会抱着熟睡的他去开工。）母亲回到楼下的餐馆后，他的心也因此往下一沉。

"最糟糕的就是孤独感。"他回忆那些岁月时说道，"虽然我偶尔会挨打和挨冻，但最令我痛苦的其实是挥之不去的孤独。"他记得自己看见树上的松鼠时会乞求它们到窗前来。"我当时还不识字，但我记得自己在离开阁楼很久以后才学会了'孤独'这个词。大约七八岁的时候，我在电视上看到动画片《绿巨人》。绿巨人说他为了不被别人发现自己的身份而与世隔绝地生活，因此感到很孤独。他在动画片的最后不得不离开小镇，这时候的音乐显得十分悲伤。我记得自己对于别人也和我一样会孤独感到特别震惊，而且终于为那种糟糕的感受找到了描述的词语——一个叫作'孤独'的标签。"

我在之后的会面中问彼得，母亲有没有为他做过什么贴心的事。他说母亲有一次送给他一个白色玩具钢琴。许多年后姐姐告诉他，这是一个带着年幼儿子的顾客落在餐馆里的。昏暗的阁楼里，彼得拥有的只是这个玩具钢琴和那个番茄罐头。他说："我很喜爱这个钢琴，还把它当成朋友。"

我问彼得如何与玩具钢琴交朋友。他说："钢琴的名字是小彼得。我当时除了父亲之外从来没遇到过别的男性，所以不知道其他名字。我希望小彼得能跟我说说话，于是我开始弹奏，把叮当作响的声音当作对话。我既可以让小彼得难过，又可以让它开心。"（每当彼得听到乔治·哈里森的歌曲《当我的吉他轻轻哭泣时》，就会想到小彼得。）彼得获得玩具钢琴后情绪也有所改善，他有了一个挚爱的朋友，对一直冲他发脾气还把他当成累赘的母亲的依赖也大大减少了。

我在会面的间隙去参考图书馆查阅关于彼得的信息（当时是二十世纪八十年代，电脑还没有普及）。我发现他在一个知名乐队里担任键盘手，有一篇乐评还将他形容为"能让键盘说话、哀号、哭泣或雀跃的人"。我想起彼得提到过那个玩具钢琴之于他的意义，对这篇评论的准确性感到很惊讶。

小彼得是彼得仅有的亲密朋友，用心理学的术语来说，是他的"过渡性依恋客体"（transitional attachment object）。儿童对母亲的依恋是一个复杂又关键的心理问题。正常的儿童发展过程中，在最初阶段，母亲就是儿童的整个世界。接着，在婴儿时期到学步时期，儿童意识到自己与母亲的差别，开始经历分离焦虑，当母亲不在面前时便会哭泣。通常，儿童为了避免焦虑，会选择一个能够代表母子依恋安全感的客体。这一客体就成了过渡性依恋客体，其通常是毛毯或毛绒玩具，会被蹒跚学步的孩子到处带着，尤其是上床睡觉的时候。过渡性客体可以帮助儿童更好地从依赖走向独立。

彼得与母亲之间的依恋关系非常不稳定。母亲从未向他表达过关爱，还从他很小的时候起就把他一个人关着。如果他调皮捣蛋、撒泼，甚或是在餐馆里大声说话，就会受到惩罚。他唯有在小彼得面前才能吐露情感，因此无论什么都只对小彼得说。随着时间的推移，他与小彼得之间的关系也变得越发牢固。

由于彼得只字未提父亲，我便问起他父亲在家里的位置。"我的父亲和我或是家里的任何人都不打交道。他人不坏，从不会训我或者打我。他的工作是在餐馆里烧菜，一直会用收音机收听美国的爵士乐。夏天里厨房的窗户开着时音乐声会传到阁楼上，我于是会试着用小彼得重复听到的旋律。我特别喜欢夏天的那些音乐时光。"

我问起是什么事情导致他父母的婚姻出现如此巨大的裂痕。他说："我母亲把三份工作的收入全都存了起来，从来没花过一分多余的钱。我们的所有衣服，包括我父母的，都来自多伦多的堂亲。她在城里背着沉甸甸的包来来回回；她没有车，也从不坐公共汽车。我的父亲每个月会去一次多伦多购买日用品。我直到今天也不知道究竟发生了什么，但他在其中一次去多伦多的时候投资了一个毫无价值的项目，所有的钱都被一个假冒的西贡进口公司骗走了。我母亲存了31 000加元，结果全没了。"

我在笔记里写道，他的母亲虽然不会说英文，却能在二十世纪五十年代,在加拿大的房屋均价只有7 000加元出头的时候存下31 000加元,实在是数目惊人。我继续追问,希望能搞清楚彼得的父亲到底被卷入了什么样的骗局,可他当时年纪太小不记得了。他不知道自己的父亲是鸦片上瘾、赌博上瘾还是只是投资失败。他一直没搞清楚。总之他冷漠的母亲动不动就发脾气,每天都盼望自己的丈夫死掉。

他们后来不得不卖掉餐馆还债,全家人从头来过。当年五岁的彼得在举家搬到多伦多时结束了与世隔绝的生活。他的母亲白天在工厂上班,晚上则把计件的工作带回家做,一直忙到深夜。她还开始做某种食品进口生意,彼得一直没搞懂具体的内容。失去餐馆以后父亲再也没工作过。一家人住在中国城最贫穷的地区,与亲戚一起生活,后者虽然不乐意,但还是碍于情面收留了他们。

在多伦多待了不到一个月,彼得就开始上幼儿园。他讲到这里显得特别痛苦,比谈到自己的孤独时还要痛苦。他喃喃地说道:"我在幼儿园留级了,那是我最大的耻辱。我母亲说我太笨,在中国人面前给她丢尽了脸。"

我在好几次会面之后才搞清楚彼得在幼儿园里经历了什么,总之,他似乎被吓坏了。入园之前,彼得除了姐姐之外,只在开学前几周与亲戚的孩子略有相处,此外便几乎未跟任何小朋友打过交道。而且,他既不会说英文也不会说中文。他在人生的头几年里听到别人用任何语言说过的话一共就没几句。他和姐姐都没有学过如何说中文,这让他们感到特别羞愧,尤其是在中式婚礼与正式场合中。

我请教语言学专家时,他们表示,要么是孩子由于受到虐待而屏蔽了施虐者使用的语言,要么就是家长几乎不怎么与孩子说话,让他们难以在学习语言的关键年龄段学会这种语言。(他们的父亲在失去家里的积蓄后便整日沉默寡言。）两个孩子长大后既没有华人朋友也没有与华人结婚。彼得听到别人说中文时会感到些许焦虑。他说："我直到今天听到女性说中文都会起鸡皮疙瘩。要是对方大声嚷嚷，我就会吓得要死。"

所以说，彼得开始上幼儿园时还不具备语言交流能力。其他孩子对他说中文他听不懂，说英文他也听不懂。一起玩游戏时，他害怕跟人手拉手围成圈。"我已经习惯用番茄罐头上厕所，而且一直是不管做什么都会挨打。有一次在幼儿园，我想上厕所却不知该如何是好，结果尿了裤子。"

他还惧怕跟人有眼神交流，这让他觉得自己像在公共场合赤身裸体。每当有人直视，他都觉得太过亲密想要逃跑。他也从不知道在与他人分享空间时的正常状态：由于一直独处，他觉得所有人都站得离他太近。每当他不知所措的时候，就会躲到教室里的黑色立式钢琴底下，抓着钢琴的木板条寻求安慰。实际上，那架钢琴对彼得来说是幼儿园里为数不多的美好事物之一。他将其视为小彼得的父亲，想要拥抱它、轻抚它，与它靠在一起。（钢琴成了一个更为巨大的依恋客体。）

令人难过的是，彼得在得知自己没能从幼儿园毕业这个坏消息之前，真心以为自己做得很好。彼得在钢琴之外获得的另一个积极影响来自一位善良的老师。彼得对于她的温柔感到特别惊讶。彼得起初很怕她，在她面前畏畏缩缩。可老师却对他微笑，这对他来说见所未见，他凭直觉认为这代表了接纳。老师也知道他热爱钢琴，因此在演奏儿歌《三只盲鼠》时便让他站在身旁。彼得会把手放在钢琴的一侧，感受弹奏时的振动与呼吸，像是拉着母亲手的孩子那样不肯松手。彼得把白色的琴键看作牙齿，整架钢琴仿佛在用灿烂的笑容接纳他。这是他经历过的最不同寻常的时刻。他听着音符化作歌谣,眼睛里涌出泪水。他相信钢琴是在对他说话。这是他在幼儿园的纷扰中领悟到的第一件事。

彼得得知自己留级之后震惊至极。他原本以为老师喜欢他,这下子则认为老师讨厌他。他母亲告诉他,其他所有人都升学了,现在他得跟比他年幼的孩子一起念幼儿园了。彼得认为自己就像父亲一样,在这个世界上失败了。"当我发现自己没能取得成功时,感到特别丢脸。"

我设法解释,在幼儿园顺利升学需要掌握多种习得性行为,被关在阁楼里便无法学会这些。彼得错过了太多阶段,根本没有做好入读幼儿园的准备。那位教师察觉到了,于是让他留级。我继而讲述一个人如何通过不同阶段的发展在世界上获得独立。如果这些阶段像彼得所遭遇的那样被打乱,发展就会有所延迟。

首先,在一个人以健全的方式进入这个世界以前,母爱必不可少。每当我说起这个,彼得便会反驳,说他母亲确实爱这个家,说她所做的一切都是为了这个家。我说他的母亲无法直接对他表达爱,当他被独自关着的时候,也感受不到母亲的爱。

母亲必须抱着自己的孩子,感受到对其的依恋,反之亦然。到两岁左右,儿童意识到自己是有别于母亲的个体。为了锻炼自己作为个体的影响,儿童便会开始通过说"不"来反对周围的人(也就是"可怕的两岁"时期)。成功脱离母亲的幼儿实际上是在表达:"不,我不会按你说的去吃东西、不会穿上靴子,也不会按照你说的去做。我是一个独立的人。"这个阶段既帮助儿童学习"我的"这一概念,也是在学习如何坚持自我主张。然而,彼得没有机会在与母亲的关系中发现独立的自我。事实上,他说自己到现在都会不向母亲提出要求——以任何方式将自己与母亲区分开来——小时候就更不用说了。

彼得也很害怕其他孩子，不知道如何跟他们一起玩耍。棒球或其他各种游戏的规则对他来说也似乎太过复杂深奥。我再次解释这并不代表他很笨：大多数儿童在上幼儿园[1]以前有四年时间参与集体行为。别的家长会把球投给孩子，让他们练习击打，或是带他们上公园看其他孩子如何玩耍。两三岁的儿童看到大家开心地玩滑梯的话，也会跟着轮流去玩；当儿童第一次爬上滑梯，他们的父母就在一旁看着。可彼得不知道"轮流"是什么意思，他以为自己应该站在原地转个圈。他不知道如何跟上其他孩子的节奏，那对他来说太过混乱。

我向他说明大脑在我们出生时并没有发育完全，而是一部分一部分搭建起来的。在儿童出生后的头四年里，他们应该建立所谓的"执行功能"（executive function）。前额叶皮层必须在大脑中建立通路，这样才能将学到的东西都联系在一起。举例而言，执行功能有助于培养选择性注意（selective attention）：学习如何忽略不相关的声音并对多种需求的优先级进行排序。这个世界何其复杂，我们需要循序渐进地去了解。

留级之后，彼得的情况大有改观。他又遇到一位相处时极其友善的老师。我问他"极其友善"是什么意思，他说："她没有对我大喊大叫，也没有用竹鞭抽我。"那位老师很年轻，经常弹奏钢琴曲，其中就包括彼得很喜欢的《巴士车轮转呀转》。他觉得自己与大彼得都对歌曲十分陶醉。

那架钢琴也改变了年幼彼得的生活。彼得放学后通常由姐姐来

---

[1] 加拿大幼儿园的入学年龄要求是四岁或五岁。

接，但有一天，他的姐姐没有出现。他和老师有所不知的是，当天姐姐在学校操场上摔了一跤，于是去卫生室处理伤口了。老师去了解情况时，把彼得一个人留在了有钢琴的那间教室。

  彼得走上前拥抱大彼得。他张开双臂靠过去时压到一个琴键，奏响了一个音符，随即开始弹奏。彼得说，他一开始就像老师那样以欢快的曲调弹奏《巴士车轮转呀转》，但接着，他又以一种仿佛车子在路上疲倦又迷失的忧伤情绪弹了一遍。他并不清楚"高兴"或者"悲伤"的意思，但他能通过钢琴传达。彼得不知道自己会弹奏这首曲子，他只是认真看过老师这么弹而已。接着，他又模仿老鼠奔跑的节奏以爵士乐的即兴曲调弹了《三只盲鼠》。他的腿太短，脚还够不到踏板，因此在弹奏个别音符时必须在琴凳上前后挪动身子才能踩到踏板。不知过了多少时间，等他抬起头时，看到几位老师站在门边上看着他，一旁还有他的姐姐、学校护士、校长和看门人。看门人鼓起掌来，其他人也都加入其中。

  彼得的演奏生涯就此拉开帷幕。这是他人生中最快乐的时刻之一。他在回家的路上感觉自己像变了个人。他的朋友大彼得替他说话，而且神奇的是，人家竟然听懂了。他记得那是秋天里的一个日子，所有的树叶都在向他挥手。那天的色彩超乎现实。彼得意识到，在那一刻以前，他一直在用黑白两色看世界，而且是字面意义的"隧道视野"。他并没有注意过周遭的情况。他说他的深度知觉也就此改善，而且再也不像以前那样笨拙了。这是彼得在人生中第一次成功表达情感，他的心情无比灿烂。

2. 爱的表达

张家从霍普港搬到多伦多过了差不多四年时间，尽管当时九岁的彼得已经不会再被关起来，他的家庭生活依然困难重重。他们从堂亲家里搬了出来，住在皇后街西端一间昏暗的一居室公寓里。放学后，他和姐姐会在小小的屋子里看电视等母亲回来。通过念书、看电视以及与姐姐对话，彼得的英文水平也有所提高。他不管去哪儿都会带着玩具钢琴，弹出他听到的每一首歌曲。他说："小彼得只有八个琴键，所以当我弹奏《吉利根岛》[1]的主题曲，我姐姐认出歌曲还跟着拍手时，我特别自豪。"

当时彼得的父亲——迄今依然在这位来访者的叙述中只占据很小一部分——变成了一个超重的糖尿病患者，他不仅毫不关心自己的胰岛素水平，还在妻子的提议下摄入糖分。离开霍普港的餐馆后，他的父亲由于疏于照管的糖尿病、超标的体重以及极其严重的抑郁症而难以找到工作，整天只是坐在椅子上听爵士乐。他偶尔会在听到一段特别动听的即兴片段时茫然地指指唱片。彼得明白，搞丢家

---

[1] 《吉利根岛》是二十世纪六十年代的著名美国情景喜剧。

里的积蓄后几乎不再与他有眼神交流的父亲是想要与他分享音乐。彼得听堂兄说起过，父亲小时候很有音乐天赋，看到新乐谱便能立即弹奏，但妻子并不赞成他将音乐当作事业，认为这些东西不切实际，是腐败的西方产物。

彼得的母亲不放过任何一个机会羞辱他的父亲"毁掉了这个家的未来"。她一分钱也不给他，哪怕是用来买他心爱的唱片或香烟。彼得后来得知，父亲来自一个音乐世家，用母亲的话来说，就是受到西方音乐毒害，并且涉嫌在越南参与鸦片交易。他的母亲将西方音乐视为造成他父亲游手好闲一事无成的一部分原因。

一天，彼得的姐姐正忙着做串珠的计件活，无事可干的彼得则与父亲一起坐在那里听爵士乐。这时，母亲出其不意地下班回家了，她见状气急败坏。"我能理解她为什么如此生我们的气，"彼得说，"毕竟她出门工作，我们却在家无所事事。她说我和父亲一个德行，都受到了西方思想和音乐的腐蚀，不比颓废的法国人和其他欧洲垃圾好到哪里去。"（在他母亲小的时候，越南还是法国的殖民地。）母亲越来越狂暴，声音里带着一种似曾相识的危险音调，把彼得吓坏了。"她冲进客厅，将唱片顶在自己的膝盖上一张一张掰断。我愣在原地，希望她不会冲我发火，但她还是过来了。"他回忆道，"她对付完父亲收藏的唱片后立即看向我，随后冲进我的卧室，一把抓起小彼得扔出窗外。"她使出的力道如此之大，把纱窗也一道扔了下去。

彼得当时九岁。表面上，他是因为没有串珠子而受到惩罚，但实际上，他受罚是因为他与父亲相像。我问他是否因为失去小彼得而震惊。他说他对失去已经习以为常，感受到的只有情感上的空白。"这很难说清楚。我看着窗外为小彼得感到难过，觉得它就像是童谣里的'矮胖子'[1]。我倒没有感到悲伤，就是空落落的。"他吞吞吐吐搜寻着字眼，"有点儿像是我没有待在自己的身体里一样。"

我指出，在二十五年前数以百万计的回忆之中，他记得的偏偏是小彼得的毁灭。我说我相信是因为这段回忆带来了巨大的精神创伤。"你当时遭受了人格解体（depersonalization），也就是你感觉与自己的心理自我产生了分离。你无法感受到自己内心的感受与情绪。整个世界似乎都很模糊，你与自己的联系也中断了。"

"我经常有这样的感觉。是什么原因造成的呢？"

"充满精神创伤的童年，这往往处在自我分化[2]的早期阶段，外加高度焦虑。"

彼得说他之所以清晰记得那天的情形，是因为几天以后发生的事。当时是夏天，学校放假，因此姐姐从早到晚一直都在串珠子。父亲示意他跟着自己一起出门。当时父亲虽然还不到四十岁，却已经需要拄拐杖走路，且步履蹒跚，十分吃力。父亲带着彼得慢慢走向商场，走得大汗淋漓、筋疲力尽，脚踝都肿了。等他们来到商场，父亲走到一家商店的音乐柜台拿起一个合成器，随后便离开商店朝商场的公共区域走去。一名保安拦住他们并报了警。警察意识到彼得的父亲有些不对劲，因为问话时他一声不响。他们在彼得保证家里有钱支付后开车将彼得和父亲送回了家。"现在回想起来，我猜警察知道我们

---

[1] 矮胖子是西方童谣中最为人熟知的角色之一。在经典童谣《鹅妈妈童谣》中，坐在墙头的矮胖子摔下来后便再也无法恢复原状。儿童文学名著《爱丽丝梦游仙境》里也出现了矮胖子，而且是个鸡蛋的形象。

[2] 自我分化（differentiation of self），也称自我辨别，指的是个体理智与情绪功能的分离，其决定了一个人能否拥有清晰的自我感。这是婚姻家庭治疗大师默里·鲍恩（Murray Bowen）提出的核心理论之一。

两个不是小偷，而是精神出了问题。他们好心地默默把我们送回家，我则一路紧紧抓着合成器。"好在母亲当时并不在家。姐姐动用积蓄支付了合成器的费用。警察不可置信地打量堆满大量珠饰俨然工厂一样的房间，还询问姐姐为什么独自做着童工。彼得听见他们相互交流，姐姐说这只是"中国习俗"。警察似乎很不解，但并没有提出起诉。后来母亲回到家，警察在离开前交代了情况。

彼得的母亲就是在这个时候彻底失去理智的。他说母亲平时就很可怕，但他从来没见过如此令人恐惧的模样。母亲疯狂地拉扯父亲，将其打得摔倒在地。她用中文叫喊着，因此彼得不知道她在说什么。父亲摇摇晃晃地站起来，颓然地靠在墙上，接连好几分钟都在喘粗气，后来便心脏病发作去世了。彼得告诉我，他一直觉得自己对父亲的死负有责任，因为要是没有给他买合成器，父亲说不定还活着。

彼得没有什么关于童年的记忆，而其中之一正是父亲偷合成器的事。他小心翼翼地解释说，他感到羞愧是因为偷东西是无法接受的，而且他认识的人中也没有人会偷东西。不过从另一种角度来说，他认为这是自己短暂一生中唯一获得过的爱的表达。父亲虽然身无分文，但知道自己快死了，所以希望儿子有一架钢琴来取代被扔掉的那个。于是父亲一瘸一拐地走进商店拿起一个合成器，甚至都不屑于藏起来。彼得认为，这是垂死之人绝望之爱的表达。

他也承认父亲的死是一种慢性自杀。我问起他的母亲有什么样的反应："她也许盼着他死，但等到事情真的发生了，可能她又有了另一番感受？"

彼得深深叹了口气："不可能。她不是那种人。她盼着他死，等到他去世了便感到松了口气，说她少了一个负担。父亲死后，她除了说我像父亲一样又懒又蠢之外，再也没有提起过他。"

"你像你的父亲吗？"

彼得说像。他们都有音乐天赋，都识谱并且能够凭听觉记忆演奏。此外，他们都很安静，喜欢音乐，对赚钱或竞争则不太上心。彼得只会在自己的房间里玩合成器，因为他害怕一旦母亲意识到他如此珍视，就会毁掉它。

彼得的父亲去世没过几年，他母亲便买下一栋有四套公寓的小楼，四年之后又买了一栋。最后，她坐拥一排这样的建筑。她亲自维护、修缮、收租，还单枪匹马与市内的租金管制条令斗争。她在彼得二十多岁时将自己家附近楼内的一套公寓给了他。彼得的母亲依然每天晚上为他做晚饭，她会跑回家做饭，接着跑去做下一份工作。与此同时，彼得的姐姐一离开家就嫁给了一名非华裔男子，成了全职妈妈，母亲说她过着"懒散的加拿大式生活"。

彼得认为母亲将他视为负担。母亲称他为"窝囊废"，不断劝他去找一份正经工作。尽管彼得不在乎经济利益，乐队的巡演也没赚多少钱，但他其实在音乐界已经逐渐有了名气。

显然，彼得的母亲从他出生起一直到成年都认为他是个懒惰、迟钝的坏孩子。没有相反的证据能够说服她。这究竟是因为她憎恶彼得与她丈夫的相似之处，还是她认为西方音乐很邪恶，或是她整体而言不喜欢男人，我永远也不得而知。我唯一知道的就是，当母亲给我们贴上负面的标签，我们会当真——还有谁会造就我们的自我形象呢？然而随着时间的推移，关于母亲生活的更多有趣证据浮现了出来，她的行为也随之变得合情合理。用弗洛伊德学派的话来说："维也纳没有谜团。"

我们当时即将完成第一年的心理治疗。那段时间，彼得的声音变得越来越柔和，而且在过去的几个月里，他开始与我有眼神交流。由于极度缺乏情感上的经验，彼得花了整整一年时间才信任我。他必须认识到我关心他，随后才能一起为恢复而努力。

然而，我还是担心彼得的预后情况。他错过了那么多成长阶段，我对于要如何帮助他构建自我感到担忧。原材料如此之少，要用什么作为基础搭建呢？在不牢靠的根基上构建自我显得有点儿危险。我感觉就像建筑师在摇摇晃晃的支柱上建造房屋那样惶恐不安。

给我带来希望的是彼得莫大的善心。如果有人缺钱，他就会借给人家。有一次，有位女士在我的等候室里哭泣，彼得没有询问她怎么了，而是直接出门帮她买了一杯咖啡，告诉她一切都会过去。他对母亲的忠诚——无论怎样被辜负——都令人动容。善意与宽仁之心能让人走得很远。

可是，每当彼得感到愤怒或与他人的肢体接触过于亲密，便会经历人格解体并感到严重的焦虑。我怀疑这些情况是他阳痿的根源。他焦虑得都出现了出体体验[1]，当一个人无法切身感受到生理上的兴奋，便很难在性方面获得成功。

心理治疗的目标是让彼得构建自我，这样他就能在面对压力时懂得如何应对，不会在情感上与自我分离。自我（ego）——即一个人的自我意识——是个抽象的概念，很难给出明确的定义。这好比是座一块块砖瓦搭建而成的屋子，就象征意义而言，这个家为我们提供庇护，保护我们免受外部世界的压力，是个安全的场所。如果彼得的母亲是一名心理更加健康的女性，就会说彼得很敏感善良、

---

[1] 出体体验（out-of-body experience）指的是个体感觉到自己的意识与身体分离的一种体验。

悟性很好、很聪明，还具有音乐天赋。赞扬这些正面品质能帮助彼得打下更坚实的基础。等到狼来敲门时，彼得——一如儿童故事里的小猪那样——就会在坚实的砖房中得到保护。

恰恰相反的是，彼得的母亲几十年来一直说他懒惰、愚蠢、无法应对生活。彼得没有由坚实砖瓦筑成的地基，而是身在一座稻草屋里。当彼得想要与他人交往或者发生性关系时，他无法在稻草屋中得到保护。他的自我还不够强大，他不得不离开自己的身体，经历人格解体。

我希望在心理治疗中达成两件事：首先，我希望彼得意识到他母亲的心理异常，并且认识到她是如何通过自身扭曲的视角来看待他的；第二，我希望扮演"好母亲"的角色，帮助彼得搬出稻草屋，住进砖瓦房里。我的工作就是要帮他看清自己的正面品质，以此免受狼的伤害。我希望他能够对狼说："我是彼得·张，这是我的安全屋。需要离开的是你，不是我。"

心理治疗进入第二年，是时候关注彼得的阳痿问题了。作为乐队中的成员，他有大把机会结识女性。彼得说这与他的吸引力无关，无非是"搞乐队的人都会遇到的事"。我指出就职业危害性而言，这比煤肺病更厉害。

他渴望体验性行为，但与女性有肢体接触却让他感到极度不适。对此，我们讨论过可以先与女性建立友谊并慢慢发展关系，之后再以自己能够接受的速度发展下去。

我告诉彼得，为了解决他的阳痿问题，我们需要审视他自出生以来的完整心理状况。他遭遇的母爱剥夺（maternal deprivation）导致了英国著名精神病学家约翰·鲍尔比（John Bowlby）所说的"依恋障碍"（attachment disorder）。对婴儿来说，母婴依恋（maternal attachment）比什么都重要，连食物都无法相提并论，婴儿会为之放弃一切。如果得不到，儿童就会焦虑，并且无法以任何正常方式探索或应对这个世界。依恋障碍不单单会影响到与母亲的关系，对各种社交、情感与认知发展都会产生影响。如果孩子没有依恋体验，就无法发展到第二阶段：信任他人、在情感上依恋他人，并最终在性方面对他人产生依恋。换句话说，如果婴儿时期依恋体验缺失，就无法在情感上获得成长。

动物学家康拉德·洛伦兹（Konrad Lorenz）指出——这也是他获得诺贝尔奖的部分原因——我们可以从进化的角度来理解依恋理论，即母亲可以为婴儿提供安全保障。依恋性意味着适应能力，能提高婴儿的生存机会，因此成了大脑中生来就存在的一部分。婴儿需要母亲的怀抱、爱和拥抱。

可是，彼得很难将自己在幼儿园的焦虑行为与他早年缺乏母爱联系起来，阳痿就更不用说了。心理治疗师时不时会碰壁，因此不得不通过一些极端或非正统的方式寻求突破，以此让来访者发现固有模式。为了帮助彼得更好地理解母婴依恋的概念，我安排了一场特别放映：心理学家哈里·哈洛（Harry Harlow）在二十世纪五十年代对猴子进行实验的电影，这可能是在社会心理学家实验室中拍摄的最著名的电影。私人放映活动设在多伦多大学（我偶尔在那里教书），放映员同意在我希望为彼得讲解时暂停电影。尽管这些实验按如今的标准来看不符合实验伦理，但的确为我们提供了一个了解依恋障碍的独特渠道。以前这些影片只有心理学专业的学生看得到，但现在，任何人都能在网上搜索观看。

哈洛的这些影片成了彼得心理治疗中的转折点。影片一开始，哈洛教授就解释了"母婴维系"（maternal bond）的概念——他称之为"爱"——即婴儿与母亲之间的纽带。实验人员将刚出生的猴子放在笼子里，与两个假猴子母亲一起饲养。"铁丝妈妈"端着一瓶牛奶，幼猴得跳到母亲身上才够得到。"布妈妈"也是用铁丝做的，只是上面盖着一块毛巾；它提供的并非食物，而是触感，能让猴子拥抱依偎。哈洛和其他人员震惊地发现，拥抱胜过了食物。小猴子每天抱着布妈妈的时间长达十九个小时，只有在需要喝奶时才会去铁丝妈妈那里待上几分钟。布妈妈被拿走之后，幼猴因为分离焦虑吓得又哭又喊。当布妈妈和铁丝妈妈都被拿走后，小猴子前后摇晃，还啃咬自己，把自己都给弄伤了。

彼得开始兴奋地说起话来，尽管他的声音依然略显单调。他认识到自己就是那个前后摇晃还啃咬自己的猴子；他独自躺在婴儿床里时曾经反复用头撞床，幸好玩具钢琴拯救了他。彼得说："小彼得就是布妈妈，会唱歌抚慰我，还会用音乐拥抱我。"他其实还记得或想象得出他的小钢琴用舒缓的声音抚慰他内心孤独的情形。他说他并没有完全意识到是自己在弹奏钢琴发出声音。他将玩具钢琴视作生命体，一个能安慰他的活物。

电影继续，我们看着幼猴第一次被带出笼子，锁在一个没有布妈妈的房间。那个房间里放着猴子通常会喜欢的物品，比如梯子和秋千。但小猴子缩在角落里痛苦地颤抖，对一切都显得很害怕。当布妈妈被重新引入房间后，小猴子立即爬到它身上抱住它。等到小猴子从布妈妈那里获得些许安慰，便开始探索周围的环境。

彼得再次要求暂停放映。"我的天，"他说，"这就是幼儿园。其他所有人都有布妈妈，我却没有，因此害怕地躲在角落。我真为这只小猴子感到难过。我现在想起来了，以前我还纳闷为什么其他孩子没有像我一样被吓到。他们在那个布做的巨大毛毛虫通道里跑来跑去相互追逐，我却吓得要死。"

接着，影片中出现一个怪物形象，看起来就像一只巨大的金属虫子，长着硕大的牙齿和转来转去的脑袋。小猴子显然很害怕，于是跑去抱住布妈妈。等到猴子抱够了，得到了母亲的爱恋，它便转过身开始对大怪物发出威胁的声音。

彼得表示希望再一次暂停放映。"我受人欺负，找不到安慰。"他告诉我，"我只有躲起来，之后便陷入了不断被欺负的循环中。"

我们又看了几部哈洛的影片。研究者发现，那些母爱被剥夺的猴子长大后无法保护自己。最令人吃惊的是，它们都不愿意发生性关系。当它们被迫交配并分娩后也不知道如何当父母，无论公猴母猴都变得很残忍。它们行为上变得残暴，情感上则很冷漠，研究人员常常得将它们的后代移出笼子以确保安全。

最后一部影片放完，灯亮了，彼得却呆坐在那里。我凝视着他灰白的面孔。他一脸惊讶地看着我说："它们不想性交。我的天！"

他终于恍然大悟。"没错，性是最终目的。"我说，"首先，你需要爱，接着是依偎、亲近，然后是保护，这样才能大胆地走向世界去闯荡。童年时与世隔绝的人们错过了所有的步骤，成年后便觉得性很可怕。"

彼得问我："你看到那些只有铁丝妈妈的小猴子长大后要跟正常猴子交配时有多恐惧吗？我就是这种感觉。"我看到他腋下有很大一片汗渍，眨眼的速度也慢了下来。他太过心烦意乱，迟迟没有离开放映室。他经历了一次重温幼年时期的可怕历程。

彼得曾经听信母亲说他没用、窝囊又愚蠢的话。我企图改变这一印象，却并没能使彼得摆脱母亲对他的看法。直到看过哈洛的电影，他才明白自己错过了发展中的关键阶段。彼得后来告诉我，没有什么比哈洛对猴子的研究对他的影响更大。这一举措起了作用，自此，我们将心理治疗的过程分为"哈洛之前"与"哈洛之后"。

彼得开始意识到自己既不愚蠢也不失败，而是没有为生活做好准备。但他不解的是，为什么"其他有工作的中国父母的孩子没有遭受相同的命运"。我必须小心应对。彼得一直以来都对母亲很忠诚，从来没有说过她一句坏话。他反复提起的一句话就是："她做这一切都是为了我们这个家好。"

在我看来，彼得母亲极其缺乏母性本能。但作为心理治疗师，我知道对彼得说这样的话无济于事。他需要亲自认识到这一点，而且得等到他有能力接受的时候。如果我们在来访者做好倾听的准备或愿意面对以前便指出一个"真相"——用一个比较好的词语来形容的话——他们就会对心理治疗师失去信任，内心被防备意识占据，并且只会在表面上有所改善。对来访者过度解释是心理治疗师缺乏经验或信心的标志。治疗师可以将来访者领到理解的大门前，但不应该强迫他们进去。来访者会在自己做好准备后踏入门内。

无论有多么曲折，从人格解体到找回人格的心理治疗过程都很缓慢。彼得从未被当作一个完整的人来对待，所以他最终并没有自己作为完整个体的感受。他在自己身体之外端详自己。心理治疗引导他踏上漫长的旅程，让他感受到自己的人格，也感受到自己的人性。

3. 火烫的问题

彼得随乐队在美国南部巡演时，在阿肯色州一间酒吧遇到一位当服务生的女子。他要在那里演出一周。女子为他端上饮料，点了歌曲《佐治亚州》，歌声悠悠唱着："让我看看你有多思念佐治亚，因为那儿就是我的故乡。"彼得弹这首歌时，整个房间都安静了下来。演奏结束后，彼得对着麦克风说："这首歌献给梅兰妮，她思念自己在佐治亚州的老家。"乐队成员大吃一惊，都转过头来看他：这是他们乐队成立十六年以来他第一次在舞台上发言。彼得说他看得出大家特别为他高兴——他们虽然不知道彼得在接受心理治疗，但还是意识到他有所突破。

梅兰妮在演出结束后等待彼得，然后他们一起喝了一杯。彼得告诉我，他尽力不去想到性，而是专注于享受当下。梅兰妮问彼得住在哪里，他报出酒店名字后，对方看着他，意味深长地点了点头。彼得说他想到了我们的会面，以及他应该如何调整才能慢慢适应。他告诉对方自己演了两场十分疲累，但愿意第二天一起共进午餐。梅兰妮答应了。

彼得告诉自己不要太过担心性方面的事，而是可以先发展友谊。午餐时，梅兰妮告诉彼得自己的父亲收集老式蓝调音乐唱片，于是他们聊起了音乐——一个对他而言非常轻松的话题。他们之后又约会了几次，但没有发生性关系。他始终没有带对方去自己的酒店房间。

彼得回到多伦多后经常给梅兰妮写信，他在信中得以显露更多情绪，甚至有点儿热情。他决定花一个周末的时间飞去看她。随着时间的临近，我们对他即将说的话进行了排练。我告诉他不需要讨论他在性方面的问题，所要做的就是表现出善意与爱意。我向他保证这很容易，因为他的天性就很温柔。

"我觉得你内心是个正常、有爱心又善良的人，你会成为一位美好又体贴的爱人。"我说道，"你只是童年时经历了太多孤独与创伤。即便如此，你依然希望尝试建立联系。你的音乐中充满了真情实感，这说明你内心就拥有这些品质。记住，你受过挫折，但并不残缺。"

我们讨论了什么是依偎，以及如何依偎才能显得不太生硬。彼得的姐姐有一个孩子，会经常拥抱他——至少在彼得看来算得上经常。他会仔细观察加以效仿。没有什么对他来说是自然而然可以做到的。

他带梅兰妮去吃晚餐。饭后，梅兰妮说想回彼得的酒店房间，因为她与其他三个女孩住在一起。他们躺到床上，可不幸的是，彼得又经历了人格解体。他犹如通过一个光圈越来越小的镜头看着自己躺在床上，感觉处在自己的身体之外。最后，他们都睡着了。

第二天，他们出了门。梅兰妮当晚八点到凌晨两点要在酒吧工作，因此彼得答应去那里和她碰头。可是，梅兰妮下班后搭上鼓手一起走了。酒保知道彼得在等她，于是说："抱歉，中国人在南方这儿不怎么受欢迎。"彼得明白酒保本意是要安慰，但对方并不知道这其实有多侮辱人。

我为彼得感到难过，但我告诉他，可以把这当作一次试验。性不过是冰山的一角。百分之九十的冰山都沉在水下，处在无意识的状态中，这才是我们需要关注的内容。

我试图引导彼得记录自己的梦，因为这是我们进入无意识领域的最佳途径。我让他把纸和笔放在床头，这样就能在早晨写下最先记起的事情。结果发现，他的梦境也千篇一律，一直会出现不受他控制的事件。

> 我四肢大张，躺在一辆公共汽车的车顶。车在路上疾速飞驰，我想要找个可以握住的东西，可一个把手也没有。当公共汽车从一条车道转到另一条车道时，我也被从一边甩到另一边。我试图朝司机大声叫喊，却发不出声音。最后，我缓缓移动到公共汽车前端车顶与前窗的交界处，我俯下身子透过挡风玻璃朝里看，发现车上并没有司机。

每当彼得做这个梦都会被吓醒。我们探讨他生活的哪些方面如同公共汽车一样失去了控制。他说他无法与人建立关系时，我指出这并非事实。他尚无法做到的是发生性关系。他与我、他的姐姐乃至乐队的成员都建立了关系，而且大家都很喜欢并尊重他。乐队成员通过音乐和他交流，这对彼得来说并不难。事实上，他的音乐富有亲和力，为他赢得了众多粉丝。他唯一没有发生人格解体的场合就是弹钢琴的时候，无论观众是多是少。

但彼得反驳说，他对其他人没有动真感情，所以怎么可能拥有真正的亲密关系呢？当梅兰妮与另一名男子一起离开酒吧时，他并没有感到悲伤。事已至此罢了。他登上著名音乐杂志的封面时也没有感到很高兴。他把杂志拿给母亲看,母亲说只有吸食鸦片的人和愚蠢的北美人才会看音乐杂志。

在心理治疗进入第三年的下半年里,发生了一件让彼得和他姐姐都感到震惊的事。这件事也成了治疗中的又一个转折点。

彼得的姐姐以前一直是个安静的孩子,会坐在餐馆的卡座里用蜡笔画画。她对母亲百依百顺,是个文静听话的机器人。她受到的创伤比彼得少得多:她从没有被锁起来,而且能够与顾客互动,从他们那里获得关爱。成年后的她依然文静温和,可她从不允许母亲虐待自己的孩子:一到这种时候,她就变得像个熊妈妈一样凶猛。彼得经常去看望三岁的外甥女,很喜欢跟她交流。他通过观察姐姐和这个小女孩充满爱意的互动学习正常的行为。

一天,彼得的外甥女把一锅炖腊肉酱从炉子上端下来时被严重烫伤,不得不住院治疗。外甥女的伤势对所有人而言都可怕至极。彼得说,他和母亲、姐姐一起去医院的烧伤病房看望外甥女。他眼见孩子们在痛苦中挣扎,被吓坏了。

随后,彼得母亲的举止变得很古怪。"我们在走廊上走着,我母亲忽然开始大笑,还说:'看看她!看看她!'她指着一个被严重烧伤的孩子放声大笑。一位护士朝她看去,说道:'你放尊重一点,不然就出去。'"护士对他母亲说话的方式让彼得非常震惊,"忽然之间,你说的关于我母亲的一切都浮现了出来。说出来也许你不会相信,我母亲还是在笑,护士说如果再不停止,她就要叫保安了。这下子,其他护士也都聚集了过来。我姐姐默默地在一旁看着。我对这个伤痕累累的小女孩感到很抱歉,于是冲母亲怒喝:'你有什么毛病?这些小朋友很痛苦。你要么赶紧闭嘴,要么坐公共汽车回家去。'她于是闭上了嘴。我姐姐把手放在我的背上以示支持。"

这是彼得第一次有意识地朝他母亲发怒。（我无法想象他无意识中是有多生气。）我指出，虽然彼得对母亲过去的所作所为感觉不到愤怒，她如今对待烧伤患者的方式却让他感受到了愤怒。

接着，由于对彼得母亲如此奇怪的行为感到困惑，我问起他母亲的童年。他委婉地表示母亲的过去对他来说完全是个谜。据他所知，母亲并没有父母或兄弟姐妹。他们在多伦多有他父亲那边的亲戚，但母亲疏远了他们所有人——虽然她在自己丈夫搞丢家里所有钱、需要地方落脚时利用过他们；现在她有钱了，还拥有几栋小单元公寓大楼，却拒绝借钱给他们创业。

彼得说，看到母亲对那些受伤的孩子显得如此无情，也激发了他心中对母亲过去所作所为的愤怒。他拒绝再去母亲家里吃晚饭。

彼得母亲似乎对他的回避很困惑，因此将晚餐送到他的门外。日子一天天过去，母亲的态度变得越发狂躁，她会在电话中大喊让他必须去吃晚饭。终于，他答应去看她。在我的提议之下，彼得尝试去了解她在烧伤病房表现得如此可怕的个中原因。彼得提起这件事时，他母亲发出了与此前相同的那种疯狂笑声。彼得对她的麻木不仁愤怒不已，开始倾吐自己的童年有多痛苦。他母亲再次摇了摇头，笑着说他根本不知道真正痛苦的童年是什么模样，还说她是在保护他不受任何坏人的伤害。

彼得问起母亲的过去。她避而不答，只说重要的是自食其力，永远不要依赖丈夫。她还说自己永远也不会当"第二号妻子"。

彼得花了好几个星期才对母亲的往事有所了解。彼得的外祖母是越南一位中国商人的二房太太。（这家人是华裔，但好几代人都在越南生活。）二房太太在此指的是介于情妇与妾之间的概念。有钱的男人会在经济上给予女性支持，以此换取偶尔的幽会；孩子则不包括在交易之内。彼得的外祖母很漂亮，富裕的外祖父对她宠爱有加。

但等到外祖父失去财富后，对她的态度也变差了。外祖父的社会地位下滑，不能再与任何损害他名誉的人来往。他拒绝给二房太太任何经济援助，也不允许计划外的孩子（彼得的母亲）享有任何法律权利。彼得不明白母亲所说的"权利"是什么意思，而且由于语言障碍，他也难以搞清楚这个问题。他的外祖母没有工作许可，由于当二房太太不合法，她也无法获得营业执照或像样的证件。最后，她为外国来的"堕落人士"开设了一家非法的鸦片烟馆。那也是个"喜欢热鸦片的男人"会去的地方——这是彼得母亲的原话，他说他也不知道是什么意思。他推断那是一个类似于妓院兼鸦片烟馆的地方，那些有施虐癖好的变态顾客会以烫人为乐。彼得的外祖母做着鸦片的买卖，妓院（或者说鸦片烟馆）里的姑娘——包括彼得的母亲——则会被人用法国香烟烫。

"彼得！"我说着，彻底惊呆了。我问那些客人是不是法国人。他觉得应该是这样的，因为那是在二十世纪二三十年代的西贡，当时的越南依然是法国殖民地，华人作为当地最大的少数族群，经营着众多生意。彼得母亲的职责就是让男人高兴，挨烫或者做"坏事"——无论那意味着什么。彼得的母亲用英文描述的是"扭曲的性关系"和"热鸦片烫"。她在多伦多的医院看到烧伤患者时，想到了自己以前的家。彼得问起外祖母自己是否曾经被烫时，他的母亲面无表情地说："不常有。年轻姑娘赚的钱更多。"他想知道当时的母亲和其他年轻女孩究竟有多年轻。他的母亲以"我听不懂你的英文"搪塞了过去。（她想敷衍了事的时候经常这么说。）

彼得的母亲后来在鸦片烟馆认识了她的丈夫。他当时和兄弟在街那头的私房爵士乐队中表演，偶尔会进来抽大烟。当对方提出要娶她并带她去加拿大时，她抓住了机会。彼得的母亲说她只关心赚钱，这样才不至于成为"第二号妻子"：既没有权力也没有权益，而且只能做"歪门邪道生意"。

最终,彼得问了她一个重要的问题:"你的母亲有没有把你关起来过?"

她的答案很能说明问题:"没有,我把你关起来算你走运。"她说,"我一直要唱歌才能有晚饭吃。"

我缓缓地摇了摇头,盯着彼得看。

"我知道,我知道,"他说,"我一直说她尽力了。"接着,他又补充了一句事后的感想,"我认为她之所以恨我的父亲和他的兄弟,一部分是因为他们知道她的过去。"

"你父亲死后,她有没有和其他男人来往过?"

"从来没有。她一直穿旧衣服,哪怕是出席婚礼。她自己给自己剪头发。凡是有人对她产生兴趣,她就说别人纯粹是看上了她的钱。她爱的就是自己的钱。"

"金钱能够保护她不被烫伤。"我解释说,"她的母亲会把自己唯一的孩子献给施虐狂取乐。当你的外祖母看到这些烫伤的痕迹时,还会和客人一起取笑——就像你的母亲在医院里大笑那样。"

彼得那可怜的母亲根本不知道如何为人母,因为她自己就从未有过疼爱她的父母。一阵静默之后,我说:"我也为你的母亲感到难过。人性中最令人满足的母性本能和为人母的乐趣从她的生活里被剥夺了。母性本能在一定先决条件缺失的情况下无法自然产生。当母亲的人自己需要拥有与依恋相关的记忆,并且通过目睹家庭或社会中的榜样来触发自己的本能。"

彼得沉默良久。最终,我开了口:"我一直在想你母亲嘲笑烧伤患者的情形。她自己就是个烫伤的受害者。那些客人肯定都会嘲笑她,而她不过是在模仿他们。说到底,这些客人是在为烫伤他人的特权买单。她不知道如何与你建立依恋关系,因为她从未对自己的母亲有过依恋。她的母亲在她还是个婴儿的时候就在情感上将她遗弃，之后还为了金钱把她出卖给施虐狂。这也难怪你的母亲认为供养你、把你锁起来避免伤害是对你的保护。"

"她还供养了自己的母亲。"他说。

"她一辈子都在供养他人。"

"她真的对男人无法释怀。跟我姐姐就还好。"

"是这样吗？你的母亲既不允许她说话，也不允许她动。"

"她会做的唯一一件事就是供养。难怪父亲丢了钱之后，她会恨他。再也没有比这更糟糕的了。"彼得叹了口气，接着说，"她为什么总是对我大吼大叫，说我一事无成呢？"

"你觉得是什么原因？"

"我觉得她是在表达恐惧。那些音乐让她感到害怕。她想起的是鸦片烟，接下来也许还有香烟头。"

我点头表示同意。讽刺的是，所有这些解读都来自一个儿时在幼儿园留级了的人。

多年来，彼得一直对母亲指出的不足信以为真：母亲这样对他还能有什么其他理由呢？现在他明白了。也许母亲的行为和他无关，而是和她自己的悲惨童年有关。

彼得试图再次与母亲谈论她的早年生活，可她再也不愿提起，还称之为"早就结束了的过去"。彼得问起母亲与父亲一起来加拿大时，她的母亲作何反应。彼得的母亲说："我母亲可不在乎，她只关心自己的下一管鸦片烟在哪儿。"彼得恍然大悟，他母亲的母亲对鸦片上瘾。

如今彼得不仅对母亲的问题有了更加深刻的了解，对自己也有了不一样的认识，是时候为他介绍一种与母亲互动的新方法了。我给了他一本苏珊·福沃德（Susan Forward）撰写的《原生家庭》(*Toxic Parents*)。这本书想必让他深有共鸣。彼得说起他的母亲曾经指着一名邮递员说:"真是蠢人。你需要正经的工作。"他感觉自己简直要叫出声来。接着，他头一次这么说道:"我再也无法忍受她反复念叨我有多没用了。"

这对我来说完全是好消息。因为他的表现是一位正常的儿子在母亲不断说其一无是处时应有的反应。

我边思考边问他:"你要如何才能让她停止呢？她并不介意争吵，那是她情感交流的唯一方式。她不知道如何表达忧虑、担心或关爱。她从来没有感受过这些。"

"我姐姐抱着孩子时，母亲特别惊慌，还会说'你要是抱着她，她就不会走路了'或者'你要是把她抱起来，她就会哭个不停'之类的奇奇怪怪的话。姐姐从不和她争执，除非她对姐姐的女儿做了什么不好的事情。那样的话，姐姐就会大发雷霆。现在她看到我姐姐抱着孩子只会摇摇头。"我指出他的母亲可以学着改变自己对他的行为。毕竟他姐姐这么做的时候奏效了。

然而，彼得消极地认为自己永远也无法改变母亲。其实，他能够改变的是自己与母亲的交流方式。我提议彼得对母亲说他爱她，感激她为自己所做的一切，但他不会再忍受她出言不逊。他必须向母亲解释对他来说什么样的言行很无礼。如果母亲贬低他，比如说他跟他父亲一样是个堕落的搞音乐的，他就会离开，两个星期不去见她。这其实很难做到，因为他们住得非常近。彼得心地善良，不希望伤害母亲，但我向他保证，他的母亲会逐渐明白什么能说什么不能说。我把他姐姐当作例证，说起他的母亲已经学会不去干涉他姐姐的育儿方式。而且虽然他的母亲来加拿大时既不会说外语也没有受过教育，但她拥有的房地产比大多数加拿大人都更多。她搞得清楚状况。

彼得勉强同意尝试这个计划，尽管他并不相信会奏效。他说如果必须一桶一桶地清空大西洋沿岸的沙子，他只要坚持不懈就能做到，可一旦涉及和母亲的关系，他便觉得像是面对着大海和沙子，手里却没有桶。我能够看出他既疲惫又气馁，便告诉他我会支持他，还会把桶递给他，跟他一起挖。他同意试一试。

彼得采取的积极措施之一是与姐姐分享事业成就。我在一本音乐杂志上看到一篇关于他和乐队的新文章后，建议他把里面的照片裱起来，作为圣诞礼物送给姐姐。他的回答一如既往：他从来没这么做过，姐姐也不会想要的。尽管如此，我还是建议他冒这个险，他同意了，于是把镶着框的照片送给了姐姐和姐夫。他们喜欢极了，还把照片挂在客厅里。不久之后，他们便开始出席彼得的一些演出。

结果，那张照片成了彼得和母亲之间关系转变的催化剂。在彼得姐夫的生日晚宴上，他母亲表示搞不懂为什么彼得的姐姐会挂一张如此伤风败俗的照片。彼得告诉母亲自己感到很不高兴，随后便站起来走了。这是彼得为数不多真正表达自己需求的时刻之一。他告诉我他当时非常害怕，还以为没有人会理解他为什么离开。第二天，当姐姐和姐夫分别打来电话时，他惊呆了。他们二人分别对他的母亲说：如果她要贬损她儿子的成就，他们就不再欢迎她上门了。

这还不是全部。彼得的姐姐说她知道彼得年幼时受到了虐待。"我听完惊呆了，还为母亲辩护，"彼得说，"但向来很温和的姐姐说我需要去面对发生在自己身上的事情。她说在我大约三岁的时候，母亲曾经带我去看儿科医生，姐姐作为翻译也一起去了。医生看到我扁平的脑袋不太高兴，询问我是否离开婴儿床得到充分的活动。母亲只是笑了笑，没有理他。"姐姐知道这样做不对，想把真实情况告诉医生。"可是,"彼得说,"她知道这么做等于背叛母亲,而且会被揍得屁滚尿流。于是她没有言语。她说她多年来一直对自己的沉默感到内疚。"

经历过姐姐家的那次冲突后,彼得的新原则是每次在母亲轻慢他时直接起身离开。他不会给出任何解释。我对这一策略表示赞成。"相信我,她会反应过来的。"我说,"小鼠和大鼠最终都会对正强化和负强化[1]做出不同的反应。"

慢慢地,彼得的母亲不再辱骂他,也不再叫他换工作或是娶一个中国姑娘了。她一直都没有变成慈爱的母亲,但她确实通过行为矫正认识到,想要和儿子保持联系的话,有哪些事情不能做。她不希望一个人待着。她想要保障彼得的温饱,如果遭到拒绝,她便会觉得像是失去了亲人。这就是她心目中母亲的职责所在。

我们在心理治疗中度过了充满变化与收获的一年,也了解了彼得母亲的童年以及她遭受的伤害。彼得时而对她感到愤怒,时而又为她难过。他同时开始意识到母亲对他的反应和他自身并没有什么关系。彼得从姐姐那里获得的支持也让他感到更加踏实。他对于姐姐将他称为儿童虐待的受害者十分震惊,但这也让他意识到为什么自己的生活中会遇到那么多问题。他还顽强地在与母亲的交流中坚持自己的原则,并且看到母亲的行为有所改善。他还应该完成什么呢?

---

[1] 正强化(positive reinforcement)指的是在期待的行为出现后,给予行为者喜欢的事物作为奖赏;负强化(negative reinforcement)指的是在期待的行为出现后,移除行为者不喜欢的事物作为奖赏。

4. 突然袭击

不出所料，一旦彼得开始认识到什么是虐待行为并开始对母亲设立边界，他也开始注意到家人以外的人们是如何对待他的。彼得在乐队中也忍受着主唱唐尼的各种自以为是的举动。唐尼要求苛刻，而且错以为观众来看演出纯粹是为了看他。彼得客串参与其他乐队的表演时获得的尊重都比从唐尼那里得到的更多。终于，彼得与他对峙，说他不能再独自决定是否响应观众的呼声而返场，从现在起，他们要一起做决定。

三十七岁的唐尼以"派对动物"自居并沾沾自喜，而且很可能是个酒鬼。他希望成为摇滚乐手，并在演出所至的每个城市都跟人睡觉。他精心打造的形象的唯一阻碍是：他已经与阿曼达结婚十九年，有一个四岁的儿子和一个六岁的女儿。彼得自高中起就认识唐尼和阿曼达，唐尼对妻子撒谎如此频繁让他感到惊骇，而且，唐尼还希望彼得帮他在妻子面前圆谎。

为了在实现自我与表达自身需求方面做出更多努力，彼得告诉唐尼，要是阿曼达问起巡演中遇到的姑娘，他不会再帮唐尼隐瞒。当时正值艾滋病危机的高峰，且彼得认为唐尼不够谨慎。唐尼说他还以为他们是好兄弟。彼得对此表示同意，但他说他们的友情之中并不包含对阿曼达撒谎。

当儿童身处彼得这样存在虐待的家庭，或是置身于劳拉那样功能失调的家庭，他们很难与人确立边界。由于父母不会倾听他们的需求，因此他们不知道世界上的其他地方会允许他们制定各种社会交往的规则。他们得通过学习才会明白自己不必执行每一个人的每一项任务。彼得能与唐尼划清界限让我感到十分欣喜。

阿曼达向彼得吐露唐尼全然不顾她和孩子。有一次她走进家里的录音棚，要求正与乐队排练的唐尼上楼参加儿子的生日派对。唐尼拒绝了，还在她执意要求时抬起手打了她。彼得从椅子上飞身冲过去与唐尼打了起来。他说他受够了唐尼的"浑蛋"行为。

彼得的愤怒与困扰他多年的另一件事有关。他很纳闷，明明他们一起推出这些上榜专辑，为什么自己勉强才能维持生计，唐尼却有钱买下一栋房子和一间设备顶尖的录音棚。终于，彼得要求查看账簿。

在我看来，唐尼似乎一直在欺骗彼得，而彼得则屏蔽了自己对此的感受，一如他屏蔽自己对其他所有事情的感受那样。我称赞了他对自己的情感做出的反应。彼得告诉我，他的母亲有一件事说得对，唐尼确实是个小偷：他十六年来一直在偷彼得的钱。我持续关注有关彼得乐队的新闻，因此指出媒体几乎从未提到唐尼，他们主要关注的其实是他。

彼得在情感上有所成长。终于，他做了一个重大决定：他要带着乐队中表现出色的另一名成员一起单飞组建自己的乐队。后来，他在经济上获得巨大成功，再也不用为钢琴调音。他可以当一名全职音乐人了。

彼得并非唯一鼓起勇气离开唐尼的人。阿曼达提出诉讼，要求离婚并获得孩子的监护权。她料到唐尼不会有异议，结果也确实如此。唐尼将阿曼达手中的那部分房屋产权买下之后，阿曼达便搬进了彼得母亲的四联式住宅楼。实际上她就住在彼得楼上。她扩张了自己刚刚起步的簿记业务，偶尔还在见客户时请彼得帮忙照看孩子。彼得渐渐对两个孩子产生感情，还会教六岁的小女孩弹琴。阿曼达无力支付他授课的费用，因此与彼得商定，用每周一顿家常便饭作为回报。

彼得开始带着这一家三口去参加《迪士尼冰上世界》(*Disney on Ice*)和《胡桃夹子》(*The Nutcracker*)之类的音乐会，还跟阿曼达的儿子一起玩街头曲棍球。一直渴望得到男性关注的两个孩子对彼得善良和稳定的态度给予了热情的回应。

有一个星期，彼得向我坦言他从高中起就被阿曼达吸引，早在她嫁给魅力十足却肤浅的唐尼之前。

彼得母亲对二人的关系大动肝火，说阿曼达只是想继承她的财产，而彼得应该找个中国姑娘。彼得指出自己不会中文，而且在姐姐之外并不认识任何中国姑娘。

滚石乐队来城里演出时，彼得邀阿曼达一起前往。他向我保证这不算约会。不过，他还是担心这一举措会改变他们的关系，而阿曼达也可能以为这会牵涉性行为。彼得承认对她抱有性幻想，但又害怕失败而不敢付诸行动。"她既是我的邻居也是我多年的朋友，我也很喜欢她的孩子们。"他说，"这一切也许都会因为尴尬化为乌有。"

我能够理解彼得的顾虑。一次失败的性接触可能真的会让他有所倒退。可是，这就是他四年前来找我的原因！

我建议彼得仔细观察他的姐姐——一位好母亲——是如何对待她的小女儿的。他汇报了这样一些依恋行为：母亲抱着女儿、相互凑近低声细语，手牵着手，一起躺着，微笑，聊天，以及在女儿哭泣时给予安慰。我冒昧地建议，如果他与阿曼达进入一段恋爱关系，他可以跟她做一些姐姐及其女儿做的事情。我说他需要循序渐进，性欲无法一蹴而得。他需要学习如何建立依恋关系，如何进行肢体上的亲密接触，而性行为是所有之前这些亲密行为的终点。

不过，彼得表示其中的一些行为让他难以承受。比如说，他无法直视阿曼达的眼睛。光是想想就让他特别紧张。

于是我们列了一个亲密关系的等级清单，从上至下按亲密程度降序排列，最上面的是发生性关系，底下的有牵手以及最简单的口头表达关爱。我建议彼得与外甥女尝试清单最底下的那些依恋行为，直到他感觉习惯为止。至于和阿曼达的约会，我安慰说其实并不存在表现上的压力，阿曼达并不会在意这些，这种压力更多的是彼得自己的顾虑。

后来，彼得说起他与阿曼达去看了演出，一切都很顺利。他们回到家后坐在沙发上，这时，阿曼达的儿子从房间里跑出来，想听他们好好讲讲晚上的经历。彼得松了口气。他不经意间透露自己感觉已经完成了一场约会，不想再冒更多险了。

在接下来的那次会面中，彼得讲述了一件令他感到气恼的事。他刚给阿曼达的女儿上完钢琴课，二人正在等待阿曼达做晚饭。这时，一位男性客户上门送来一些簿记的收据。阿曼达介绍彼得时说"这是我房东的儿子"，之后便继续与客户聊天。我对于彼得如此愤怒感到意外，毕竟，他这一生中有过远比这糟糕的经历。不过，我在过往的执业中见识过这种情况。当一个人初次打开情感阀门，迸发而出的情感是如此汹涌，有时会难以抑制。

彼得在晚餐时话很少。阿曼达的女儿察觉到了他的情绪，当她问彼得怎么了的时候，彼得说他不喜欢被说成是"房东的儿子"。阿曼达的女儿回答说："妈妈应该说是我的钢琴老师。"

"或者是家庭朋友。"彼得说。

阿曼达全程什么也没有说。她的女儿随即补充道:"或者是'我的朋友'。"

彼得被小女孩的真情实意感动得眼睛都湿了。"我喜欢这种说法。"他回答说。

阿曼达还是没有说话。晚餐后,彼得借口说要练琴准备离开。阿曼达便淡淡地说了声再见。

几天之后的一个晚上,阿曼达在夜里十一点左右敲响了彼得的门。她说那么晚来是因为得先安顿孩子上床睡觉,此外便没再说什么。她含泪坐在沙发上,还是没有开口。彼得表示握着她的手并搂住她感觉并不难。阿曼达把头靠在了彼得的肩膀上。他们就这样一直坐着,直到阿曼达担心孩子们会醒来说要回家,之后她便离开了。

"你们有没有说些什么?"我问道。

"没有。"

我问彼得作何感想,他一如既往面无表情地说:"这是我一生中最快乐的时刻。"

彼得一星期后再次登门准备接着上钢琴课时,阿曼达告诉他,孩子们这星期在唐尼母亲的家里,这是她离婚以来头一次不用照顾孩子。彼得帮她一起收拾玩具和房间。他们外出共进晚餐,回家的路上还牵了手。

他对整个夜晚记忆犹新,仿佛那是一部反复看了很多遍的电影。他们观看一个二人都很喜爱的乐队在《周六夜现场》节目中的登台表演。接着,阿曼达进了洗手间便再也没有回来。最后,彼得来到走廊上。阿曼达说:"嘿,进来。"她合衣躺在床上,正抽着一支烟。她说:"得趁孩子不在的时候干这个。"她开始播放 CD。他们听着音乐，阿曼达将脑袋搁到彼得的胸口上。她告诉彼得，唐尼以前说她很冷淡，如今唐尼已经走了，她并不觉得自己冷淡。她在看书或者看电影的时候会产生浪漫的情绪，可是她在年轻时经历了这样两件事：她在原生家庭遭受性虐待，后来又在高中最后一年被第一任男友唐尼搞大了肚子。嫁给唐尼之后，她在怀孕第七个月时失去了孩子。

"我跟她说这段经历想必特别糟糕。她说性行为对她来说有点儿可怕。我这才反应过来，她是在为没有发生性关系向我道歉。"彼得决定跟她讲讲自己的问题，但也没有透露太多，以免吓到她。他说自己小时候常常被一个人关着，因此很乐意慢慢发展。他注意到阿曼达看起来松了口气。长时间的沉默之后，阿曼达告诉彼得自己有多么喜欢他的音乐。"然后她告诉我，她女儿问我有没有中国女朋友。"他说。阿曼达说她不知道。她的女儿便说要去停车场守着，看看有没有。彼得看着我，露出一丝我从未见过的笑容："我告诉阿曼达，那她女儿可能要一直等下去了，因为我的女朋友就在这里。"

我为彼得感到特别高兴。我跟他说，有些人虽然有性生活，但一生都不会在情感上建立亲密关系。彼得和阿曼达彼此坦诚相待，已经在情感上变得十分亲密。

几星期后，彼得透露他与阿曼达发生了亲密接触。他们当时一起躺在床上抽烟，后来，当她为彼得解开衬衫纽扣时，他开始有了生理反应。阿曼达随后评价说他胸口的毛发不多。"我感到非常自卑，一下子乱了手脚，"他回忆道，"我听她这么说有点儿发蒙，但还是设法回答了她，说中国人的胸毛并不多。"阿曼达只是点点头，说了声"嗯……"。接着，彼得感到自己在慢慢萎缩，他的整个身体也在慢慢缩小。"我静静地从身体中抽离，感觉就像置身于阁楼，看着我的母亲拿着竹鞭朝我走来。我已经不在自己的身体里了。"他说。取而代之的是一个缩在角落里的孤独男孩，看着成年后的自己和阿曼达一起坐在床上，"我缓过来之后，就找了个借口起身走了。"

一旦我们有个爱批评人——或者用弗洛伊德的话来说，"具有阉割性"（castrating）——的母亲，都会对批评保持高度警惕。哪怕是像"嗯……"这样有点儿不置可否的言辞，也会让人像被撒了盐的鼻涕虫那样变得干瘪。我告诉彼得，他得学着与阿曼达谈论他的真实感受。

对彼得而言，表达情感存在巨大风险。但过了几天，他确实和阿曼达讨论了这一事件。他焦虑得头晕目眩，但还是勇敢地迈出了这一步。原来，阿曼达以为彼得是因为不喜欢她的身材而离开的。与此同时，彼得则认为阿曼达觉得他没有什么胸毛缺乏阳刚之气。这一事件有点儿像是欧·亨利的小说，其中充满误解。他们都为彼此过于敏感而笑了起来。

四月的第一天，阿曼达身披长长的冬季外套来到彼得家门口，她说她的汽车电池坏了。彼得找来一些跨接电线后，阿曼达接过来，将一头夹在他的衬衫上，随后脱下外套。外套里头一丝不挂。接着，她大喊："愚人节快乐！"二人倒在沙发上，一边哈哈大笑一边拥抱亲吻。彼得和阿曼达小时候都没有好好玩耍过，不过现在，他们可以抛开负担尽情嬉戏了。彼得脱去衣物顺势进行下去，终于，他在三十八岁的时候享受到了与女性发生亲密关系的乐趣。

彼得与阿曼达的关系不断发展，他的性体验其实并非一帆风顺。他已经明白自己需要理想的环境。如果他们之间有问题尚未解决，他就无法维持勃起。他们在体验性亲密以前必须解决每一个微小的冲突并在情感上确立亲密感。他犹如一枝罕见的兰花，只有在最适宜的条件下才会绽放。

彼得的母亲还是会因为阿曼达而大费唇舌训斥他。彼得说要是她再不打住,他就搬出这栋楼去。母亲对此嗤之以鼻。"我警告过她,但她根本没想过我会疯狂到明明有免费的住处,还是要去租房子。她还以为她把我捏得死死的。"之后,他的母亲在为他送饭时连招呼都不跟阿曼达打一声。这成了最后一根稻草。彼得和阿曼达带着孩子从他母亲的房子里搬了出去,租了间屋子一起生活。"我知道自己必须说到做到,不然她还是不会把我放在眼里。"他说。不过,他每个星期依然会去母亲家吃一顿饭。彼得和阿曼达在一起很开心,而且他很享受当孩子们的父亲,还会出席他们的曲棍球联赛、音乐课和家长会。

彼得经历过最可怕的地狱,但在如今的梦里,他已经亲自驾驶起公共汽车了。尽管有时路太窄,他难以把车开过,只好靠边停车。在其中一个梦里,我站在一条狭小的车道上引导他在房子间穿行,他成功驶过,既没有撞坏公共汽车,也没有被卡住。我告诉他,这对我们来说就是心理治疗完成了的信号。他现在可以独自驾驶公共汽车,不会再受伤了。

彼得刚开始接受心理治疗时,他相信母亲把他锁在阁楼里并没有错。我不得不将那段经历重构为虐待,以此帮助他认清,正是虐待导致他在幼儿园留级并受到孤独与阳痿的折磨。等到观看了哈洛在影片中渲染的母婴依恋的重要性,他就此有了转变:他不再责备自己,人格解体的发作次数也变少了。之后,他获悉母亲在越南受到的虐待,这使她在他眼中变得不再如此可怕。在我看来,他的最后阶段——即胸毛事件中所表现的——是识别自身的感受、对其予以重视并表达出来。一旦他找到自己的个性,能够感受到自身的情感,就能够进行性行为了。他已经融入自己的身体与人格之中。

彼得在心理治疗中产生的移情——即把我当作他从未有过的母

亲——非常成功。他由此在重温童年诸多可怕经历时，获得我的安慰与共情。出于对我的依恋，他不想结束心理治疗。我说他想待多久就待多久，但我说到底只是个布妈妈。而且，成年人必须离开自己的母亲独自去广阔世界里闯荡。向来顺服的彼得开始勇敢地面对这个世界。

人们会以各种惊人的方式成为英雄。彼得与劳拉不同，他乍看之下不像勇士。他的高尚品质其实在于他的宽恕能力。他让我想起我在天主教学校念书时读到的第一个英雄——耶稣基督——他在十字架上说："赦免他们，因为他们所做的，他们不晓得。"代入受害者的角色轻而易举，彼得却原谅了他人的罪过。他一根接一根地将自己王冠上的荆棘拔去，在接受心理治疗后获得了重生：他在音乐界变得更加成功，与新女友恋爱，与她维持亲密的性生活，享受成为她孩子家长的感觉，此外，他还尽可能地与母亲和平相处。

我相信，正是彼得的宽容本性为他的恢复带来了莫大帮助。与其他在相同年纪被关起来相同时间长度的人比较，彼得的恢复堪称奇迹。他将坟墓前的巨石移开，重生为一个富有感情的人[1]。

彼得曾经说过，如果必须一桶桶地清走大西洋岸边的所有沙子，他只要坚持不懈就能做到。他正是这样慢慢地、有条不紊地为心理平衡抗争的：并非给予一次猛击，而是通过许多次轻轻的击打实现的。他永远无法让母亲相信自己受到了她的伤害——她自身受到的伤害太大，难以看清这点——但他确实成功地训练了她，使她不再说那些羞辱性的话。

---

[1] 这一部分有关王冠、荆棘、坟墓与巨石的描述，都典出耶稣的生平。

我非常同情彼得的母亲。不知道哪里出了错就莫名成了"坏"母亲,意识到这一点肯定很痛苦。她从未像自己的母亲那样把彼得交给施虐狂;相反,她一辈子辛勤工作,让儿子能有栖身之所,这在她看来是在保护儿子免受伤害。她从一个母亲有毒瘾、自己则身无分文的脆弱孩子,变成一个在遗嘱中给彼得留下一大笔钱的母亲。尽管情感能力极其有限,但她还是非常坚强,为孩子们提供了保护。

几乎所有虐待性的抚养方式都会代代相传,施虐者很可能自己就是曾经受到虐待的一方。这也是为什么在这样的案例中不存在敌人,而是需要将失常的经历一层层地揭开。

接下来的那个圣诞节——差不多是在彼得结束心理治疗的一年以后——我来到等候室时看到一份用闪亮的中国红包装纸和紫色丝带包裹而成的精美礼物。里面是彼得改签大型唱片公司后推出的新CD。CD被放在一个红色的塑料桶内,旁边还有一把蓝色的塑料铲子。这是一个沙桶,就是小孩子在海边铲沙子用的那种。

二十五年后,我和彼得约在一家越南餐馆吃午饭。他看起来比我记忆中要高得多,而且因为健身变得十分健壮,他面带灿烂的笑容走了过来,不仅与我有眼神交流,还拥抱了我。他变得如此善于表达感情,我特别高兴。

我们一边喝茶一边聊天,不知不觉便度过了两个小时。原来,阿曼达在和他相处了八年之后回到了当时已经改过自新并戒了酒的唐尼身边。所有人都对此大感意外。

分手后不久,彼得皈依宗教。他说自己有一天感觉"充满了虔诚的能量"。我告诉他这真是太奇妙了,因为我在这本书里就将他的善良与宽仁与耶稣进行对照。他对此受宠若惊。他后来参与了几次基督教活动,还在教堂邂逅一名女子。他对她的爱远超他的想象。

他们已经共同生活四年，正计划在教堂举办婚礼。

彼得厌倦了乐队、酒吧和公路旅行，但他依然喜爱钢琴。他会为世界各地的人们开设大师班，经常为此飞去国外。此外，他也为世界各地的钢琴公司提供咨询服务，还被戏称为"百分彼"：百分之百标准音调彼得。

他的母亲在七十八岁时因中风病故，而且在去世十年前就患上了失智症。令人惊讶的是，她的性格出现了巨大转变。彼得说她"兴高采烈"得如同赶赴初次约会的年轻姑娘。她对每个人都很和蔼，不再纠结于金钱或是子女的未来。每次彼得去养老院看她，她看起来都很感动。

彼得说的最出人意料的事情之一是，如果重新来过再活一次，他不希望有任何改变。他遭受了那么多痛苦，我对此大吃一惊。他说："如果我像其他小男孩那样被抚养长大，没有被关在无人交谈的地方，我就不必靠钢琴来获得安慰并与之对话，也无法将其作为我表达情感的载体。我可能永远也不会——用你的话来说——对它产生'依恋'。"他接着说，钢琴演奏给他带来了生命中莫大的快乐，如果他有朋友、有正常的成长环境，可能就不需要钢琴了。"我现在喜欢这样的我，并且觉得我经历的一切都自有其目的。我想这就是上天的安排：让我成为现在的我。"

丹尼

在人类生存的社会丛林中,
没有同一感就不会有活着的感觉。

——爱利克·埃里克森——
《同一性危机》

1. 塔恩塞[1]

丹尼是克里族[2]人。这一民族有着狩猎与诱捕的传统，过去的原住民在森林中过着游牧生活，每年与哈德孙湾公司[3]进行毛皮交易。他的家人来自北部遥远的马尼托巴省，与加拿大其他地区都相隔甚远。亲身经历过如此举足轻重的北美历史的人竟然走进了我的办公室，我感到特别惊讶。丹尼和我同龄，当他和家人在林中诱捕猎物时，我却一直在电视上看好莱坞经典西部片"牛仔与印第安人"。

对我来说，这一案例在许多方面都颇具开创性。它迫使我意识到心理治疗对丹尼而言有着如此巨大的文化隔阂，简直难以起到应有的帮助。我也就此明白瑞士著名精神病学家卡尔·荣格（Carl Jung）在1925年与一位原住民相处后的感受——荣格说，他意识到

---

1 塔恩塞（tanisi）是克里语中的问候语，意为"你好"。
2 克里族（Cree），北美原住民族之一，加拿大的克里族主要分布于苏必利尔湖以西和以北的地区。
3 哈德孙湾公司于1670年成立，是全世界最早成立的公司之一。早年曾控制北美地区绝大部分的皮草贸易。

自己"被囚禁在白人男性的文化思想之中"。

和欧洲其他所有心理治疗的创始人一样,弗洛伊德对原住民文化几乎一无所知。我也是如此。但正如我父亲曾经说的那样:"智慧就是知道自己有所不知。"于是,我联系原住民疗愈师,托他们花大量时间为我介绍原住民的各种风俗习惯。如果没有他们的帮助,我肯定会举步维艰。

这个案例就时间而言比书中的其他几个都更具时代特色。那时尚处在二十世纪八十年代,寄宿学校的种种恐怖事迹依然不为众多北美白人所知,要等到后来才得到真相与和解委员会[1]的证实。当时的术语如今也早已过时:丹尼称自己为"印第安人"和"土著",两者都是八十年代的常用语。

1988 年,丹尼在我过去的来访者引荐之下来到我的办公室,那位来访者拥有一家大型货运公司,经常会通过人力资源部门将寻求帮助的人介绍给我。丹尼是他手下的长途货运司机之一。由于公司老板亲自给我打来电话,我因此知道,这位员工一定很特殊。

这位老板一上来便说丹尼是他那儿最棒的司机。我问他这话具体是什么意思,他以一贯简短有力且抑扬顿挫的语调说了起来,语气听起来就像马戏团里招揽观众的人。"把昂贵的货物从一边的海岸运送到另一边的海岸是份特别危险的工作。"他说,"需要忠诚、勇敢又强壮的人。假设有一个装满劳力士手表的集装箱通过海运从瑞士送到这里由码头工人卸载,而这些港口装卸工也许与窃贼团伙有

---

[1] 加拿大真相与和解委员会于 2008 年成立,目的是记录加拿大原住民寄宿学校系统的历史及其对原住民学生及学生家庭的深远影响,让更多加拿大人了解这段历史。

勾结，会通风报信，说有一卡车货物会从哈利法克斯运送到温哥华。于是，强盗们便会开着卡车跟着我的货车穿越加拿大，等到无人看管时——哪怕只有几分钟——把货劫走。"他还补充说，要是他的公司采用司机接力的方式将货物从一个司机转运至另一个司机那里，就不会有人对这起盗窃案负责了。"司机们都会相互指责。"老板说，"所以我要做的就是花一大笔钱确保只让一个人来运送那些劳力士，并且按时交货。那个人就是丹尼·莫里森。他不得不睡在驾驶室里，到哪儿都不能离开货车。

"让我给你举个丹尼工作的例子。"他接着说道，"他当时载着一车工业铂金在全国各地跑，当他在梅迪辛哈特的一家餐厅用餐时，三个小偷闯进了驾驶室。"

丹尼等候餐点时一直看着窗外。"他拽住小偷扔出车外，三个人都进了医院，其中一个住了一个多月。据说，他们在救护车里时就像沙丁鱼那样挤在一起躺着。"丹尼仅仅扭伤了手腕。他从不抱怨也不找人帮忙，只是继续朝温哥华开去。"这就是我要说的。"老板总结说，"我欠他一个大人情。"

我问及丹尼的主要问题时，他首先说，丹尼已经四十多岁，是个有着宽阔肩膀的大块头，身高六英尺四半[1]。"我从没见过那么大的手掌。码头上的家伙们叫他'起重机'，就是'叉车起重机'的简称。"丹尼并不健谈，实际上，他特别沉默寡言，而且避免与人有目光接触。不过他很聪明。"他把所有的地图和里程费用都记在了脑子里，从来没算错过一分钱。"

接着，电话里一阵沉默。终于，老板深吸一口气说了下去："大

---

[1] 约为198厘米。

约两个月以前，我们接到一通电话，说丹尼的妻子和唯一的孩子——一个四岁的女孩——在401公路的车祸中去世了。"

"他应对得如何？"我问道。

"奇怪就奇怪在这里。他似乎一点也不伤心。可是他确实是个顾家的人，他肯定多多少少会难过吧。我问他想不想带薪休假，他只是摇了摇头，葬礼结束后第二天就来上班了。"

老板提议出钱让丹尼接受心理治疗，可是他显得有点儿迟疑。"我于是告诉他我以前也在你这里接受治疗，对我帮助非常大。"老板说。

"丹尼是否对此感到惊讶？"

"即便丹尼确实感到惊讶，你也永远看不出来。"

几星期后，丹尼答应尝试心理治疗。

等候室里的那位男子有着深色皮肤，长长的黑发梳成了两根辫子。他身穿法兰绒衬衫、皮夹克、蓝色牛仔裤，脚蹬一双灰色尖头鲨鱼皮靴。

我向他做自我介绍。他点了点头，看也没看我。在我请他坐下之前他就一直站在门口，面孔上丝毫看不出情绪。为了打破沉默，我说他的老板对他评价非常高。他只是低头看着地板。我打量起他的脸，发现他其实很英俊。他的身高、身板、完美的身形，加上敏锐的黑眼睛和无瑕的肌肤，不可否认，他十分俊秀。

我对他的妻女去世表示哀悼。我有种感觉，他希望我和他之间能保持一定距离。我于是告诉他最好先从出身背景与家谱开始说起。我问起他的父母，问他们是否在这样的艰难时期给予他帮助。他说他的母亲已经去世，父亲和弟弟们住在马尼托巴湖西北部的一个保留地里，对他的近况并不清楚。当我问他是否愿意分享失去至亲的感受时，他摇了摇头。第一次来访的剩余时间乃至接下来三个月的所有会面期间，他一直默默地坐在那里。

我们之间的静默并没有抑郁症的那种胶着沉默感，就好像他只是想独自待着。可是，他依然每周都来。丹尼身上有着某种令人难以抗拒的特质，我发现自己愿意就这样陪他默默坐着。这对我来说很新鲜。

不过，我意识到我在这个案例中需要帮助：说到底，我收费可不是为了一声不响坐着的。于是我在图书馆黄页中搜寻原住民精神科医生，结果一无所获。1988年时，我对疗愈圈[1]及原住民其他各种习俗及仪式一无所知。我接着尝试去联系各个第一民族[2]办公室以及当时被称为联邦印第安事务部的部门，可是没有人回我电话。多伦多接收原住民患者最多的那家医院的精神科收治人员告诉我："印第安人不太习惯接受心理治疗。他们中的大多数案例都与酗酒有关，所以我可以给你介绍一些匿名戒酒协会小组。他们有时会出席，有时则不。"

我扩大搜索范围，最后找到克莱尔·布兰特博士（Dr. Clare Brant），一位哈佛毕业的原住民精神病学家。他碰巧也是在美国独立战争期间参与战斗的著名酋长约瑟夫·布兰特[3]的直系后裔。我给他写去长信讲述这个案例，描述了我与丹尼沟通时遇到的困难。布兰

1　疗愈圈（healing circles），又称谈话圈（talking circles），指的是人们围坐成一圈，通过谈话、祈祷或仪式来帮助他人或彼此疗愈。是北美原住民的重要仪式。

2　第一民族是当今加拿大境内北美原住民的统称，其中不包括因纽特人和梅蒂人。

3　约瑟夫·布兰特，族名泰因德尼加，莫霍克族战士、酋长，是美国独立战争时期莫霍克人的重要领袖。

特博士的答复让我感到很欣慰：他说他理解我不得其所的心情，因此在信中附上了他写的有关考察原住民世界观的学术论文。这些论文十分引人入胜，简直应该当作所有加拿大人的必读文章。我对他真是感激不尽。后来我又跟他通过信件沟通了很长一段时间，那段经历真是弥足珍贵。

按照布兰特博士的说法，在关系紧密的小型社群中——尤其是在严酷的北方环境里——人们必须不惜一切代价避免个体之间的冲突。为了在极为亲密的生活中保护个人隐私，避免相互干涉至关重要。这就意味着某些社会行为中的规范会就此确立：比如"干涉"的意思是向别人提出问题、给予建议以及社交中过于不拘礼节。

我意识到，丹尼可能觉得心理治疗很粗暴。我一直锲而不舍地窥探他的心灵，结果"干涉"到了他。我越想跟他交流，他就越是拒不开口。可是，我要是试着保持安静，这样的情况就可能无限延续下去。在这样的局面下，我很难找到对策。

于是我决定还是跟丹尼简单解释一下我的沮丧心情。我说我知道他可能会如何看待我的角色，但我无法做出大幅度的改变——这是我的文化，白人的心理治疗就是这么进行的。我向他寻求帮助，想知道我能做点什么。我说心理治疗起作用对我来说很重要，而且我明白自己还有很多东西要学习。

丹尼头一次发问，不过，他还是没有直视我："为什么这对你来说那么重要？"

"这是我的工作，我想要做好。"

"我还以为你会说一些不真实的话，比如说你很关心我。"

"我还没有和你熟悉到会关心你的程度。"我接着说，"不过，不知道为什么，我对你有共鸣，而且希望帮助你摆脱痛苦。"

"我不痛苦。"他一如既往地以单调的语调说。

"好的,这是你告诉我的第一件有关你自己的事。"我说,"所以对你来说,让我觉得你不痛苦一定很重要。"

"你说是就是。"

"我确实这么说了。"我决定在这一点上坚持我的立场,"为什么这对你来说很重要?你是不是认为只要感觉不到痛苦,我就无法伤害你?"

他在那儿坐了大约有十分钟——也许更久——接着说道:"是的。"那次会面的最后二十分钟里,他再也没说过话。

终于,我在四个月之后取得了一些进展。丹尼承认——或者说,按我的理解——他是在保护自己免受痛苦。我下决心慢慢来。如果慢慢来意味着一周只有一次互动,那也行。因为如果我追问太急,便会注意到他又变得沉默不语。

一周接着一周,他慢慢开了口。我尽量只充当见证,决定不过问他的妻子与孩子,也不问他为何不哀伤——如果他从来没有意识到痛苦,那么不哀伤也不足为奇。

不过在某一时刻,我确实说了这样的话:"感觉不到痛苦的人也无法感受到快乐。"

他前所未有地与我有了眼神接触,他说:"我没有快乐也能活。"

"你觉得内心没有痛苦吗,还是说,你把痛苦都锁了起来?"我试探着说道。

他没有再说什么。但过了一个星期,他走进房间坐下来后,仿佛我们依然在进行之前的对话。他说:"是锁了起来。"

我说:"要是你能通过心理治疗把痛苦一点一点倒出来,之后就不再痛苦了呢?那样的话,快乐就能触及之前痛苦曾经存在的地方。"

"快乐？"他嘲弄地说着，就好像我在暗示某种可笑的五旬节派[1]体验似的。

我换了个说法："就算不快乐，也可以感到满足。"

"我挺好的。"他向我保证。

我让他跟我说说童年，并解释说可以对痛苦和快乐略过不提。接下来的故事是他在我们第一年的会面中逐渐讲述出来的。我小心翼翼地不示以任何同情或安慰，不然的话他就会沉默不语。我单纯充当见证。

丹尼来自马尼托巴省西北端——远在林木线[2]以北——的一个捕兽家族。他们一年中的大部分时间都独自在森林中过日子，但在每个捕猎季临近结束之际，当他们要将毛皮卖给哈德孙湾公司时，便会搬到一个小小的交易站定居地。

丹尼有个年长他三岁的姐姐，名叫罗丝。他们在年纪还小的时候会帮助父亲解开陷阱线[3]。罗丝帮母亲晒兽皮，丹尼则会喂狗。

丹尼最初的记忆都与陷阱线有关。一天，父亲警告丹尼和罗丝不要和他一起沿着陷阱线走——暴风雪造成的积雪改变了地形，使这一带变得很危险——可他们还是跟着他进入了森林。父亲相信，既然他已经告诫过孩子，那他们再跟过来就得自担风险。由于平日里的标记都被埋在了雪里，丹尼的姐姐找不到这些陷阱的位置。跑

---

1 五旬节派（Pentecostal）是新教教派之一，兴起于二十世纪初。
2 林木线是指分隔植物因气候、环境等因素而能否生长的界线。
3 在皮草贸易中，陷阱线是捕猎者为猎物设置陷阱的路线。捕猎者通常习惯沿着路线移动来设置并检查陷阱，以此熟悉偏远地区的地形。

在前头的她被一个巨大的捕兽器夹住了脚，脚踝处的伤口深到见骨。她不得不依靠狗拉雪橇耗费数日回到最近的定居地。由于伤口没有养好，自那时起，丹尼的姐姐便一直拖着一条腿走路。丹尼在那天学到了一课：捕猎时要小心谨慎。

丹尼的父亲在孩子们没有听从警告后并未执意阻止或进行干预，这一点十分值得玩味。这是白人和原住民育儿方式有别的一个例证。按照布兰特博士的说法，原住民以身作则但不干预，而白人则主张积极主动的教导与塑造。后来，这种育儿方式上的差异会再度给丹尼带来困扰。

我从丹尼几乎难以察觉的微笑中可以看出他是多么喜欢回忆自己在陷阱线上的日子。他开始说起在森林生活的更多细节。有一次他甚至摇着头说道："好家伙，我已经好几年没想起过这些了。"丹尼的回忆让我着迷，他也对我如此喜欢关于捕猎的细节感到惊讶。我有时还会打断他，询问为什么要以某种特定的方式做事。比如说，为什么他的父亲要用狗拉雪橇而不是开雪地摩托？丹尼解释说，如果雪地摩托在森林深处抛锚，人就死定了。但要是有一队狗，最坏的情况就是失去一只狗或者扯断一根可以修补的挽带。此外，雪地摩托的汽油费也会占去原本就已微薄的利润。

丹尼告诉我，他的工作是用冻鱼喂狗。在他四五岁的时候，当他父亲要把海狸从捕兽夹里捞出来时，他会很自豪地扛起凿冰用的斧子。他的父亲话不多，但丹尼说，即便在他那么小的年纪，他们工作起来就已经如左右手般配合流畅了。此外，他也懂得不去抱怨寒冷：每个人都知道捕猎季短暂，而他们的生计全系于此。

丹尼对于每次跟随父亲——顺便提一下，他的父亲当时只有二十多岁——外出好几个月感到兴高采烈。捕猎季结束时，他们会走几百千米的路，去一个不到三百人居住的交易站出售兽皮。丹尼在那儿见识过其他男孩一起玩耍,他也好奇,要是在姐姐之外还有一个玩伴会是什么感觉。

  他们家里既没有电视、音乐、电力,也没有抽水马桶。然而在丹尼四岁时,有一天,哈德孙湾的商人——丹尼很羡慕对方拥有一间办公室和一张桌子——送了一本书给他。丹尼当时还不识字,于是一边翻书一边编故事。(主人公们永远是调皮的海狸。)丹尼很喜欢这本书,每天晚上都会"读",还常常"读"给罗丝听;罗丝也听得非常入迷。他告诉我,他一生对阅读的热爱都归功于这本书,那是他拥有的第一样东西。他依然记得母亲会用克里语中的所有格称呼这本书:丹尼的书。

2. 皮鞋

一天，丹尼全家都待在温暖的小屋里，消磨从布设陷阱到收集毛皮所需的数星期时光。丹尼正和父亲坐在桌旁削木头，忽然，他听见母亲的哭喊，"就像一只被郊狼包围的动物"。之前他从来没听见过轻声细语的母亲抬高声音。

她在门口和两个白人争吵。这两个人明显不是猎人，"却不知怎么透着危险"。丹尼记得他们穿着奇怪的皮鞋；在厚厚的雪地里穿这样的鞋子特别古怪，因为不穿海豹皮靴（一种又高又软的靴子，一般由海豹皮制成，内衬毛皮）脚会冻住。二人走进屋里，宣布他们要把丹尼和罗丝送到一千多公里外的寄宿学校。由于这是法律规定，父母如果不立即交出孩子，就会被关进监狱。

这两个人操着英语，家里没有人明白他们在说什么。最后，他们大致听懂了：这两个政府派来的白人要偷走他们的孩子。"我不确定我的父母是否意识到那意味着永远。"丹尼说道。

"母亲去卧室收拾我们的东西，那些人追上去喊道不需要任何东西。父母看起来就像被箭射中了心脏，却依然站着。"

1988年时，我对寄宿学校尚一无所知。我原本以为那是为住在森林深处无法上学的原住民设立的寄宿学校。其实不然。这属于蓄意抹杀原住民文化的一部分政策。加拿大第一任总理约翰·A.麦克唐纳将第一民族称为"野蛮人"。此后，联邦官员在1920年明确目标：文化灭绝。当年，负责印第安人事务的副主管在下议院宣布，他的目标是继续开办寄宿学校，直到"加拿大所有印第安人都成为国民的一部分，再也没有印第安人的问题，也没有印第安人的部门"。

丹尼和姐姐被塞进车里，眼见着数百英里的冻原在身后消失不见。许多个小时后，他们被塞进一辆挤满其他原住民儿童的火车。没有人有任何行李。他们乘了好几天火车，车厢里一片可怕的沉寂。丹尼对大片的牛群感到十分困惑：他从未见过动物在啃草却无人狩猎，也不知道牧场或农场是什么。不管是棉白杨树还是参差不齐的山峰都让丹尼和罗丝惊讶不已。丹尼感觉自己即将进入一个惊心动魄的世界，里头充满斑斓的色彩。最终，他们在一个小镇上被接往乡下。随后，"在一片平坦的荒芜之地"，他们来到一栋窗户上装着栅栏的红砖大楼前。

抵达之后发生的第一件事情是：丹尼和姐姐被分开了。他眼见着姐姐一边喊着他的名字，一边被两个穿着长袍的神父——"他们看起来就像黑熊"——拽到另一栋楼去。

第二件事让他极为震惊：他的长发被剪掉了。无论是过去还是现在，众多原住民都将头发视为灵性生命在现实世界的延伸。许多部族的人们会在家人离世时剪去头发。有些人则认为头发与神经系统相连，是处理社会信息的必备部分，类似于猫的胡须。丹尼的族人认为剪去头发是为自己犯下的过错羞辱自己，或是因为过失的判罚当众进行羞辱。但丹尼对自己犯了什么罪过一无所知。

所有儿童都被分配到制服与编号。丹尼在十八岁前一直被称为"78号"。没有人相信他只有五六岁——就那个年龄而言，他个子挺高的——因此被安置到八至九岁的那群孩子中。丹尼以为父母过几天就会来接他，因此一直偷偷朝窗外张望。"有好几次，我真的认为自己看到拿着烟斗的父亲。"他说，"但我猜那是我想象出来的。"

开学第一天，他们被告知身为"印第安人"或"土著"（这两个词语被交替使用）是不好的，等到他们离开学校时就不再是印第安人了。他们将成为会说英语的加拿大人。丹尼那时不会说英语，但他明白了"土著是坏人"这一点，不过他没有听懂"再也不能说克里语"的那部分。

开学第二个星期，丹尼在课间休息时参加了一场神父组织的踢球游戏，他凝视着长长的场地，看到了栅栏后面的姐姐。"我高兴得浑身发抖，于是一边向她跑去，一边喊'塔恩塞'，那是克里语里的'你好'。"丹尼说道，这是他第一次在会面中流露情感，"神父抓住我的胳膊制止了我，而我则奋力挣扎。他当着其他男孩的面用鞭子抽我，那种鞭子是用旧的马缰绳做的，上面还有金属接扣。他说我不管是现在还是以后都不能再说印第安语了。"

丹尼的姐姐无助地站在大门旁哭了起来。"我还是在叫喊，'尼米斯'，那是'姐姐'的意思。"（在克里语中，亲戚的称谓取决于他们与我们之间的关系。）神父认为丹尼是在公然违抗，因此狠狠地抽了他一顿，使他在医务室里好几天都下不了床。"我很难过。姐姐从栅栏的另一侧眼见我被抽得皮开肉绽，伤心极了。"他顿了顿，"我在那里的十二年间再也没有说过一句克里语。到最后，我都不记得怎么讲了。我再也没法跟父母交流了。"

我想到了自己当时七岁的双胞胎儿子，试着想象他们从我身边被带走，然后被告知英语是一种野蛮的语言，而且他们是坏人，得抛弃自己的文化并被改造成另一个民族。要是他们试图用英语和九

137

岁的哥哥打招呼，结果因此被打得鼻青脸肿怎么办？光是想想就可怕到令人心碎。

经过整整一年的心理治疗，我才与丹尼建立起些许信任。考虑到丹尼与白人之间的过往，现在回想起来，光是做到这一点就已经出乎我的意料了。

在情感上帮助他坚持下来的事情之一是他五岁前受到的良好教育。无论之后遭遇了什么，至少他的根基很扎实。可是，绑架及随之而来的种种残酷行径——失去双亲、语言乃至自己的文化——给他带来了极大的创伤，他的情感也就此冻结。这虽然是一种自我保护的手段，却阻碍了他为妻子和女儿的离世像样地哀悼。

在第一年的心理治疗中，丹尼对我说过的最重要的话是他"没有快乐也能活"。我的工作就是让他重新获得感受快乐的能力，哪怕知道悲伤也会随之而来。由于他已经有太多悲伤的体验，因此修复工作必须以他可承受的速度展开。对丹尼来说，心理治疗就是从冷冻状态缓慢解冻的过程。

3. 触发点

　　丹尼的心理治疗进入第二年，我已经学会如何更有效地与他交流。马尼图林岛上的一位令人难忘的原住民疗愈师曾经告诉我："不要把他钉在十字架上，而是跟他聊聊。"我发现与丹尼开展心理治疗的最佳方式是提出一些无伤大雅的问题，他要是愿意，便可以借此进入更深层次的心理领域。如果我直接问他心理方面的问题，他就会变得默不作声，有时整个会面都是如此。丹尼后来对此是这样说的："印第安人有自己的方式和节奏。"

　　我在一次会面中问起了丹尼的校园生活。他说他"像白人一样"上学，并且竭尽全力当个白人。他接受了别人灌输给他的想法：印第安人是坏人。用他的话来说："不然为什么修女、神父和其他白人要这样对我们呢？我们是天主教家庭。我信任修女和神父。"他接着说，"学校里凡是有点儿职权的人都认为印第安人是坏人。"

　　五岁的他是学校里最年幼的孩子之一，可是既没有人帮助他也没有人安慰他。"所有人都必须安分守己，大家也都是这么做的。有一天，我醒来时发现我旁边的孩子死了。我不敢告诉大人，害怕他们认为是我杀了他。等到他没来吃早餐——我依然记得他的编号是122——他们才发现他死了。不到一个小时，他就被抬走了。大家对此只字未提。"

我对寄宿学校做了些调查之后发现,《蒙特利尔每日星报》上刊登过一篇1907年的报告,其中提到全国就读于寄宿学校的原住民儿童死亡率为24%(如果算上那些因病被送回家后不久死亡的儿童,死亡率为42%)。这些孩子死于肺结核、饥饿或是单纯因为疏于照管。许多孩子就这样消失了,他们的父母从未收到任何音信。2015年,真相与和解委员会公布大约有四千到六千名儿童死亡。由于很多孩子其实下落不明,实际的数字可能要高得多。超过十五万名儿童在一百五十年的时间里丧生。由于死亡率太高,寄宿学校就此不再进行统计。

丹尼在学校表现很好,从不惹麻烦。"我为那些无法遵循白人方式做事的男孩感到难过,他们的生活简直是人间地狱。"他说如果他们没掌握乘法口诀表就会被扔到寒风中,全身上下没有外套,只有一个带着切口可以伸出手臂的垃圾袋。丹尼因为在若干领域成绩优异脱颖而出,但他感到很难堪,甚至觉得是种耻辱。

原住民的民族精神中包含这样一条:不与他人竞争或炫耀自己的功绩,这样就不会让他人感觉那么糟糕。加入冰球队没什么,但为自己的球队加油就显得不顾他人的感受,因为这样可能会让另一方的球队感到不快。布兰特博士在《原住民伦理与行事规范》一文中写道:"这种不重竞争的特点在工作中也有所体现,尽管事实上其往往被非原住民雇主视为缺乏积极性和抱负的表现。"丹尼并没有陶醉于学业上的成功,反而觉得这些跟自己没什么关系。毕竟,那些称赞他"成就"的人正是让他挨饿的人(学年结束时,他虽然长高了,体重却掉了一半)、折磨他的人、将他从父母身边夺走并关进监狱的人。

说到这里,丹尼问我:"这并不光荣,你明白吗?"我很高兴他在接受心理治疗一年多后开始询问我的意见,而且还会在沟通中关心我是否理解。当时我已经很清楚丹尼对假话惊人地敏锐,我得实话实说才行。我于是说:"我确实明白。但我想知道,他们的称赞中是否有任何让你感到自豪的地方?"

他一脸失望,我接着说道:"我的意思是,随着时间的推移,你是不是有点儿认同白人的奖励体系了呢?毕竟那是当年的你所拥有的一切?"

丹尼说他从来都不想待在那个学校,"我知道自己是囚犯,因此希望保持这种状态。我不想成为他们的一员。"他静静地坐了大约十五分钟,接着说,"并不完全是这样。我喜欢饲养动物,给它们喂食,让它们杂交。我和我养的猪被送去参加四健会[1]的比赛,赢得一条荣誉绶带后我还感到很骄傲,尤其是因为这跟学校没什么关联。"丹尼对动物很有一套,十几岁便成了学校的养殖负责人。"我还喜欢耕地、种庄稼。我有一些种地的秘诀。"

"比如说?"

"春天时,我会把装着水的垃圾桶放在太阳底下晒,然后用这些温热的水浇灌温室里的番茄。这些番茄往往会最先成熟。"

我问丹尼是从哪里学到这些窍门时,他犹豫了。"有个神父教会了我各种事情。"接下来的三十分钟里丹尼一言不发。他一动不动地坐着,眼睛盯着窗外,就连眨眼的频率都慢了下来。

一周后再次出现时,他坐下来说道:"那个教给我很多东西的神

---

[1] 四健会(4-H Club)是美国农业部管理的一个非营利性青年组织,在加拿大也设有分部。四健(分别对应英文的四个"H")指的是:健全头脑(Head)、健全心胸(Heart)、健全双手(Hands)和健全身体(Health)。历史上的四健会以农业方面的学习为主,现在也有其他方面的内容。

父干涉了我。"

"什么样的干涉？"

"性方面的。在谷仓里，一次又一次。他告诉我他有多喜欢我，我真是感到恶心；我的意思是，这不单单是心理上的感受。"丹尼说，"我就此意识到，其实他并不认为我擅长那些农活。他只是想对我做那种事情，而且持续了好几年。"

我想他从我的脸上看出了我有多震惊。当时关于神父的性虐待行径尚未被世人知晓，而寄宿学校的种种虐待行为也并未被公之于世。要等到丹尼向我讲述可怕往事的三十年后，政府才向原住民公开道歉并成立真相与和解委员会。

丹尼停顿了一会儿，之后接着说："我从八九岁起便经历这些，直到我十一二岁时才能与他们抗争。十二岁时，我因为发高烧躺在医务室里，那里的医生——我也不知道他到底是谁——干涉了我。我就是搞不明白，为什么自己一直会遇到这样的事情。"

他看着我，希望我能给出答案。我说："这些男人都很变态。这可能就是他们一开始被派到那里的原因。我怀疑天主教会知道这些神父有问题，但教会非但没有解除这些人的职务，反而把他们送到林木线以北，认为到那里就不会有人举报他们的所作所为。"

"可为什么是我？并非所有人都会在不同场合遇到这种事情。"（在当时，我们并不知道寄宿学校中儿童遭受性虐待的比例如此之高。）

"我猜想，这是因为你又高大又英俊。我怀疑他们并不在乎你是否聪明。他们总得选一个人，为什么不选长得最好看的呢？说到底，他们都是'掠食者'。"

接着，令人震惊的事情发生了：丹尼在会面进行到一半时起身离开了。我不知道这究竟是为什么。接下来的那次会面他没有来，再下一次也没有来。我慢慢反应过来，他已经放弃了心理治疗。我不想打电话"干涉"他,因此没有打搅。通常而言,当来访者忽然中断心理治疗时,我会写便条或者打电话,说希望能有一次告别会面,借此讨论终止治疗的事宜。我会解释说,化解冲突很重要。不过,从来没有人在会面中途离开过。

显然,我在某个非常重要的方面犯了错。我猜想自己犯了一些只有白人才会犯的错误,而且对此毫无头绪。我觉得丹尼再也不会来了,并且在这个时候意识到,与他展开的心理治疗对我来说变得有多重要。无论是文化差异还是政府试图实施文化灭绝的惨剧都深深触动了我。最重要的是,丹尼作为一名个体而言具有某种可敬又可叹的品质。我认识到自己对他有多钦佩:他承受住了大多数人都难以承受的痛苦。

再没有什么比失败更能让人开阔眼界的了。这促使我前去拜访更多原住民社群的疗愈师和药师。我听得更加认真,还在全省各地参加各种烟熏净化仪式。我敢肯定,心理治疗之于丹尼就像烟熏净化仪式之于我一样陌生。但我正是在那段时间里开始明白,原住民的世界观与心理上的优先级和以欧洲为中心的白人社会截然不同。

大多数白人接受心理治疗是为了更好地掌控自己的生活,或者用一位原住民疗愈师的话来说:"为了灵活应对生活。"与之相反,原住民的疗愈指的是以一种意义深远的方式与灵性世界建立连接并实现和谐。传统的心理治疗以人与自然对抗的范式作为基础,而原住民的疗愈则注重人与自然的和谐相处。

过了几个星期,丹尼回来了。他若无其事地开始说话后,我打断了他,说我强烈认为我们需要好好讨论一下他在会面进行到一半时离开的原因。他只说了句:"印第安人从不争辩。"

最终,我打破随后出现的沉默:"丹尼,你中途离开了心理治疗，我想知道原因。我这么问可能违背了原住民的传统，但我是一名白人心理治疗师，我也必须遵循自己的一些传统。"他什么也没有说。接着，我出于愤怒说了这样一些话："丹尼，你有没有想过，并不是所有原住民的传统都是好的，就好比不是所有的白人传统都是坏的一样？也许我们可以相互学习。如果你愿意试试，我也会这么做。"

"你心里清楚自己做了什么。"他喃喃地说道。

我感到很困惑。他站起身，像一只在笼子里来回踱步的老虎一样巡视房间。终于，他将自己庞大的身躯朝门上撞去，说："你就像神父一样，奉承我，说我英俊。我知道接下来会发生什么。"

我这下惊呆了，于是看着他说道："我很感激你让我知道，我不仅越了界，还让你感到不自在。我对此很抱歉。"我解释说，我说他高大英俊并在学生中脱颖而出，是想告诉他，狐狸会从鸡棚里挑选最大最肥美的鸡。"我是想通过这种方式告诉你，你并没有做任何故意引诱那些神父的事情。这单纯是因为你的长相，你对此无法控制。"我说我现在明白他是如何误解了我说的话，因为他遭受的虐待始于谄媚的恭维。"我说的'英俊'其实不是恭维，而是种描述。也许在你看来像是调情，但我向你保证并非如此。"

丹尼前所未有地指责说："我永远不会说你漂亮。"我情不自禁地笑了。我说没有说我漂亮的男人可多了，他可以排在他们后面。他听完也笑了起来。

说丹尼英俊成了他的触发点。其他多次遭受性虐待的来访者也有着非常强烈的触发点。我告诉他，大多数性虐待受害者都有触发点，我就触发了一个。

他轻轻地说："性虐待受害者？"他以前从来没有听过这个说法，或者是从没想到这个名称适用于他。在当时，有关性虐待的讨论并不多见，大家生活在一种不为人知的耻辱中，觉得必须向他人隐瞒这些事。我告诉丹尼，性虐待受害者会出现许多症状，其中就包括情感麻木。我随后提示说，他在妻女去世后便出现了这一症状。

他点了点头，好像刚刚悟到了什么。我注意到丹尼消化信息的模式之一是先承认其中的一些，然后他会根据自己的节奏，过后再来面对或谈论。他会在几个月后绕回之前的一个话题，就好像我们上一次会面刚刚讨论过一样。就这次的情况而言，他说他会在准备好以后讨论遭受虐待的事情。这对我来说很难。我喜欢趁热打铁，以线性的方式处理问题。但这并非丹尼的应对方式。我想我应该尊重他。

4. 牧牛奖牌

由于丹尼尚未准备好直面在寄宿学校受到的虐待，我便问起他分隔两地的家人境况。有一次，我在他描述父亲传授的追踪猎物技巧时指出，他在后来的回忆中没有提起过父亲，这让我感到很奇怪。"你向我讲述了理想家庭的具体模样，然后政府把你带走了。之后就是一片空白。我知道你的母亲已经去世，父亲依然健在。除此之外我就什么也不知道了。"

"你大致都知道。父亲依然在北方。"丹尼沉默的时间变短了。两年之后，我可以从他平淡的语调中捕捉到细微的情绪变化。

我让他说说夏天回家时的情形。丹尼说，他第一年回家时，父母听到他和罗丝用英语交谈非常震惊。他忘记了大部分的克里语，他被打得都记不得了。我猜想，他是因为过于焦虑而开始遗忘，这门语言本身已经成了情感上的触发点。

丹尼的父母则认为这意味着他对自己的出身感到羞耻。"我和他们越来越疏远的同时，他们也和我越来越疏远。"他说，"他们就是这样在经历种种变故后活下来的。罗丝比我更善于找回自己的印第安人身份。"他说，这可能是因为她在被带走时年纪更大，而且她天生健谈，不喜欢受到冷落。"我记得她告诉父母她在栅栏另一边看到

146

神父打我。我的母亲——一名天主教徒——让她不要再说神父的坏话。我就是在那个时候意识到，我永远也不能透露在寄宿学校发生的任何事情。"

我问起丹尼与父母之间的关系随着时间推移是否有所好转，他说父母在他之后又生了两个儿子，而他们的生活则因为政府的新政策发生了翻天覆地的变化。

"我的父母大部分时间都在森林度过。布置陷阱需要时间，在收集猎物以前还要等待更长时间。他们将毛皮卖给哈德孙湾公司时，在贸易站附近几十个人生活的小小定居点里确实有一个临时的歇脚点。"丹尼如此描述自己早年与父母在一起的生活。不过，他和罗丝所在的班级是寄宿学校的最后几届。丹尼在学校的那些年里，政府颁布法令，规定原住民必须搬到有学校的定居点。"这意味着我的父母不得不放弃捕猎，而且，政府还用某种带有欺骗性的条约夺走了他们大部分的狩猎地，建了一些弱不禁风的小房子给这些捕兽人住，然后给他们发放保障金。这些人都挤在孩子们的学校附近生活，政府将这样的地区称为保留地。"

"你的父母平时做些什么呢？"

"他们无事可做。由于住得离森林太远，他们无法再设陷阱。而当地天气又太冷，不能种植任何东西，也没法饲养动物。"他回忆道，"我和罗丝每年回家都发现屋子变得越发凌乱，父亲还一直喝酒。我问罗丝，母亲的牙齿是不是因为嚼兽皮嚼坏的，结果她说是被父亲打掉的。"父母看到丹尼和罗丝回家似乎不再那么高兴，而且连母亲也开始喝起酒来。"喝醉之后，挨打就没那么痛了。"丹尼说，"我第一次看到母亲挨揍是因为她让父亲收拾一下准备去教堂——他以前挺喜欢去教堂的。我当场就下决心这辈子都不会喝酒。我永远也不希望自己的儿子体会到我在那一刻对我父亲的感受。"

接着，丹尼十分少见地动情诉说起父母在他年幼时会如何整日忙碌。他们的营地一尘不染，每天都安排得满满当当。他们把家里的碗碟都洗得很干净，还会利用空余时间制作手工艺品当作圣诞礼物。"除了睡觉的时间，我从没见过他们躺下来休息，他们天一亮就会起床。"而如今，他说，他们空洞的生活里充满了酒精、争执和困倦。

丹尼一边描述他们的落魄生活一边揉搓着双手，仿佛是要磨去不愉快的回忆。他还会如同直视太阳一般眯起双眼，像是要遮住他脑海里浮现的画面。

沉默了许久后他继续说道："我曾经犯过一个错误，我把白人文化和印第安人文化搞混了。这之所以会发生，是因为我在白人社会待得太久了。"十三岁左右的时候，他把自己在省级四健会比赛中获得的那些奖牌拿给父亲看。丹尼放低声音，"他嘲笑我。"他的声音轻得像是耳语，"他醉醺醺地戏弄我，发出牛一样的哞哞声，还问我的玉米秆是不是都排成了一排。我的母亲哈哈大笑，罗丝则一脸茫然。那是我与家人分享的最后一件事情。"

值得注意的是，同为第一民族的布兰特博士公开批评原住民的唯一方面，针对的就是他们抑制愤怒的习惯。他说原住民不会用愤怒来教导孩子，而是通过戏弄、羞辱和奚落等非对抗性的方式使愤怒一点一点流露出来。他在一篇学术文章中写道："羞辱和戏弄成了所失去的特权的替代品，而父母的愤怒则会侵蚀孩子的自尊心，使他们在今后的生活中遇到类似情况时便会产生强烈的耻辱感。"他说，那是因为受到欺负的孩子难以搞清楚规则及如何应对戏弄和嘲笑。孩子可能会退避，在社交中变得害羞，还会感到羞耻甚或恐惧。

我对丹尼说："看看你，既获得了数学奖、科学奖、优秀学生奖，还凭借自己的畜牧技能获得省级四健会奖牌。然而，你却遭到家人的贬低，难怪你无法感受或表现出任何情绪。当你在生活的每个领域都面临攻击，自然会变得疏离。这是你仅有的应对方式。"

他朝我扬了扬手，示意我说下去，但我没有开口。他最后说："你就直说吧。"我们都笑了。就像我能察觉他有心事一样，他也察觉得到我什么时候缺乏耐心。

我让他想象，要是他父亲没有喝醉、没有嘲笑或羞辱他并且能直抒胸臆的话，会说些什么。"你就当作是你的父亲，跟我说说看吧。"我恳求他，"我真的很想知道他为什么会那样回答。"

丹尼出人意料地做到了。他装作是自己的父亲，声音更低沉，语速也更慢："内括西斯[1]，他们把你从我们身边带走，说我们是野蛮人，还说'只有死印第安人才是好印第安人'，可你依然喜欢他们的小玩意儿，还说是'奖赏'。这些仇敌让我们如此痛苦，你却把他们奉为神明？他们把你从我们身边偷走了啊。"丹尼停顿了一下，我点了点头，他继续说，"务农？那算什么？把动物关在谷仓里，再一排一排地种蔬菜。这不是技能，而是买卖。诱捕需要全心投入，每时每刻都要动脑子。你必须知道你要捕捉的猎物在想些什么，而不是把它们关起来养大了再吃掉。而且你对打猎毫无兴趣，认为那是野蛮人才会做的事情。你觉得我们脚下的泥地和没有自来水的生活配不上你。"

我再次点点头，终于有所了解。丹尼接着说了下去，情绪很激动，"你看不起我喝酒、没有工作，连只老鼠都捉不住。你的弟弟们不会把我看作是个骄傲的猎手，不知道我收集来的毛皮比定居点里的其他人都要多。他们看到的是一个独自在桌前打牌的醉汉，一个

---

[1] 在克里语中的意思是"我的儿子"。

沦落到打好老婆的男人。白人夺走了我的生计、孩子和尊严，你却觉得他们的牧牛奖牌了不起？"

我眨着眼睛不让眼泪落下。他的独白完美地刻画出他的父亲乃至家庭经历的钝重痛苦。不幸的是，当父亲用醉酒后的话语刺痛他的内心时，他还太小，无法理解父亲为什么这么说。

那天丹尼离开的时候，我感觉我们的心理治疗已经建立了一定的信任。他非但没有紧锁自己的各种感受，还能够想象父亲的痛苦、感同身受并与我分享。

5. 悲痛渗出

心理治疗进入第三年，丹尼显得轻松了一点。他依然会在办公室前来回踱步半个小时，一根接一根地抽烟，但他的脚步听起来不再如此沉重。在他从父亲的立场发表那番假想中的真实感言的一星期后，他不经意地说道："我这星期给父亲打电话了。"

我非常惊讶。丹尼一如既往地在按照自己的方式与节奏行事。

"你上一次和他说话是什么时候？"我问道，依然感到很震惊。

"十八年前，在我母亲的葬礼上。"

"你打给他时，他说了什么？"

"我告诉他我失去了妻女。他说，'不容易啊，是不是？'接着他问我有没有罗丝的消息。"

丹尼告诉我，他的姐姐罗丝在温尼伯失踪已经有十多年了。

当时，大量原住民女性失踪或遭谋杀的报道尚未见诸报端，要等到四十年以后，我们才会了解到警方在这些失踪案件中的不作为。（加拿大统计局在2017年表示，原住民女性成为暴力犯罪受害者的可能性几乎是其他女性的三倍。）

"那个对你关心备至又无比开朗的可爱姑娘后来发生了什么？"

"罗丝一直往家里跑，希望那两个酒鬼会疼爱她。"丹尼说，指的是他们的父母,"她始终没有放弃,我则早早断了那个念头。她被他们带坏了,变得跟他们一样。她和两个弟弟后来也加入了酗酒的行列。母亲去世后,罗丝便和父亲一起生活。自从她跑去温尼伯,我就再也没见过她。"

"我想,你来多伦多是件好事。"

"我不知道,至少她还算得上是个印第安人。"

"你不是吗?"我看着这个编着长辫子的男子。

"我不是白人。这我知道。"接着,他沉默了一会儿,"我的妻子是白人。"

终于,在我们开展心理治疗的第三年,丹尼提到了去世的妻子。我虽然想立即追问下去,但还是克制住自己,从一数到了一百。

"她来自挪威。"

挪威。没开玩笑吧?我真好奇他们是怎么走到一起的。

"她是重症监护室的护士。我在温尼伯的一间酒吧跟人打架,最后住进了她当班的病房。我把那儿的酒吧都跑了个遍,想要找到姐姐。有个家伙说了罗丝的坏话,我就跟他吵了起来。他用刀划破了我的肚子。"丹尼说,"我包扎好伤口回到安大略省,第二天就回去工作了,可后来我的伤口受到感染,于是在多伦多的重症监护室待了一段时间。"护士名叫贝莉特,三十五岁左右,和丹尼一样都喜欢悬疑小说。"她说她不喜欢话多的人,我说那你是找对人了。她怀孕后想要结婚,我答应了。之后我们便有了女儿莉莉安。"

"你爱贝莉特吗?"

"我不知道。"(十五分钟的沉默。)"她是个好女人,从不撒谎也不会出轨,工作特别努力。"(又是一阵沉默。)"之后我们慢慢有了隔阂。她想要从我这里得到的东西我给不了。"

"比如亲密感?"

他点点头。"我和她的亲密程度一直都跟在医院里认识那会儿差不多。她说我们之间隔着一堵砖墙。我其实心里清楚,我什么也感觉不到。后来连跟她共处一室都让我觉得不自在。"

"为什么?"

"既内疚又愤怒吧。我知道她想要什么,也知道这是她应得的。可我就是给不了,于是我开始躲她。"

"那莉莉安呢?"

"她更像我。她长得像我,安静又害羞,喜欢在一旁默默看着别人。日托中心的人很担心,说她不跟其他人一起玩,不过我觉得她不要紧。她在自己房间里玩洋娃娃和玩具时挺高兴的。我有时会跟她一起坐在地板上,我觉得我们……"丹尼犹豫了一下,"我说得上来的就是,共享着一片舒适的空间。"他的脸上再次露出像是在躲避耀眼阳光的那种表情,最后说道,"贝莉特希望我把莉莉安抱到腿上来,但我觉得这么做很不自在,尤其是因为我和她差不多大的时候遭遇了那样的事情。"

"你遭到性虐待,童年很长一段时间里也没有得到过父母的照顾,可大家却期望你知道怎么做。"

"我在森林里无路可走,大家却指望我知道该朝哪个方向走。"

"贝莉特是个好母亲吗?"

丹尼点点头。"从白人的角度而言是的。她总是会教莉莉安各种东西,一刻也不停歇。我希望她不要一直管着孩子。莉莉安和我在车上时可以几个小时都一言不发,那是我最快乐的时光。贝莉特在的时候就常常说一些'牛'啊、'马'啊、'车'啊之类的单词,希望莉莉安能记住。在印第安人看来,这就是在瞎管。"

"你只是想模仿或遵循你父母在你小时候的养育方式,让莉莉安根据自己的节奏去了解事物。"

"我在她摔伤的时候没有理会,觉得她会自己爬起来。可贝莉特却表现得像是世界末日一样,认为所有人都会号啕大哭。"

我问他贝莉特是否知道原住民看待世界的方式有差异——即他们在管理愤怒、解决冲突与克制情绪方面有不同看法——这意味着他们不会多管他人闲事,哪怕是自己的孩子。

"她不知道。"

"你为什么不告诉她?"

"我自己当时也不知道。我尽量避免发火,感觉自己像块木头。我现在说起这个才有所察觉。"

"贝莉特有没有见过你的父母?"

他摇摇头。当我问起他的朋友时,他说:"我独来独往。"

我于是问起贝莉特的父母。丹尼告诉我,他们住在挪威的农场上,就在他们儿子家的农场旁边。不过,丹尼和他们只见过一面。他说:"他们都跟她一样,善良热心,脚踏实地,干起活来特别卖命。贝莉特的父母几乎不会说英语,即便他们会说,我也听不明白。"

我问丹尼他们看到女儿带着一个辫子齐腰的原住民男子回家是否惊讶。丹尼说:"我觉得他们认为加拿大人都长这样。"我觉得特别好笑,于是和他都笑了起来。(心理治疗两年多来的第二个笑话。)

接着,我们默默坐了一会儿。后来他说:"我在想,我要是接受了这样的心理治疗,生活里没有贝莉特,莉莉安和我其实可以融洽相处。她像我,安静又认真。我觉得贝莉特认为我是个坏家长。她甚至不希望莉莉安和我单独待在一起。她觉得我没有尽到家长的责任。"

"我知道你并没有察觉到自己对此有什么感受,但被视为不负责任的家长肯定让你无意识中感到委屈又愤怒。这样的看法有点儿侮辱人,毕竟,你们只是育儿方式有别罢了。"丹尼什么也没说,我于是接着说道,"难怪你们会渐渐产生隔阂。"

"我开着卡车连续奔波数周时便感觉松一口气,那种时候没有人会向我索取我无法给予的东西。"

"你有没有和妻子吵过架?"

"没有。我会直接离开,等到她的愤怒——或者可能只是沮丧——平息之后再回家。"

"她知道寄宿学校的事情吗?"

"嗯,但我只说那是公立寄宿学校。"

"所以说,她对你的遭遇一无所知?"

"嗯。但我之前也不明白。"

"你现在明白了吗?"

"我有点儿缓过来了。我有时会为莉莉安感到难过,甚至都不想看到她的照片。她有一双我这样的悲伤的眼睛。"

"你有没有看见拥有这双眼睛的那个悲伤的男孩呢?"

"孤独的男孩。"

"被遗弃的男孩。"我补充道。

"我的父母并不想遗弃我。"

我说这对于他的无意识来说无关紧要,被遗弃的感受依然会存在于其中。"无意识不会推究原因,它只知道你是个孤零零的五岁小孩,和莉莉安一样大。"

"我从来没有意识到事情发生时我年纪其实特别小。"丹尼说,"我还在十六岁到十八岁期间自愿回到那里念完高中,真是疯了。我当时想,'宁可跟熟悉的魔鬼打交道'。"

他当时没考虑过上大学,他说那是因为没有钱。"而且,那是给白人念的。我受够了白人的世界。"

由于丹尼和父母的关系不佳,他也没有回到保留地去。他滴酒不沾,这一点在有些人看来很奇怪。

"你坚持不喝酒这点挺耐人寻味的。"我试探着说。

"我很固执。"他回答道,"母亲在我小时候这么形容过我。"

我指出"固执"一词略显贬义。"你为什么不说:'是的,我坚强又执着,经历了这么多依然没有倒下'?你有过这样的感觉吗?"

"没有。"

"你没有任何感受。为了不让炽热的熔岩在你的脑内爆发,你索性堵住了火山。不然你要么发疯,要么变成酒鬼,你会像你父亲那样靠酗酒发泄内心的愤怒。你经历了这一切,以及大多数原住民遭遇的寄宿学校种族灭绝事件,你必须设法去应对。你之所以选择了一条破坏性最小的道路,是因为你拥有巨大的个人力量。你把感情的水龙头关上了。"

"是啊,但现在开始渗漏了。垫圈漏水了吧,我想。"

我让他展开说一说,他于是描述起自己晚上端详莉莉安照片的情形。"我感觉到了一些东西。虽然不知道那具体是什么,但我感觉到胸膛里心往下沉。我真想挨着她一起坐在沙发上。"

我们化了很长时间讨论丹尼失去女儿后感到悲伤实属正常,失去孩子的悲痛是最糟糕的一种。之后有一天,丹尼说:"侵入我大脑的不仅仅是悲伤,还有其他感受在暗中潜伏。"他在椅子上坐直身子,身体前倾,双手则放在膝盖上。我从他的肢体语言中看得出来,愤怒也开始渗入他的脑海。他再一次眯起眼睛:"我有件事要一吐为快。有个同事——装卸码头的经理——会叫我'汤头'[1],我不喜欢这个称呼。"

---

[1] 汤头是作家乔治·W. 特伦德尔与弗兰克·斯特莱克创作的虚构人物,独行侠的美洲原住民伙伴,曾频繁出现在二十世纪美国的电视与广播节目中。

他说他不介意大家叫他"起重机",因为很多人在工作中都有绰号,可"汤头"是"印第安人的蔑称"。

"我同意,这个名字很侮辱人。"我说,"你有没有想过去告诉他你不喜欢被这么称呼呢?"

"没有。他就是个自以为风趣的白人。"

"要知道,愤怒声名狼藉。"我斟词酌句说道,"愤怒是我们用来从无意识中搜寻伤心与痛苦的燃料,也是我们告诉他人自己对他们的行为感到不满的方式。叫你'汤头'的人对你不敬,他自己却可能对此毫无察觉。等到他下次再叫你'汤头'时,你直接告诉他:'不要这么叫我。'除此以外,你无须向他做任何解释。"

"他要是问我为什么呢?"

"就说'我不喜欢这个名字'。"丹尼一脸不可思议地看着我。我于是澄清说,"世界上的大多数人知道你不喜欢某件事情的话,都会注意的。"

"真的吗?"他半信半疑。

"你的感情在成长环境中一直遭到忽视甚至扼杀,堪称是一场文化灭绝。政府也好,神父和修女也好,都试图把原住民变成白人。他们无法在达到这个目的的同时兼顾你的感受。他们的职责就是践踏你的感情。"

他点点头。

"丹尼,我们开展心理治疗已经三年多了,我不仅希望能改善你的过去,也希望你当下的生活变得更好。"

"哦,天哪。我有种不好的预感。"他微微笑着说道,"我真希望自己没有提这事。"

他看透了我的心思。"我想让你做一件小事:你去告诉码头经理,说你不希望他再叫你'汤头'。你友好地跟他讲,有必要的话,再加上一点点恼火的语气。"

他斜睨着眼睛看我。我建议他先排练一遍。他还没来得及反对,我便用带着些许傲慢的口吻说:"嗨,汤头。"

他厉声说:"别这样叫我,伙计。"

"好极了。"

"他要是问我原因怎么办?"丹尼对交流中的这一部分特别纠结,他认为自己没有表露情感的权利。

"就说'我不喜欢这个名字'。你没必要长篇大论跟他解释原住民与白人之间的关系。"

"要是他再这么叫我呢?"他反问我。

"我认为他不会了。你身高六英尺半,肩膀宽厚,强壮得被大家称为'起重机',你不再是那个弱小的五岁孩子了。要是我搞错了,我们可以等事情真的发生了再来讨论如何应对。"

接下来的那个星期,丹尼向我汇报说:"我走进仓库时,果不其然,经理对着麦克风说:'嗨,汤头。'接着,坐在装卸码头玻璃小屋里的他重又低头看向写字板。我走到窗前对他说,'不要再用这个名字叫我了。'他抬起头,略显惊讶,随后吸了一口烟说:'好的。抱歉啊,伙计。你今天开31号车。'然后就结束了。他一整个星期都没再这么叫我。多年以来,我每天都特别讨厌他这样跟我打招呼。"

我为丹尼感到高兴。这是他五岁——用克里语说"你好"(塔恩塞)结果被揍——以来第一次试图直接对自己的环境施加影响。我真想大喊:"大家注意,丹尼·莫里森要来了!"

6. 解冻

有时候，一旦来访者开始了解无意识如何运作，认识到自己有权拥有个人边界，心理治疗的进展便会加快。出于这种考虑，我请丹尼和我一起回顾心理治疗第一年中发生的一起事件。他显得很迟疑。我说我需要他的许可。他勉强答应了，还喃喃地说："天哪，我真是讨厌来这里。"我说我想重现那个时刻，而且我希望他——有权掌控自己世界的崭新丹尼——做出回应。他微微一笑说："啊哦，这下我知道是要干什么了。"

虽然这么做有风险，但我还是继续说了下去："丹尼，我认为你被频繁选为性虐待对象是因为你高大英俊。"我屏住呼吸。

他坐在椅子边缘，发际线上冒出了汗珠，"吉尔迪纳医生，请不要说我英俊，我认为这不关你的事，而且这么说让我感到很不自在。"

"丹尼，我很抱歉说了这样的话。我不希望让你在心理治疗中有这样的感觉。我再也不会说了。"

他笑着说："唉，原来是一句话就能化解的事情。真不敢相信我会因为这个中断会面。现在我明白了，是过去遭受的虐待让我害怕到颤抖。"（这是丹尼第一次使用"虐待"一词并承认其存在。）

"不管是以前还是现在,"我说,"你都有权提出要求。你无须忍受你所说的'颤抖'。"

我把这次回顾形容为"英俊事件"后,他佯装不可置信地摇了摇头说:"不管发生什么事情,你都找得到词来形容。"

丹尼此前对性虐待的遭遇仅略有提及,但当我们解决了"汤头"和"英俊事件"后,他似乎更强大了。他开始明确自己的情感,意识到什么是自己的错、什么不是。他现在已经做好深入讨论性虐待经历的准备。

后来,等到丹尼诉说完长期遭受虐待的可怕细节后,他显得不再那么困扰。这一事件最痛苦的地方在于,施虐者是一个真正帮助过他、喜欢过他的神父。这位神父带他去四健会俱乐部,俨然是个父亲般的人物。神父对丹尼说了很多关爱的话,还说丹尼很英俊,并把他抱在腿上搂着。这让一个孤独的七岁孩子感到特别开心。可后来,神父在未造成身体伤害的前提下对他施以性虐待(这就是让莉莉安坐在大腿上及我说的"英俊"一词成为触发点的原因)。

来自基督教兄弟会的暴力性虐待对丹尼的伤害要小于善良神父的性虐待。遭遇野蛮的性虐待时,我们清楚"掠夺者"就是敌人,这一点明确无疑。然而对于丹尼来说,一个人既和蔼可亲又施加性虐待,会在情感上给他带来困惑。作为一名孤独的小男孩,他很享受神父的亲密与关爱,可是后来等到他意识到究竟发生了什么,便对自己的参与感到内疚。他不仅失去了纯真,还遭到亲密朋友的背叛。从情感角度而言,知道敌人是谁对我们来说会更加容易面对。

谈论过性虐待的经历以后,丹尼说他梳理了自己的情感,觉得现在能够把女儿抱在腿上了。对他来说,被拥抱和被抱在怀里,与违背意愿的性挑逗联系在了一起。他对这一切都感到如此不解,因此索性避免与女儿有肢体接触。

他不再像以前那样受到性方面的创伤困扰。妻子去世后,他偶尔会有一夜情,但依然害怕真正的亲密关系。

我们谈到如果能与妻子分享感受,他的婚姻会是什么模样。他甚至都无法克服尴尬,自然地搂住她。这种感觉有时是如此强烈,他被压抑得气都透不过来。作为顾家之人,他最喜爱做的就是开车:妻子和女儿坐在一旁,他则把双手放在方向盘上。他觉得这样的距离刚刚好。他还说,不管他出差去哪儿,每天晚上都会给家里打电话。他很珍惜这些通话。同样的,他在这样的距离下也感到很自在。

接下来的那个星期,丹尼来会面时汇报说他去给妻女扫墓了。他试着吐露了一些过去没能说出口的话。"她们在世的时候我还太软弱,说不出那些话。"他说道。

我说他其实很坚强。他对自己发誓永不喝酒,之后便一直信守诺言。五岁的他在寄宿学校用克里语向姐姐问好,继而因为这个"错误"遭到毒打,此后,他便再也没有在学校犯过任何"错误"。在我眼中,丹尼就是个英雄。哪怕是在寄宿学校,他还会通过照料动物和番茄设法改变自己身处的环境。他工作勤奋努力,这一特质也被货运公司老板看在眼里。尽管遭受了种种变故,他不仅想要活下去,而且还想成为最好的自己。没有人能够击垮他。

随着时间的推移,丹尼开始更客观地看待自己。他在圣诞节收到一大笔奖金后不再感到困惑,正如他所说的:"嗯,我为公司付出了很多。不过我还是很感激。"

我问他其他人是否也收到了差不多的奖金,他说他既没有过问,也从未告诉任何人他收到了多少。他说:"这不是我的风格。"

我开玩笑道:"这么说你现在有自己的风格啦?"(三年来的第

三个笑话。）

丹尼对工作很满意，还将其比作在平原上骑马：他孤身一人——这正是他所喜欢的——一边翻阅地图，一边把北美几乎跑了个遍。他俨然是个自己当家立业的现代游牧民，可以自由地任思绪发散，每次吃饭时还能看书。（他的皮夹克口袋里永远揣着一本破旧的平装书。）此外，他还非常善于探察环境，从没有一个强盗成功截获过他那些价值数百万美元的货物。他出色的探察本领不仅源自与生俱来的能力和早年经验，也得益于他的创伤后应激障碍（post-traumatic stress disorder，简称PTSD）。患有PTSD的人始终保持高度警觉——由于见识过太多危险，故而会不断审察周围的环境。这就是PTSD如此令人不堪忍受的一部分原因。

第三年的心理治疗临近尾声，丹尼已经在情感上取得巨大进展。他任由自己去感受萦绕在心头的孤独和遗憾，不仅体会到对妻子的情感，对女儿的感受更是分外强烈。他已经学会如何对自己的周遭环境施加影响，而且，他还逐渐确立了自我价值意识。

如今丹尼已经——用他的话来说就是——"解冻"，我们必须进入心理治疗的全新阶段。我们在这三年里展开的只能说是白人的心理治疗。这既帮助丹尼了解到自己的感受，也让他学会如何向他人表达这些感受，并最终确立个人边界。丹尼将这最后一项比作"在自己想要保护的神圣之物周围架设电栅栏"。我们已经达成目标。

不过，我不希望用白人的心理标准来衡量他的成功或评估他是否痊愈。我知道他还有更多事情要做，我也清楚自己需要得到更多建议才能帮助他。

我在接手这个案例的第一年中咨询过一位原住民疗愈师，他对我说："印第安人必须成为印第安人，不然就会变得空洞。"三十年后，美国原住民作家汤米·奥兰治在小说《不复原乡》中写道："他像个印第安人那样打扮、像个印第安人那样跳舞，这至关重要，哪怕只是在表演，哪怕他始终觉得自己像个骗子。因为在这个世界上，成为印第安人的唯一办法就是让自己的外貌和举止都像个印第安人。"

我感到丹尼需要与他的文化重新建立联系，体会弗洛伊德式心理治疗中从未存在过的灵性疗愈。（我常常想，如果弗洛伊德不是一个受过教育的维也纳犹太人，接待的来访者也并非以犹太人为主，那么他的理论是否依然会被广泛采纳。如果弗洛伊德在咨询室里遇到的是原住民，他的精神分析过程会有多不一样？）

在与丹尼展开心理治疗的四年多时间里，我多次求助于原住民疗愈师和精神病学家。这些疗愈师既慷慨又耐心，我因此从他们身上学到了很多。他们如此热忱地给予我帮助——考虑到白人社会对摧毁原住民文化所做的一切——着实令我感到惊叹不已。我心里清楚，如果没有采取综合疗法，我便无法成功治愈丹尼。

我对这最后一段历程的成功持审慎乐观态度是有原因的。白人花了数百年时间千方百计消灭原住民文化却未果。丹尼就是这段历史的化身。他留着长长的辫子——这是他对自己原住民身份做出的显而易见的公开声明。他在白人学校念书及至后来为白人工作，那么多年以来，他依然会有原住民式的梦境，在梦中，动物会对他说话。在那个灵性世界，他得到过狼的帮助，还在森林中从一只得了白化病的潜鸟那里收到一颗硕大的鸟蛋。（在此后的二十年间，我遇到的其他原住民来访者也拥有相似的灵性动物之梦，其与白人的梦境有着显著区别。）

显然，丹尼应该考虑重新找回他所说的"印第安人身份"。可是，他自诩是个独来独往的人，对揭开旧伤疤也持有无可非议的谨慎态度。他即将踏上的这条道路并不平坦。

7. 林木线以北

丹尼与他的传统建立联系的方式之一,是通过家庭成员。我认为,他在家人的帮助之下可以接触到更广袤的文化传统。丹尼说起打算加班多少时间的时候,讨论这一问题的机会出现了。我问他既然已经积累了那么多加班费和奖金,为什么还要加班。"没有别的事情可做。"他说,"而且我不介意。"

"你从来不跟朋友一起出去玩吗?"

"我难得会跟其他司机一起出去。但他们只是去酒吧喝酒。"

"他们之中有没有原住民?"

"没有。"

"你会和原住民打交道吗?"

"我要是去温尼伯,就经常去一些酒吧寻找姐姐。但说实话,那里不适合我。"

"什么不适合?当一个原住民?"

丹尼看透了我的心思,轻轻地说:"我想那是寄宿学校害的。你知道吗?以前我们在学校里告解的时候,我要是没有罪过可提,便会忏悔说自己是个印第安人。"

临近圣诞节的一天，丹尼说他为了挣双倍工资载着一车货物穿越落基山脉。

"你开车送货的时候，有没有想过顺便去你家所在的保留地看看？"我问道。

"顺便？"他略显鄙夷地看着我，"开车到不了那里。我得先坐飞机北上，然后搭乘越野飞机，接下来还要花半天时间乘全地形车穿过冰面。"

"我敢肯定，你要是向公司老板提出，他会帮你出钱的。"

"我有这个钱。我就是不想去。"

随后，我问起他父亲与弟弟们的具体情况。丹尼估计他的父亲已经六十多岁。至于那两个弟弟，他几乎一无所知，因为他们出生时他已经去寄宿学校了。

"那罗丝呢？"

"我还是会去温尼伯打听她的下落。她现在应该四十五岁了，可能已经死了——遭人谋杀。我已经跑了三趟警察局。"

"警察不关心吗？"我问道。

"这世上没人关心。"

"你会关心。"

他点了点头。我第一次见他眼眶湿润。之后，我们默默地坐了好长一段时间。

圣诞假期前不久，我再次提出去探望家人的主意。可丹尼依然很抗拒。"我感觉自己有所好转，不想冒再次失去自我或遭冻结的风险。"他说，"北面那么冷不是没有理由的。"他说得有道理：他的根基还没有打稳，也许，应该等到状态更加稳定之后再回保留地。他比我更清楚这一点。

一月的第一个星期。丹尼走进我的办公室坐下之后说道:"嗯,我去看老头子和弟弟了。"

丹尼向来知道如何挑选时机。尽管反对我的建议,他还是按照自己的节奏回了一次老家。他描述自己如何坐直升机抵达,然后搭乘当地治安官的便车回家——后者当时刚好去一家诊所取药。"他是印第安人,问我在保留地的家人叫什么。我报出父亲和弟弟的名字后他并没有说什么'哦,对,他是捕猎老手之一,现在年纪大了,他还会说克里语'——完全没有,"他停顿了一下,"这不是个好兆头。"汽车驶出几公里路,四十二岁的丹尼回想起来,自从参加母亲的葬礼后,他差不多有二十年没见过父亲了。"我记忆中的他依然是二十多岁,整天都在捕猎,然而现在,他已经是个老头子了。"

丹尼说这个定居点十分贫瘠,中央有一座砖砌的现代式学校,周围则是一些弱不禁风的木隔板搭成的房屋。治安官直接把他送到了家门口。他家的屋子外墙斑驳,门上没有把手,空着的把手洞眼里塞着报纸防寒。"我不知道是该敲门,还是拿出当儿子的样子直接走进去。"他回忆道。

敲门之后他内心感到迟疑,担心这次回家探望是个糟糕的主意。丹尼进门后,只见父亲躺在一张破旧的沙发上。

"他看起来特别苍老,显得比实际年龄还要大。他的脸又肿又黄,而且不知道为什么还布满了痤疮印子。我以前从来没见过他有任何皮肤问题。"丹尼说,"他以前是个高大瘦削的捕兽人,身形和我很像,但现在身高缩了一截,还挺着个巨大的肚子,看起来像是一张被横着撑开了的兽皮。"父亲一开始没有认出丹尼,接着他又看了两眼才说:"谁叫你回来的?看来我的病已经没药救了。"

丹尼说他之前在温尼伯,因此决定北上跑一趟。"他只是疑惑地看着我,接着说,'真没想到你还留着辫子。'我没理他,因为我知道他其实想说我是个'苹果'——外面红、里面白。"这似乎很不公平。丹尼的父亲肯定知道,在那个年代留着长辫要融入白人社会有多么困难。长时间的沉默之后,丹尼注意到屋子里乱糟糟的,地上还有威士忌酒瓶。父亲说:"听说你去温尼伯找罗丝了。"

"那是好几年前的事情了。我一直没有找到她。"

"没有人找到过。"

父亲英语水平有限,但还是勉强能沟通。丹尼问起弟弟们时,父亲扬起手,指了指四周的啤酒箱。"他们在这里找不到工作。"他说,"你要是不属于部落政府的一员,就没人会开后门给你介绍一份在学校看门的工作,没有什么可做的。不过他们还是和我住在一块儿。"丹尼感到父亲是在暗示弟弟们始终非常忠诚,丹尼则不。父亲见他注意到屋子里的凌乱模样后说:"得靠你母亲打理。"说完便打开了电视。

"我们在屋里坐了大约一小时。"丹尼回忆说,"我看得出他希望我离开,这样他就能去喝酒了。但我没地方可去,我在那里谁也不认识。最后我跑出去买烟,回来发现他已经喝上了。"丹尼的弟弟们回来后也开始喝酒。"我觉得他们的工作就是开着雪地摩托车在保留地四处收集空酒瓶,然后送去回收站——尽管这块保留地按理说禁止饮酒。"

"你的弟弟们有什么样的反应?他们长得像你吗?"我问道。

"他们把头发给剃了,眼睛与我母亲的相似。他们长得有点儿像因纽特人,但有着克里人的身形。罗丝和我长得更像父亲。他们和我握了握手,接着就开始喝啤酒、看电视。他们看到我一点也不惊讶,而且也没有显得特别好奇。"

"真的吗?这可是没见过几面的亲哥哥啊。"

"我并不介意。原住民就是这样,不会大惊小怪或者多管闲事。"

丹尼一反常态，站起身开始踱步。他最后说道："我在那间屋子里感受到了愤怒。他们喝得越多，怒气就越重。喝醉后，他们的朋友也来了，于是他们开始向朋友说我的坏话。他们说这是在'开涮'，说我是匹独狼，从来没上过床——诸如此类。他们还说我跑回家纯粹是想要看着父亲去死，然而我像白人一样来早了。所有人听了那个笑话都哈哈大笑。"

"你父亲病得很重吗？"

"嗯，把我从越野飞机那里送回家的治安官跟我交代了基本情况。父亲患有胰腺炎、肝硬化，还有肝癌之类的毛病。反正他早晚会把自己喝死。"

"你家里人没有说起过这件事情？"

"他们只是开玩笑说我来早了。"

我并没有忘记这次灾难性的旅行是我提的建议。

"我父亲就躺在沙发上喝酒，他们奚落我的时候，他就在一旁跟着笑。我看得出来，弟弟们因为想要得到他的称许而开始变本加厉。我感觉要出事情。"丹尼严肃地说。他最后决定离开，于是给当地警察打了电话，后者让他搭车去小机场过夜。

"我知道他们认为我选择离开显得特别像个白人。我没有留下来用破啤酒瓶跟他们干架：在他们看来，那样才算是真正的印第安人。我觉得他们还做着毒品贩卖的勾当，因为不断会有人上门找我弟弟去卧室谈话，随后没多久便又离开。令人难过的是……"丹尼顿了顿，"嗯，我猜难过的事情还不少。"他沉默了好久之后继续说道，"我的弟弟们觉得酗酒打架才是印第安人。我注意到他们剃光了的头上布满疤痕，看起来就像贴满售价标签的公海象。"

"更令人难过的是，你的父亲其实心里很清楚，他知道真正的印第安人并非如此。你觉得他对你的探访作何感想？我是说，深埋在所有这些酒精与痛苦之下的想法？"

"他是不是还记得我和罗丝还有母亲在森林里的幸福日子？我不知道。他现在住的地方乱糟糟的。但我还记得他在营地生活时一切都井井有条。他把每一把刀都磨得特别锋利，还会按照大小排列整齐。那里有剥皮晒皮的区域，有放置狗粮和挽具的区域，每一样东西都会归置妥当。他没日没夜地干活，只有在定居点卖出兽皮时才会喝酒，一年半载来上一次，而且都是一个晚上就结束了的。"

"他是不是觉得让你看到他现在的模样很丢脸？"我问道。

"我觉得他已经喝得稀里糊涂的了。"他犹豫了一下，"嗯，也许在内心深处，他只是不希望我当面对他'评头论足'。他觉得自己的生活已经够苦的了。"丹尼踌躇地看向窗外，"事实也确实如此。他失去了土地、失去了生计，又失去了妻子，孩子之中也有两个再也没有回家，他的尊严一去不复返。他认为现在再做改变已经太迟。我觉得他已经喝得脑子都不清楚了。"

丹尼拖着身子走到我的办公室门口，他走路时双腿僵硬，脚上的靴子仿佛无比沉重。他把手搭在门把手上说："他们想把他变成白人，但没有成功。不过，他们还是夺走了他的印第安人身份。他现在只是个把脑子都喝傻了的黄胖子。他们击垮了他。"我听着丹尼缓缓地走下楼，靴子与台阶摩擦着发出的声音听起来特别苍老。

丹尼描述的情况其实就是代际创伤（intergenerational trauma）。几十年后，随着寄宿学校的幸存者不断发声讲述各自的故事，这个术语也变得越来越为人所知。这一创伤在莫里森家族中表现得最为明显：丹尼和罗丝被带去寄宿学校，远离了自己的家庭与文化，之后又在心理与生理上遭受创伤，甚至遭到性虐待。而他们父母这一辈人则因为孩子遭绑架而悲痛欲绝。他们既失去了土地与生计又失去了孩子，因此开始酗酒，成为会出口伤人的酒鬼。丹尼的两个弟弟就是在这样的环境中长大成人，他们不仅同样染上酒瘾，而且对将来如何好好养育自己的孩子一无所知。

在接下来的那次会面中，丹尼头一次表达了自己的抑郁情绪。"我们花了那么多时间让我能够重新体会到自己的情感，我几乎都忘了当初为什么要摆脱它们。"他说，"那些感受太痛苦了。过去这一周，我不断遭到回忆的轮番轰炸。"他用那双操作起重机的手抹去脸上的泪水，"我既没有故乡也没有身份，既不是印第安人也不是白人，既不是父亲也不是丈夫。我的弟弟们至少还有彼此和父亲——或者说，父亲的躯壳。他们知道自己是原住民。我有时觉得活下去根本没有意义。"他说这番话时情绪如此激烈，向来内敛的丹尼·莫里森是在以此呼救。我担心他会产生自杀的念头。

在我与丹尼展开心理治疗期间，按当时《加拿大百科全书》的数据，加拿大原住民的自杀率是全国平均自杀率的六倍。（在北方的某些地区，这一数字已经上升到全国平均自杀率的二十五倍；而因纽特青年的自杀率则高达四十倍。）我很清楚，这并非空洞的威胁。

治疗人格解体——即一个人失去所有同一性的情况——的一大风险，是当这个人重新找到自我认同感之后发生的事情。其虽然重新体会到自己的真实感受，但同时也会重新感觉被困在了当初带来剧烈痛苦的煎熬环境之中。对丹尼来说，"冻结"的感觉是一种行之有效的防御机制。他确实无法感到悲伤或快乐，但他生活一切正常，并没有因为失去妻女而沉沦。在货运公司工作的几十年里，他从未请过一天假，而且还是位优秀员工；他存有积蓄，没有对任何东西成瘾，也并没有察觉到任何抑郁情绪。我是不是不应该打破这种平衡？

我在执业期间犯过不少错误，可是，我并不认为建议丹尼回老家是其中之一——不管到头来是多么令人难过。丹尼必须面对他家人的遭遇，一如他必须面对自身的问题。他一直回避父亲，而回避对任何人来说都没有好处。无论过程有多么悲伤，他至少能因此拥有一段和父亲有关的回忆。

丹尼的前路确实崎岖不平。他后来抑郁得卧床不起，甚至都没有打电话给公司请病假，也没有在和我约定的会面中出现。他的老板也打电话给我，说他的出勤率变得很不稳定，向来一丝不苟的他看起来失魂落魄。当老板询问丹尼是否向我寻求帮助时，他阴沉地笑了笑。我听了十分担心，因此致电丹尼的家庭医生，请他为丹尼开抗抑郁药。（心理治疗师虽然拥有博士学位，但并非医学博士，所以无法开具处方。）货运公司老板则前去丹尼的住处，建议他当着自己的面服药。两星期以后，我忧心忡忡地催促丹尼的老板，如果有必要的话，可以亲自把他带来。

最后，丹尼凭借自己的力量前来会面。抗抑郁药物开始起作用，现在他至少可以四处走动了。他无精打采地靠在椅子上，只说了一件事："我从来没有直面过任何事情。"

"真的吗？"我说，"你患有情况复杂的创伤后应激障碍。"我把精神科医生朱迪思·赫尔曼（Judith Herman）的书作《创伤与复原》（*Trauma and Recovery*）拿给他，接着举起手指列举书中提到的每一条特点：

1. 在缺乏照管与庇护的环境中长大。
"你在寄宿学校长大，没有人爱你，也没有人照顾你。你受冻挨饿，周围的孩子则接连去世。"

2. 存在无力感与无助感。
"没有人能帮助你，你也找不到人求助。等你回到家，母亲却说那些神父——也就是对你施加性虐待的人——是好人。"

3. 在社会、心理与法律层面处于从属地位。
"白人依照法律将你从父母身边带走,你童年的大部分时光都被锁在寄宿学校。当你向父母求助时,他们却说你站在了敌人的那一边。"

4. 受到种族歧视。
"你因为用克里语'塔恩塞'向姐姐问好而遭毒打,至今依然拥有生理与心理上的伤痕。你被告知原住民是坏人,还被分配到一个号码而非名字。你的人格被剥夺到如此严重的地步,以至于你在告解时为自己的原住民身份忏悔。"

5. 无家可归,极度贫困。
"你不得不在学校工作,即便如此也依然只能维持生计。而在家里,你父母靠救济金生活。他们虽然没有足够的钱购买北方极其昂贵的食物,却有钱去买酒喝。"

6. 在生活中不断遭受人际侵害(interpersonal victimization),其中包括儿童时期遭受的虐待以及其他身体暴力。
"那个对你关爱有加的人在你童年的大部分时间都在性骚扰你。而那些没那么友善的人则以极其暴力的方式对你施以性虐待。你酗酒的父母不仅说你是投奔白人的叛徒,还嘲笑你获得的四健会奖牌。"

我把书往桌上一扔。"这份清单上甚至都还没提到你妻女的去世。

你说你从未直面过任何事情？你明明极其英勇地直面自己的心魔并获得了胜利。诚然，你曾经封闭了一部分情感，而我们已经凿开这座冰山，让你的心灵逐渐解冻。与此同时，让我们来看看你没有做的是哪些事情。酒精是罹患这种疾病的人首选的成瘾物品。它能消除痛苦，麻木人的神经，让人毕生遭受打骂与虐待所郁积的愤怒得到些许释放。可是，你从未沾过一滴酒。"

我继续说道："你说你永远也不希望自己的孩子经历你目睹自己父亲喝醉时的感受。可悲的是，许多遭受过性虐待的寄宿学校受害者后来都成了生活中性虐待与暴力的施虐者，因为他们对此之外的生活方式一无所知。你在学校里也是这么被'养育成人'的，可是，你却从未做过那些事情。你生怕自己犯下错误，甚至都不让女儿坐在你的腿上。"

接着，我提到了丹尼的姐姐。"你从未像其他人那样放弃寻找她。你唯一一次与人起争执——遇到卡车劫匪之外——就是因为对方诽谤你姐姐。

"你有一份工作，之后还成了公司里最优秀的司机。你存得下钱，还跟一位心地善良的女人结婚并用心经营婚姻。你从未对她动手或做过任何你所遭受的事情。你亲身经历了一场未遂的文化灭绝，却拒绝将恐惧传给下一代人。你如此坚强勇敢，无论遭遇什么，你都坚持了下来。

"战场上的英雄经受的都没你多。他们凭借某一天的一桩英勇之举获得荣誉勋章。而你一生中的大部分时间都在各条战线上抗争，还都取得了胜利！所以永远不要说什么'我从未直面过任何事情'！"

我知道自己脾气不好，还常常把这归结于我的爱尔兰天主教徒血统。我说完这一大通抨击之辞后才意识到自己不仅抬高了声音还忘记了时间，做了一件我以前从未做过的事情：我说得太久，超时了。不过我确实感到无比愤慨：丹尼明明是一位心理意义上的英雄，他自己却对此毫无头绪。

丹尼看上去很惊讶。"那好吧。"他简短地说完之后便退出我的办公室，轻轻地关上了门。

我为什么会如此一反常态地长篇大论呢？我是不是害怕他想自杀？我也不太清楚。我希望丹尼会把我的担忧视作对他的关心。我感到自己被这个从未遭遇过的挑战打败了：一个人在自己最容易受到影响的年纪被人灌输，认为一种文化野蛮又败坏，要如何才能使其重新对这种文化产生认同呢？连克里语都成了丹尼的触发点。

丹尼和我的这段为期五年的心理治疗旅程已经过了一大半。我们一起度过了很多时光。丹尼还表示，他跟我说的话比他这辈子跟其他人说的都要多。

我认为自己是在帮助他。不过，我也深知他在某个非常特殊的问题上帮助了我。

我在有关劳拉的第一章里描述过反移情作用：即心理治疗师对病人的感觉。一开始见到丹尼时，他的外貌——即原住民的长相和辫子——实际上成了我的触发点；我在精神病院工作时曾经因为遭到一名梳着辫子的克里族病人殴打而住院，从那以后，每当遇到与袭击者外貌相似的人我都会害怕得心跳加快、透不过气来。

我与丹尼展开心理治疗的第四年，在一个下着雨夹雪的漆黑冬夜，我下班回家，正转入位于多伦多市中心住处的人行道上，只见一名梳着辫子的原住民男子坐在我家昏暗的门廊台阶上。（我们的屋子离加拿大原住民中心只有几条街的距离。）他询问是否可以向我们借雪铲。"我想靠铲雪赚点儿钱，但我没有铲子。"他说，"我看见你的门廊上有一把，于是按了门铃，可是家里没有人。我明天早上会还过来。"我答应之后便没有再惦记这件事。第二天早上，铲子已经回到了门廊上。

我回到家后才意识到，我没有产生任何生理或心理上的恐惧反应。梳着辫子的原住民不再是我的触发点。我对丹尼的反移情变得越来越积极，这也为我的 PTSD 画上了句号。

8. 猎人归来

丹尼度过了一段重度抑郁的时期。他对妻女、对姐姐、对父母乃至对自己童年的哀悼终于在多年后一下子喷涌而出。他如今总算能够体会真实感受，并且意识到自己童年时代最糟糕的部分不是性虐待、身体虐待，也不是挨饿受冻，而是绝望至极的孤独。

为了确保不再复发，他又继续服用了两年抗抑郁药物。有一个星期，我让他多加休息并记得服药，因为我会带他在下一次会面中踏上一条全新的道路。"好极了。"他一如既往不动声色地说道。我当时已经明白，这是他表达幽默的方式。

拥有不同文化的人们表达自己的神情和语气也各不相同。第一次见到丹尼时，我感觉他的声音特别平淡。但等到我和他交谈了将近两百个小时以后，我发现他的说话方式中包含着表示幽默、痛苦、沮丧和其他各种感受的着重强调及语调变化。现在我更了解他了，这才意识到自己在最初几年里错过了不少他说话时难以察觉的弦外之音。

我感觉丹尼太内敛，而丹尼却觉得我说话又响亮又坚决。（说老实话，大多数白人都是如此。）有一天，丹尼进来后说起他在加拿大广播电台的节目中听到我的谈话，说他很喜欢。他以前从未称赞过我,我于是问他具体喜欢什么。他说:"听广播时能把你的音量调低。"

在接下来的那次会面中,丹尼先发制人地对我此前提到的"新方向"表示反对。"我知道你打算说什么,我还没准备好。"他声明道。

"哦,我可不知道你除了会开卡车之外还会读心术。你哪儿来的那么多时间学这些?快跟我说说。"

"你希望我去接触女性。"

"真的吗?我其实没打算那么说。不过,你以为我要说那方面的事情这一点值得玩味。这很能说明问题。"

"哦,不好。"丹尼意识到自己的心思被我看穿,这对他来说很不寻常。他摇了摇头,表示不打算继续谈论下去。我猜想他已经遇到什么人或者希望如此,不过,我决定之后再聊这件事。

我其实想讨论的是寻求原住民疗愈的想法。我说我这些年来一直在自学这方面的内容,并且觉得他需要这样的帮助。"有一件事我很清楚,我对你的引导终归有限。"我说道。他的眼睛微微眯起,我知道这意味着恐惧,或者至少是顾虑。"这并不意味着我们的治疗已经结束。只要你需要我,我一直都会在这里。"接着,我又加了句自嘲的话,"毕竟,是我把你从麻木的状态带入深深的抑郁之中。"

"是啊,真是要谢谢你。"他面无表情地说道。

"我真心认为你需要原住民的疗愈方式。你梦见的都是陷阱里的动物,或是变成半人半兽的动物。你的内心在苦苦寻求这方面的引导。"我恳切地告诉他。接着,我说我认为他的治疗中需要更多灵性层面的帮助——西方世界的欧洲文化关注的是心智、身体和情感,而原住民的世界观则更加浑然一体。根据我的观察以及原住民疗愈师的教导,我发现他们的疗愈仪式更侧重心灵的满足以及与宇宙合一的感受。我补充说，不同文化对健康的心灵有着各自不同的界定。

我提议丹尼尝试集体疗愈，并请他耐心听我说完。

"集体。天啊，不行。"他的表情特别惊骇。

"丹尼，集体性的创伤需要集体性的疗愈。"我感慨道，"只有同为原住民的人们才能理解自己的族人数百年来受到的创伤所造成的影响。"

这在我看来显而易见。那么多原住民都经历了相同的创伤——失去土地与生计，在寄宿学校遭到性虐待与身体虐待——而且对于原住民的身份都持有相同的自我厌恶。此外，这也是一种在好几代人之间不断延续的创伤：许多被送去寄宿学校的孩子都受到过恶劣的对待，这导致他们在成年后对于如何抚养自己的孩子一无所知。"这几代人需要倾听彼此的痛苦，然后以自身的文化传统作为基础共同疗愈。"我说。

丹尼摇头表示拒绝。我于是做最后一次尝试："这与匿名戒酒会有点儿相似；你们都被困在了同一张网中，需要向彼此展示自己是如何设法爬出来的。你们可以当彼此的榜样。"我告诉他，我接纳酗酒人士进行心理治疗的前提条件，就是他们首先要同意在六十天内参加六十次匿名戒酒会的活动。"听别人讲述各自克服困难的经历会让人受到鼓舞。"

丹尼再次摇了摇头，依然没有被说服。"我住在城市里，我要去哪里参加呢？在商场里敲鼓吗？我可不要回保留地去。"

"我完全理解。"我说。我知道他家里的情况，也知道他家所在的保留地是全国最混乱的地区之一。我提醒他，如今生活在保留地之外的原住民比以往任何时候都要多，而且很多人都住在多伦多。

丹尼只是"嗯"了一声，接着，在沉默了二十分钟以后，他用夹杂着嘲笑与惶恐的语气问我："他们在市中心组织灵性疗愈的活动时会做点什么呢？"

"蒸汗小屋[1]、鼓圈[2]、谈话圈、集体捕猎，各种活动都有。并非所有活动都在多伦多举办。你知道吗，安大略也有片森林。"我说，"何不从这些开始了解，报名参加一些克里语的课程呢？"

"纳莫亚。"他说道。大概是克里语的"不"。

我执着起来就像看到骨头的狗一样不依不饶。"这种语言听起来十分迷人，尤其是其中具有的文化与习俗，体现出亲缘关系对克里人来说非常重要。"

"克里语？你没开玩笑吧？那我得从头学起了。我在北方的时候，就连听到我父亲说克里语心都会怦怦直跳。我小时候被揍得都没法说这门语言了。"他说完，像是在跟我示威一样接着说，"想要用你的词汇来形容吗？好吧：克里语是我的触发点。"

我不以为意，而是说他记得的词汇比他认为的更多。"从出生到五岁的这段时间足以让人掌握一门语言，再加上你有几个夏天还回过家。我们可不能被修女和神父打败了。该忏悔的是他们，不是你。"

他试图以工作要求为由来回避。"别再为公司加班了，你要为自己投入更多精力。"我劝他，"你要像保护货物那样保护你的心灵。"他又眯起了眼睛，这意味着他要么很焦虑，要么想要开溜。"接纳原住民的身份让你感到害怕吗？要是我曾经被揍到那种程度，也会感到害怕。"

1　蒸汗小屋通常是能够对内部进行加热的圆顶结构建筑。在原住民文化中，人们会在小屋内进行各种净化仪式，并将其作为促进健康的养生方式。

2　鼓圈：原住民在定期举行的帕瓦节集会时会围坐成一圈击打放在中央的大鼓，通常还会一边敲打一边歌唱。

"我还留着辫子。"

"是的。这很能说明问题。我从没见过像你这么原住民的人。"

"我从没见过像你这么白的人。"

我们都笑了——我皮肤确实很白,头上还有白发。"我为'苍白的脸'赋予了全新的定义。"我说。

我没有再提起尝试原住民疗愈的事。丹尼会按照自己的节奏行事。他的节奏和我的节奏相去甚远。

几个月后,就在圣诞节前夕,丹尼想给邀请他参加圣诞晚宴的秘书买一份礼物。那位秘书领养的原住民女儿一直被视为"麻烦",但如果换作是现在,她会被诊断为患有胎儿酒精综合征。身为白人的秘书坦然告诉丹尼,之所以邀请他是为了让自己的女儿见一见别的原住民。丹尼因此想要准备一份见面礼,我于是提议买一件原住民风格的工艺品。

"去哪里买?我可不想要什么批发来的捕梦网。"

"两个街区之外的加拿大原住民中心里有一家商店。"

丹尼在接下来那个星期来的时候对我说:"塔恩塞。"我记得这是"你好"的意思,因此也回以相同的问候。

"你推荐我去原住民中心是不是因为你知道那里每周有两堂克里语的课程?"

"我不知道。真的,我发誓。"我予以否定,丹尼则显得半信半疑,"我只知道原住民中心隔壁的图书馆。我经常去那里,每周六还会带孩子去参加'故事一小时'的活动,我发现那里有着全市最丰富的原住民著作与磁带收藏。"

丹尼说他去原住民中心挑选礼物,结果看见隔壁图书馆挂着的指示牌上写着"马西纳伊卡尼卡米克"。他说,那在克里语中是"存放书的小屋或场所"。

"你竟然还记得？"我惊讶地问道。

"我想是吧。我报了克里语的课程。"

结果，克里语的课程乃至与原住民中心建立联系为丹尼带来了莫大的助益。住在城市里的原住民会在中心聚会，保持与自身文化的联系，而丹尼也在我们展开心理治疗的第五年——也是最后一年——设法重新找回自己的原住民身份。

丹尼迈出的第一步是踏入户外生活。他意识到自己多年来一直在模拟狩猎（"开着卡车追踪猎物"），而现在，他决定动真格了。首先，他开始在加拿大森林中徒步旅行。（我也爱好徒步，当我们在等候室看见对方穿着一模一样的山地装备消费者合作社的夹克衫时不约而同地笑了，彼此的距离也更近了一些。）他独自一人在安大略省到不列颠哥伦比亚省的各种森林里生活，还徒步行走了数百英里。接着，他开始去萨斯喀彻温省北部独自狩猎驼鹿，对此非常享受。

有一个星期，丹尼来会面时告诉我，他在马尼托巴省遇到一个来自他家保留地的人，说他的父亲已经在八个月前去世。丹尼家里没有人联系过他。但他看起来并不难过，还说对他而言父亲在他五岁时就死了——他用的词语是"被消灭了"。他也无意联络弟弟们，称与他们已经"失去联系"。不过，他倒是有兴趣结识一些想要追寻自己文化根脉的原住民。

大约在同一时期，丹尼还扩充了自己的行头：他依然会穿黑色牛仔裤和皮夹克，但他把黑色T恤衫和法兰绒衬衫换成了熨烫过的棉质衬衫。他同时养成了一个新的习惯，在与我会面之后步行前往原住民中心学克里语。

心理治疗师照理说不应该开来访者的玩笑，但如今丹尼和我已经非常熟悉,因此我忍不住对他说:"为什么你以前来我办公室的时候从不好好打扮,但现在要去原住民中心就忽然打扮起来了?"

"你在说什么呀?"他嘟哝道。

"学克里语通常并不意味着去干洗店送洗。"

"我猜别的学克里语的人都是这么告诉你的。"

"'我不过是说说而已'。"丹尼这句低调的口头禅已经被我模仿得惟妙惟肖。

他笑了。"好吧,好吧。她名叫萨希纳,是奥吉布威族人。她在原住民中心负责图书交流的工作。"

"跟我说说她吧。"

"没什么好说的。"

为什么我一点也不惊讶呢?终于,丹尼告诉我她长得很漂亮,比他小八岁,而且和他一样想要寻根。她的父亲上过寄宿学校,后来开始酗酒。她和她的兄弟则被卷入了"六十年代掏空运动"[1],和许多原住民儿童一样被白人家庭收养。二人被来自滑铁卢的德裔加拿大夫妇收养,成了他们仅有的孩子。"她说父母尽管为人很好,却从未提起过他们的原住民身份。她后来与白人男性结婚,一年之后便离了婚。"丹尼透露,"后来大约在十年前,她和她的兄弟开始追寻自己的文化血脉。她还会组织各种各样有关印第安人的活动。"

"她是原住民文化中心的正式员工吗?"

"不。她是儿童医院的社工。"

---

[1] "六十年代掏空运动"指的是加拿大政府在二十世纪中期颁布了一系列政策,允许儿童福利机构将原住民儿童从家庭及社区中带走或"掏空",安置在寄养家庭,继而由白人家庭收养。虽然该运动的名字中包含"六十年代",但实际始于二十世纪五十年代中后期并一直持续到八十年代。

"那么，你们约会过吗？"我说完，意味深长地看着他。

"我们一起参加过一些印第安人聚会。我也跟着她出席了一些奥吉布威族的活动。她和她兄弟关系很好，还在东区买了房子一起生活。"

"你约她出去过吗？"

"没有。我因为她才对中心的一些活动产生了兴趣。我以前只会在休息室里坐着，从图书交流处借书看。她介绍我认识了她的兄弟和其他一些人啊什么的。"

"她为人怎么样？"

他思考了几分钟。"应该说挺平静的。最好的一点是——她喜欢话不多的男人。"

"哦，那她可找对人了。"

他点了点头，我忍不住笑了。

"所以说，你和她在一起时不觉得有压力。"

"我可以单纯当一个原住民，无须多费口舌。"他说着，向后靠在椅子上。

"那一定让你松了口气。"我说，"你的妻子虽然心地善良，可你在她面前依然要整天表现得像个白人一样，一定很辛苦。"

"像是在寄宿学校。"

自从聊起萨希纳（她的名字在奥吉布威语中的意思是"夜莺"），我通过数星期的会面了解到，丹尼非常喜欢她。她和丹尼一样感觉自己被困在了白人的世界，等到她调查身在保留地的亲生父母后则发现，他们已经过于失常，难以建立有意义的联系。可是，她依然非常珍视自己的原住民身份。她在白人社会一直感到格格不入，即便她尊敬甚至爱戴养父母，却还是认识到自己和他们不同。养父母还供她念大学，她也和丹尼一样有着强烈的职业道德感，擅长做

"白人的工作"(她兄弟则不然,在学校里成绩并不好)。

心理治疗师需要询问来访者的性生活,但我知道丹尼非常注重隐私。然而,考虑到他曾经遭受性虐待,我也不了解萨希纳的过去,我还是得问一问:"性生活呢?"

"性生活怎么了?"他回答道,就好像我是个疯子似的。

"嗯,这与我们一直以来所探讨的童年问题有关。"

"我至少不用解释为什么我胸口不长毛。"他拐弯抹角地说。

我微笑着点了点头,知道丹尼是在委婉地表示他并不紧张,与他喜欢的原住民女性发生性行为让他感到安慰。

他沉默了一会儿,接着以近乎耳语的声音说:"有一天吃早餐的时候,我正在喝咖啡,她坐到了我的腿上。"我们都知道这是他的触发点之一,因为天主教神父以前便会让他坐在腿上。丹尼望着窗外说道:"我想到了你,还有我们设法解决'汤头'问题的过程。我告诉她:'我不喜欢别人坐在我的腿上。'她立即站了起来,神色窘迫又略显伤心。我于是说:'这让我想起在寄宿学校时的一段特别糟糕的经历,跟你没有关系。'她似乎明白了过来,不再感到难过。老实说,我特别害怕开口。但我不顾内心的抵触还是照实说了。我必须告诉她,不然就会像以前和妻子那样渐渐疏远。我不想重复过去。"

"亲密关系是一门很难掌握的语言,对曾经遭受过打击的你来说尤其如此。不过你已经学会了。"

"我说得都听不出口音了。"他挖苦道。

我问起丹尼是否和萨希纳住在一起,他笑着说差不多算是,因为她在几个月前的一个周末去他那里之后就再也没有回过家。

一星期后,丹尼又迈过了一个里程碑。他在那次会面中说他和萨希纳的兄弟一起去参加了一次帕瓦节的庆典。他说活动嘈杂拥挤,"不适合我"。我再次鼓励他去参加一些原住民的疗愈仪式。

他真的去了。他与另外八名男子一起前往多伦多附近的城市汉密尔顿，去体验了蒸汗小屋。仪式期间，他们在圆顶帐篷里坐成一圈，中央是加热过的石头。他了解到，圆锥形的帐篷代表孕育生命的大地之母；而这些石头则被称为"祖辈"，因为它们非常古老，见识广博。石头不断被加热，参与者则一边流汗一边交谈。丹尼说帐篷里热到令人难以置信。石头一共被加热四回，第二回的时候，男人们汗流浃背地一个接一个倾吐内心的感受，就这样持续了一整天。

丹尼告诉我，置身于黑暗中时就像是身处炽热的子宫。他听到其他男子诉说着的"可怕烂事"竟与困扰他多年的那些一模一样。他感觉童年时代摄入的毒素正从体内释放，他通过汗水将毒素排出，然后用毛巾拭去。当他听见有人吐露自己酗酒成瘾让家人失望时，他想到了自己的父亲，好奇要是父亲能够分享自己的痛苦，会说些什么呢。

接下来的六个月里，丹尼参与了各种各样的原住民疗愈活动，比如烟斗仪式，他在仪式中试图与大地之母连接，并表达自己的一些希望。他还参加了谈话圈，听大家发言，用他的话来说就是"要一直等到大家都说完，可能要花很长时间"。他最喜欢的仪式是烟熏净化，就是用烟雾净化周遭，既可以让人集中精神，又能消除负能量。他和萨希纳几乎每天都会用烟熏净化自己的家与内心。丹尼之所以会喜欢，是因为这样的仪式迫使他振作精神，去思考每一天要把能量用在哪里，让他每天早上都能走上正确的道路。

会面快结束时，丹尼看着我说："你知道吗，你说得对。"

"我洗耳恭听。"我回答道。

他摇了摇头："白人就是喜欢占理。要是他们知道自己在理，肯定会当面唠叨五十遍。"

"我超级白的头发和皮肤都能证明我有多喜欢占理。跟我说说我说了什么有道理的话，让我高兴高兴。"我笑着说。

"白人的心理治疗没有灵魂，就像甜甜圈一样，中间有个洞。"他说，"我因为你了解到自己内心存在痛苦，也学会了如何去体会各种情绪之类的，但这无关灵性，而灵性与痊愈关系最密切，所以我需要原住民疗愈的帮助。"

心理治疗的最后几个月里，丹尼加入狩猎队，在冬天去北方露营，萨希纳的兄弟也在其中。"我们要趴在地上守候驼鹿。"他告诉我，"这种动物易受惊吓，必须离得远远的，伺机行动。要是猎人靠得太近，它们感觉得到。狩猎队里没有一个人能够在零下四十摄氏度的严寒中坚持下来。我于是说我想试试。"

我情不自禁地欢呼："那些上了年纪的奥吉布威人可比不上你这个经验老到的克里人。"

"你说对了。我在地上趴了好几天，终于逮到了。"

我把所有的客观立场都抛在一边，为他鼓起掌来。在大多数情况下，心理治疗师不应表现出富有情感色彩的一面。不过，由于我们的心理治疗差不多已经完成，我希望为丹尼做的不单单是充当一位弗洛伊德式的心理治疗师。他需要有人支持，一个站在他身旁一心支持不求回报的人——一个希望他能够幸福的人。经历过严重精神创伤的人会变得麻木，一直要等到他们遇见富有同理心的见证者才会慢慢恢复。当他们相信这样的见证者真实可靠，自己也会变得"真实"，并敢于敞开内心。

丹尼说，那场狩猎之旅棒极了。他们设陷阱时，他回想起小时候学过的各种把陷阱埋在雪里的窍门。他还回忆起父亲传授狩猎技巧时有多么慈祥耐心。扑面而来的回忆让他万分高兴，他五岁以来头一次感到神灵与自己同在。他一边向我诉说，一边露出前所未见的灿烂笑容，笑得一口整齐的白牙都露了出来。

看着他那毫无防备的笑容,我知道我们的治疗结束了。我很失落,但依然得告诉他:"丹尼,我们的心理治疗已经完成。我想你也已经感觉到了。"他站起身,我们心里都明白,这是最后一次会面。他不露声色,我也没有做什么表示。接着,他径直站起身离开了。

我透过窗户看他,看着这个曾经让我害怕、如今却情同手足的男子。他穿着短皮夹克和蛇皮靴子迈着大步离开,辫子在身后来回摆动。

9. 重聚

　　大多数人在丹尼这种情况下很可能会屈服于精神疾病或药物滥用，他却坚持抗争并打赢了这场生活的恶仗。这是为什么呢？我想，第一个原因在于丹尼的人格特质与基本性格。他的母亲——尽管鲜少在他的叙述中出现——说过一些有关他的关键性评价：他"一直很固执"。换句话说，他不会受人左右。他下定决心不让任何人摧毁自己，并且坚持了下来。他决定不喝酒，然后——用他母亲的话来说就是固执，或者用我的话来说——坚决地坚持了下来。第二点，他一直独来独往，而且从小就是如此。他没有大多数人那样的社交需求。以他姐姐罗丝为例，她留在了父母身边，即便他们越来越落魄潦倒，也依然想要得到他们的关爱，结果自己也不断沉沦。第三点，也是比任何先天素质都更重要的一点：丹尼从出生起到五岁期间从身心健全的父母那里获得了爱与关怀，而这正是儿童性格形成最关键的时期。如果丹尼的父母像许多原住民家长一样，因为被送去寄宿学校而受到伤害，丹尼的境遇便迥然不同，也许会变得更加糟糕。

　　丹尼采用的是心理学中最强大的防御手段之一：人格解体。他隔绝了自己的全部情感，借此获得了完美的防护装备。这套万无一失的盔甲的唯一问题在于，他几乎无法对任何人敞开心扉，也无法感受到生活的乐趣。就像他在心理治疗一开始说的那样："我没有快乐也能活。"就某种程度而言，他说的没错。是能够体会情感重要，还是保持理智更重要呢？许多年以来，他都选择了后者。

尽管寄宿学校花了十三年时间费尽心思迫使他抛弃原住民的身份，他却倔强地拒绝听从。他在一生中也动摇过几次：小时候在忏悔室里告解时，他将自己的身份视为"罪过"，听到别人说克里语也会感到焦虑。然而，丹尼如勇士一般无所畏惧。他坚持把长发编成辫子，彰显自己的血统。他还参加了五年的心理治疗，把被偷走的身份一寸一寸全都找了回来。

对我来说，丹尼这一案例也非同寻常。首先，我从中学到了不少有关多元文化心理治疗的知识，也由此认清了一个可悲的真相：白人社会的体系与立场摧毁了他一家人的关系，对不止一代人的生活造成影响。我还不得不面对这样一种令人不安的现实：我就是那个试图同化并消灭原住民文化的团体中的一员。丹尼难以对我产生信任也不足为怪。

其次，这一案例让我明白了心理治疗的局限所在。其在文化灭绝面前显得如此无能为力，布兰特博士在最初就跟我说到过这一问题。我"招募"了一小群原住民疗愈师，为丹尼提供心理治疗难以企及的事情：灵性疗愈。那是我第一次意识到心理治疗充满了文化特异性，我也必须面对由此产生的种种局限。

在丹尼成为我的来访者的几年以前，我在安大略省皇家博物馆报名参加了茅香篮子的编织课程。我把花了好几个月时间做出来的小篮子摆在办公室的桌子上。它如此微小，只装得下四枚回形针。丹尼见到这个迷你的篮子觉得很滑稽，还说："干吗费这个工夫？"

我与丹尼最后一次会面的几星期后,我在等候室里看见一个硕大又美丽的茅香篮子,上面有着别具一格的纹理图案,可谓一件令人惊叹的原住民工艺品,富有收藏价值。看得出来,这件作品已经有点儿年头,而且那些精巧的图案都是用马铃薯染成的。

我特别感动,还把篮子放在了家中门厅的重要位置。十年后,我重新装修房子时,搬家公司的人把我们的东西都打包放进了仓库。等到我打开包裹整理时,才发现唯独那只茅香篮子不见了。保险公司的人说,这只篮子价值数千美元,品质堪比博物馆的藏品。我并不关心篮子的价格,我只想把它找回来。可是,无论是这只篮子还是丹尼,我都没有再见到过。

我后来获悉,丹尼开始为他人的灵性疗愈旅程充当指导,还会参加各种疗愈仪式。据说他对此极为擅长。他还四处奔走参加各种会议,发挥自己的专长。我之所以对此有所了解,是因为丹尼不时会介绍原住民来找我进行心理治疗。他们告诉我:"丹尼说,我在跟随他展开疗愈之前,先得找你翻新调试一下。"丹尼喜爱汽车与各种类型的发动机,我因此将这番话当作赞美。

自从我第一次见到丹尼以来已经过去将近三十年。我想告诉他,我把他作为案例研究写了下来。丹尼现在应该七十岁了。

我设法找到丹尼的前雇主,他如今已经年近九十。我问起丹尼的近况后,电话里传来一声叹息,他接着说道:"丹尼在五十出头时因为喉癌去世了。"我震惊得说不出话来。前雇主说:"他从不抱怨。后来他体重锐减、一直咳嗽、声音嘶哑,却依然坚持工作,跟他的妻女去世时一样。他倒下之后没过几天就去世了,还要求葬在女儿边上。"

前雇主说他去参加了葬礼,并且惊讶地发现有数百人出席,其中大多数是身穿民族礼服的原住民。一位女子——他猜应该是丹尼的女友——用原住民语言唱了一首歌,男人们则敲起了他们带来的大鼓。

我正要挂断电话的时候,前雇主似乎又想起了什么。"我其实挺纳闷的。他从来没有在工作中接触过石棉或任何会导致喉癌的物质,怎么会得这个呢?我绝不会让员工接触到这些东西。是什么引起的呢?"

我想说,这也许跟他整个童年时代都不得不咽下的所有克里语词句有关。那些未曾诉说的话语一直找不到出口,最终使他得了病。寄宿学校的生活将他折磨得无法再说克里语,那种痛苦真真切切地刺入喉咙,成为他英勇过往的真实见证。

伊阔塞(再见),丹尼。

艾伦娜

残忍就像其他罪恶一样,
不需要任何外在动机;
其需要的不过是机遇。

——乔治·艾略特——

1. 泰德·邦迪[1]粉丝俱乐部

法国著名心理学家皮埃尔·让内（Pierre Janet）在谈到人类的心灵时说："每个人的生命都是用尽一切办法拼凑而成的艺术品。"艾伦娜——也是我最值得一提的来访者——确实动用了一切可用的手段，她保持理智的其中一些方式是如此巧妙，简直堪称艺术。

艾伦娜受到过极其残忍的严重虐待。不过，尽管她的经历十分可怕，我却逐渐意识到，她遭受的种种恶行依然难以掩盖她人格的闪耀光辉。这名年轻女子凭借坚强性格、智慧和母性本能经受住了创伤。艾伦娜比我遇到过的任何人都更能证明，人的心智能够经受住巨大的考验并依然保持完整。

将艾伦娜介绍给我的是一位专注于性别问题的心理治疗师同事。这位同事首先讲述了她是如何得知艾伦娜的。

同事在若干年前接收过一位名叫克里斯托弗的来访者，并在心理治疗期间见证了克里斯托弗转换成简的过程。克里斯托弗是一名语言学教授，他在孩子们上大学以后与妻子离婚，开始经历漫长又

1　泰德·邦迪是活跃于1973年到1978年的美国连环杀手。

艰辛的从男性到女性的转换。接受心理治疗的跨性别人士现在已经司空见惯，但在当时（四十年前）克里斯托弗转换性别的时候却极为罕见，不仅公众对此不太能接受，性转换的激素治疗与手术也比现在落后很多。我的同事帮助他度过了其中最痛苦的那个阶段：切除器官，接受会对身体产生巨大影响的雌激素治疗。那时，这依然是医学界一个小小的全新细分领域，而且性别转换往往要耗时数年。不过，简的性格特立独行，历经艰险之后，她最终在身体和精神上都恢复良好。

1996年10月，我的同事接到了简的电话，简询问她是否能为自己的伴侣艾伦娜进行心理治疗。这对情侣都对计算机语言感兴趣，二人是在大学图书馆的计算机区域认识的，已经幸福地在一起生活了十一年。

通常而言，一名心理治疗师不适合对同一家庭中的不同成员进行心理治疗——心理治疗师对来访者的忠诚度可能会混淆——因此她将艾伦娜介绍给我。当我问起问题的性质时，她回答说，曾经的来访者简只说了这样一句话："难以用语言形容。"一名语言学家说出这样的话，足以说明问题。

我答应见艾伦娜。她当时三十五岁，比简小了将近二十岁。对我来说，这一案例在很多方面都前所未有。而且，这些"第一次"从我走进等候室去见艾伦娜时便接踵而至。一般来说，来访者会坐着等待。艾伦娜却像个全神贯注的士兵一样背对着唯一的那扇窗户站着面对我，眼睛睁得大大的，眼里充满恐惧。

她骨架很小，有一头自然卷的粉金色短发，皮肤白皙，略带雀斑的脸上没有化妆，美得像精灵一样。她身穿灰色T恤，外面罩着一件敞开着的法兰绒格子衬衫，下身是一条卡其色工装裤和一双黑色高帮跑鞋。(在我与她会面的那些年里,她的行头都大同小异。)

为了帮助她平静下来,我提议给她端杯茶。接着,我带她进入我的办公室,她坐在椅子的边沿,随时准备溜走。茶端来之后,我问起能为她做些什么。"也许什么也做不了。"她说道。与其说她是心怀抵触,不如说是单纯在陈述事实。我问她有什么烦心事,她低下头笑了,还挠起自己的手来。她的双手鲜红,像是被浸在了甜菜汁里似的。"我想我很紧张。"她说。这时,她的呼吸变得短而急促,听起来就像是绘本《小火车头做到了》里的小火车头在爬山。她的脸色如此苍白,连雀斑都褪了色。我担心她晕倒,于是劝她赶紧喝口茶。

我问起艾伦娜的家庭生活,她说她在不列颠哥伦比亚省的鲁珀特王子港长大。艾伦娜快满三岁时,她的母亲由于被儿童保护协会判定失职而离开了她。此后,她和妹妹格雷琴由酗酒吸毒的父亲抚养长大。艾伦娜接着解释说,是父亲把海洛因放在母亲口袋里栽赃给她并报了警。警察赶来后,艾伦娜的父亲指出自己的妻子十几岁时曾在卡尔加里当妓女。艾伦娜对此表示自己"出身并不光荣"。她的母亲当时只有二十二岁,为了保住孩子们还在法庭上奋力抗争,可是法庭却判定艾伦娜的父亲是更加尽责的家长,因为他被贴上"天才"的标签,而且在一家大型计算机公司担任程序员,有着一份令人钦佩的工作。多年以后他才因为吸毒、酗酒及各种匪夷所思的行为遭公司解雇。

我希望她举个例子。艾伦娜说,他杀死了住在公司仓库里的那只名叫"活线"的猫。"他把猫电死是为了取乐,还在猫的脖子上挂了块牌子,上面写着'活线不活'。他被解雇时才意识到其他人并不觉得这有多好玩。"

虐待狂——即通过施加痛苦或羞辱获得快感的人——往往不知

道自己的行为会让别人多么反感。他们最终会像艾伦娜的父亲那样，开始与同样拥有反常癖好的其他虐待狂来往。

我又问了一些关于艾伦娜父亲的问题。她告诉我，这么称呼他让她感到难过。（她的父亲也对此感到不快，因此要求两个女儿都直呼其名：阿特。）她要求我无论是口头还是书面都不要再用"父亲"称呼他，而是叫他阿特。

第一次会面结束时，我试图搞明白为什么艾伦娜置身我的办公室会如此不安。她坦白说："我担心你要是知道我脑袋里在想些什么，会把我关起来。"

对于心理治疗师来说，这样的恐惧往往非常棘手，因为如果艾伦娜对自身或他人构成威胁，就必须入院治疗。由于艾伦娜的母亲曾被错误地指认为伤风败俗、吸毒成瘾且无法胜任家长一职，她想必害怕会遭受类似的干预。我并不想吓到她，于是没有追问下去，而是询问她是否可以描述其中的一种症状。"你可以告诉我一种不会危及生命的症状，我们下周可以就此展开聊聊。"我提议道。

"有些事物会让我感到恶心，还会干呕。如果我不马上远离，就会难以控制地喷射性呕吐。"

显然，收集完整病史可能超出了艾伦娜的承受范围。无论是双手充血、换气过度还是瞳孔放大，种种身体反应都是她内心极度动荡的外在迹象。我们要谨慎地向前推进。

艾伦娜在下一次的会面中带来一份清单，上面列着导致她恶心、干呕或呕吐的各种触发点。我问她这些症状对工作有着什么样的影响。她说她在律所工作已有数年时间，每当她感到不适都可以随时离开房间，没有人会过问。

我问起艾伦娜的律师资质，她说她只在大学待了不到一年时间，二十出头时在这家公司的计算机部门找了份工作后便一路往上爬。如今，她主要为庭审准备案情摘要。她话语间透露自己正为城内最好的律所之一处理一件金额涉及数百万加元的案子。可是，由于她并非律师，因此工资从未达到律师标准。艾伦娜有着过目不忘的记忆力和极高的智商，能同时处理好几个案子并把所有细节都记在脑子里。尽管她最喜欢的领域是家庭法——她对自己童年的案例做过研究——律所最看重的还是她在专利法领域的知识。他们离不开艾伦娜。用她的话来说就是："我救过他们好几百次燃眉之急。他们知道我很古怪，因此不会打扰我。"艾伦娜在公司来去自由，"不过，他们要是有大案子要开庭，我可以面不改色地连续熬好几个通宵。"一个显而易见的问题是，既然她如此擅长，为什么不亲自去当律师？但我忍住没问——在这个紧要关头，她最不需要的就是任何形式的对立。

谈到这里，艾伦娜显得更像是在谈工作，还拿出那张写着触发点的纸："导致我喷射性呕吐的原因清单上的第一项，"她开始说了起来，"是鱼的气味。我没法去美食广场，因为我担心自己会喷吐到某张桌子上。"我问起原因后，她平静地透露阿特在她四岁到十四岁期间一直会侵害她。阿特还说，如果艾伦娜不从，他就去隔壁格雷琴的房间。年幼的艾伦娜根本不知道要如何在实际遭受伤害与羞辱的时刻表现出享受的样子。"我一直很喜欢算术，于是我会数墙纸上的花，然后在他侵犯我的时候用花来编排数学题。"她说，"我痛恨自己这么做，也痛恨他，但我拯救了我的妹妹。他一直逼迫我，直到我闻起来——用他的话来说，就是——'像鱼一样'。正因为此，我闻到鱼就会感到恶心。"

我没有表现出对如此骇人的残忍行径感受到的震惊。我通过其他有过极端遭遇的来访者了解到，如果我表达任何超出常规的情绪，他们便会感到害怕，变得沉默不语。艾伦娜对他人表达同情或同理心并不习惯；随着时间的推移，我发现她认为同情既虚假古怪又让人感到疏远。她后来这样解释自己对同理心的感受："如果有一天我回到家后发现阿特开始像和颜悦色的幼儿园老师那样说话，我会被吓坏的，或者至少感觉不对劲。你看，这就是我对他人展现同理心时的感觉。"

艾伦娜的症状清单上的第二项是轻触，因为阿特就是这样靠近她的。轻触会让她干呕。第三项是咀嚼的声音，或者用她的话来说，"咂嘴。"这还是跟阿特令人发指的行径有关：如果她不显露快感，他就会咬她的私处。

第四项是浴室。她不管去什么样的浴室都要屏住呼吸。我问起原因时，她跑出我的办公室在洗手间里呕吐了起来。在艾伦娜与我展开心理治疗的这些年里，她从未透露阿特在浴室里对她做过什么。她说如果讲出来的话就会变成现实，这样一来，她可能无法"回到这个世界"。

艾伦娜对这一问题的回避让我感到很矛盾。在任何弗洛伊德式或以无意识为主导的心理治疗中，目标都是将来访者脑海中无意识的部分引入意识的领域，这样他们就不必再按照自己强大但无意识的需求行事。只有将创伤性事件说出来，来访者才能在会面中回顾那些时刻，并在治疗师的帮助下克服焦虑、羞耻或内疚的情绪。不过，当时的我执业已经很长时间，我知道并不存在什么正统的做法，每个来访者也都各不相同。艾伦娜让我意识到，有些经历真的很难再次回首。

她称之为"呕吐清单"的列表上全是频繁遭到侵害导致的触发点。她表示，最让她感到恶心的就是阿特逼迫她假装高潮使她看似成了同谋。她说："这些身体上的折磨其实可以忍受。更加严酷的伤害，或者说是我生命中的每一天都会收到的'礼物'，是不断闪现的假装与阿特都很享受高潮的回忆。那幅画面让我的心隐隐作痛，每次回想起时的羞耻感都让我无法呼吸——就好像我的胸膛被一把老虎钳紧紧夹住了一样。"

我点点头。从长远来看，羞耻感存在的时间往往比身体上的痛苦更长久。"不管是谁，只要想起一段屈辱的记忆，都仿佛重新经历一遍那样历历在目。"我说。

尽管艾伦娜有过可怕的遭遇，但她依然极为风趣，黑色幽默更是手到擒来。比如说，她第一次观看电影《当哈利遇到莎莉》，当主演梅格·瑞恩在餐厅假装高潮的著名场面出现时，她说自己在五岁就学会了。她后来终于琢磨出要怎么做才能让自己在夜晚剩下的时间里不受到阿特的打扰。艾伦娜说："阿特不仅是个强奸犯，还是个自大狂。他需要相信自己是个优秀的情人。"

阿特还会强迫艾伦娜和他的朋友上床，还会向他们收费。阿特非常喜爱电影《出租车司机》，对朱迪·福斯特扮演的雏妓更是情有独钟。这位女演员与艾伦娜同年同月出生，而且长得也有点儿像——尤其是在她们十二岁的时候。阿特买来朱迪·福斯特在电影中穿的同款粉色短裤和花衬衫，让艾伦娜换上这套衣服，还希望艾伦娜用朱迪·福斯特在电影中与罗伯特·德尼罗对话时用的俚语和他说话。

更糟糕的是，艾伦娜还被强制喝酒吸毒：从大麻、可卡因到致幻剂，什么都有。在大约六岁到十四岁期间，艾伦娜差不多每周会服用一次迷幻药。令人惊讶的是，她并没有出现药物诱发的精神错乱或任何闪回。（服用大量毒品的人经常会出现闪回，产生幻觉、被害妄想和精神错乱，即便在多年以后也依然如此。）

艾伦娜说自己从未受到男性吸引，并且往往喜欢传统而言男性

199

感兴趣的事物，比如组装电脑，参加空手道、柔道、自由搏击或是玩很暴力的电子游戏。艾伦娜并没有将自己的同性恋身份作为问题来关注，因此我也没有。

我询问她现在与简的亲密关系状况，她说自己没有任何生理欲望。"我有很多身体和心理上的伤痕，简也是。我们两个都不太关注性。对我来说，'美好'和'性'这两个词听起来风马牛不相及。"她与简饱经世事，能过上安静体面的平凡生活就已知足。用艾伦娜的话来说就是："我还有更重要的事情要做，比如让自己保持理智。"由于她并不认为这是有待解决的问题，因此我也将注意力放在更加紧迫的事情上。

我问起阿特犯下的身体暴力，她说她很少遇到。她的反应往往先于阿特，知道什么时候该消失，什么时候又该安抚他。然而艾伦娜母亲以前却经常会遭到阿特殴打。

艾伦娜童年时遭遇的最可怕的事件之一发生在她大约六岁、格雷琴三岁的时候。她们和阿特一起乘坐自制的木筏沿河顺流而下。阿特当时嗑了迷幻药。"他忽然暴跳如雷，把我和妹妹推下木筏独自回到岸上。"她回忆道。他大喊着说她们是"女妖"，让她们别再像小宝宝一样，要学会游泳。"格雷琴开始溺水，我试图让她浮出水面，也因此溺水。"

阿特的朋友蒂姆曾因性犯罪入狱，他一直在岸上嘲笑阿特的怪诞举动。"他后来总算意识到我们真的溺水了，格雷琴都已经沉下去了。"蒂姆游过去救她们上岸。等到他们都气喘吁吁地上了岸，又惊魂未定地给格雷琴做心肺复苏。蒂姆一拳打在阿特嘴上，告诉他这么做太过火了。阿特说："我想你说得对。我差点儿把下金蛋的鹅给弄死了。"

艾伦娜说那天的情形像慢动作播放的电影一样历历在目。格雷琴再也不是从前的她了,还患上了恐惧症。艾伦娜意识到阿特根本不在乎她们的死活。"不过最不可思议的是,真正让我保持理智的竟然是蒂姆说阿特是'变态混账'。那是我人生中第一次觉得阿特有问题。我原本还以为有问题的是母亲和我。阿特经常大吼,说我像我母亲一样是个'冷漠的婊子'。我不太清楚那是什么意思,但我听得出来,那不是什么好话。"

"儿时的你根本不知道自己遭到侵害,只知道自己不愿合作、十分'冷漠',不管这意味着什么。"我总结说。

出于好奇,我问蒂姆后来是否再次帮助过她们。她说蒂姆救她们的唯一原因是不希望自己成为凶杀的同谋。他和阿特不同,他蹲过监狱,不想再回到里头。他虽然会与阿特激烈争执,却始终是朋友。阿特与蒂姆是在泰德·邦迪粉丝俱乐部认识的。臭名昭著的美国连环杀手泰德·邦迪终于在 1989 年被执行死刑。他两次越狱,每次都会继续展开疯狂杀戮。邦迪和阿特一样非常聪明,他曾就读法学院,还为自己辩护。阿特就曾模仿邦迪,在判定妻子有失母职的审判中担任自己的律师。邦迪身材高大,黝黑英俊。阿特则个子矮小,长着雀斑和一头红发,但他幻想自己和泰德·邦迪一样既邪恶又极为英俊。可惜他的这种看法只对了前面的一半,后半句大错特错。艾伦娜讲述以下事迹时,仿佛在说阿特是当地扶轮社[1]成员一般稀松平常:"他和他的病态同伙们会在每年的十一月二十四日唱生日歌并向邦迪祝酒庆生,还会定期举办泰德·邦迪粉丝俱乐部聚会。"

蒂姆和阿特都视邦迪为偶像,也想受到崇拜,就像邦迪的粉丝

1　扶轮社是依照国际扶轮规章成立的地区性社会团体,旨在增进职业交流并提供社会服务。

"崇拜"邦迪一样。艾伦娜直到十几岁时才发现，泰德·邦迪根本就算不上英雄。

我省略了这一案例中大部分的恐怖细节，因为对大多数人而言，这些描述都太过可怕。我向精神科医生咨询艾伦娜是否可以接受药物治疗时曾介绍过她的病史，就连这位医生也不忍听下去。她眼里噙着泪水，问我为何能对这么恐怖的遭遇如此坦然。

我思考了一段时间后发现，这可能和我自己的童年有关。我主要由父亲抚养长大。四岁到十三岁期间，我和他一起在家里开的药房工作，给人送药。我在那段时间里目睹了各种可怕的境遇：贫穷、卖淫、人们独自死去、女性遭到殴打，还有各种各样的精神疾病。然而我父亲指出，我的工作并非为路上的每个客户提供服务；如果有人需要帮助，我应该主动打电话联系警察或救护车；我的职责是不断前进，把所有的药都送到他人手中。如果我执着于其中一位需要帮助的人，就会被情绪左右，无法完成工作。司机和我常常到天黑后才收工。简而言之，我在很小的年纪就已学会如何把个人情绪分隔（compartmentalize）开来。

艾伦娜也学会了如何分隔情绪，甚至会以黑色幽默来转移痛苦。她曾经告诉我阿特是如何疏于照管她们，没有留下任何食物。她和格雷琴会在橱柜里翻找任何可以吃的东西，哪怕是生面粉和糖。她把自己称为"生食运动的鼻祖"。有人也许会纳闷，面对这样的境遇，谁还有心思开玩笑呢？但艾伦娜就可以。这就是她的过人之处。

2. 去祖母家

艾伦娜的有些经历听起来就像童话《小红帽》里的情节。只不过，在艾伦娜的案例中，祖母就是那匹狼。

阿特靠电脑公司发放的遣散费生活了一段时间。等到这笔钱用完，救济金申请也遭拒后，他在四千公里外安大略省柯克兰莱克的一座矿山找了份工作。他只做了两个星期就被解雇，不过，他之后继续留在镇上售卖毒品。他离开前将艾伦娜和格雷琴送到位于不列颠哥伦比亚省基蒂马特的父母家中。他的父母是虔诚的教徒，阿特将二人送去时，他们都去了教堂。于是阿特留了张纸条说他六个月后就会回来，结果一拖就是两年。

听闻当时七岁的艾伦娜脱离阿特的魔掌，进入一个有母亲也有父亲的信教家庭，我松了口气。可艾伦娜很快打消了我的这种想法。她的祖母和阿特一样邪恶，只不过方式有所不同。

我使用非心理学术语的"邪恶"一词描述阿特和他的母亲，是因为没有任何心理学术语或诊断结论能够充分概括他们的残忍本性，最接近的一个术语要数"精神变态者"（psychopath）。精神变态者缺乏同理心，有着肤浅的魅力和浮夸的自我价值感，且撒谎成性。此外他们也很狡猾，善于操纵他人、缺乏悔悟、薄情寡义，拒绝为自身的行为负责，并且沉迷于一种寄生式的生活方式。阿特显然表现出了所有这些特征，他母亲也占了其中几项。他们无疑是精神变态者与虐待狂，可他们具有的邪恶特质比这两种类型所包含的要多得多。阿特和他的母亲自成一类，在任何心理学手册中都没出现过。

阿特的虐待行径虽然可怕，但持续的时间都比较短。他大多数时候都极为自恋且自我陶醉，除非自身直接受到影响，不然不会去管教孩子。举例而言，如果艾伦娜比他先吃了饭，他就会生气；但如果艾伦娜没去上学，他则不以为意。他的母亲——也就是艾伦娜的祖母——则不然，她是一位心理不正常的宗教狂热分子，有充沛的精力对周围的人造成破坏。阿特有个姐妹在十几岁时就被送进过某种收容机构，没有人知道她出了什么问题，也很少有人提起她；而阿特这个备受溺爱的孩子则做什么都对。艾伦娜的祖母虽然没有受过教育，却很聪明。她的儿子在学校里屡获殊荣便是她才智的佐证，儿子的成就助长了她的自大。与此同时，她的丈夫却是个穿着背带裤的胖子，整天坐在摇椅上一言不发，因为抑郁症而表现出类似植物人的状态，连洗澡都要妻子嘱咐。

艾伦娜与格雷琴被送到祖父母家当天就被灌肠，之后每天都是如此。祖母将她们称作"从里脏到外的脏小孩"，说她们毁了阿特拿诺贝尔奖的机会。（祖母以为诺贝尔奖是为编程而设，这是她较为纯良的想象之一。）

在我们的会面中，艾伦娜说话虽然轻声细语，却特别会讲故事。她在诉说时会穿插一些有趣的观察，比如她说祖母家的室内陈设十分俗气，卫生纸架套着法国王后玛丽·安托瓦内特风格的繁复花边。不过，当艾伦娜更深入回忆在祖母家发生的实际事件时，陈述之中的调侃则不可避免地变成了恐惧。艾伦娜双手会变得又红又痒，有时还会反胃呕吐，于是我一直会在她身旁放一个桶。

这段故事的全貌经过几个月时间才全部浮出水面。祖母"清理艾伦娜身上污物"的举措最终对她的身体造成了伤害。由于疤痕组织对诸多身体功能造成损伤，她不得不在二十多岁时接受器官重建手术。从来没有医生问起过究竟发生了什么。她的外科医生只说"会尽己所能"。她将永远无法生育。她的家庭医生也向我证实了她遭受的伤害。

此外，艾伦娜从八岁起就开始服用避孕药。阿特第一次给她时只说："吃这个药。"于是她将一整包药都吞了下去。她后来才学会一天服用一片。十三岁时，她因为内出血去找鲁珀特王子港的妇科医生看病。医生问她服药有多长时间，却从未问起为什么一名八岁的儿童要服用避孕药。艾伦娜遭受的性虐待固然可怕，但同样令人震惊的是，虽然她表现出身体与心理遭到虐待的种种迹象，但学校和卫生部门却没有人加以干预，就好像艾伦娜是个隐形人一样。

在与祖父母一起生活之前，艾伦娜对外部世界的运作方式一无所知。她们过去住在农村，没有电视也没有邻居，她还受到叮嘱不要和学校里的人说话。"阿特和他在邦迪俱乐部里的那些疯疯癫癫的朋友是我对这个世界的全部了解。"她告诉我，"这看起来虽然不太像是一条黄砖路[1]，但我以为生活就是这个样子。"祖母家让她大开眼界，她见识到了另外一个——可怕又狂热的——现实世界。艾伦娜说："我们会去教堂，教堂里提供早餐，人们在里头交谈，还用火焰

---

[1] 黄砖路典出美国作家李曼·法兰克·鲍姆所作的小说《绿野仙踪》，故事中有人告诉主角桃乐西，只要沿着黄砖铺的路一直走下去，就能到达翡翠城找奥兹国的魔法师帮忙。此后引申为能给人带来希望的"成功之路"。

和硫黄作为警告，提醒人远离道德沦丧的泥沼。"

艾伦娜刚搬进祖父母家时并不清楚"性取向"是什么意思，她也不知道阿特与她发生的是"性行为"。然而去教堂参加礼拜后，她隐约察觉这样的行为极为可憎。长辈们在教堂里连番斥责性的罪恶。艾伦娜知道阿特违反了一项禁忌，而她自己也做出了令人憎恶的行为。想象一下，小小的女孩忽然明白过来，阿特强迫她做的事情是如此令人发指，以至于她可能永远被"天国"拒之门外。她说："我当时不知道上帝是谁，反正他听起来比阿特和奶奶要善良得多。不过话说回来，谁不会这样想呢？我很高兴上帝在天国会接纳所有人。可是，当我意识到自己做了那些事情以后连他也不会接纳我，我心都碎了。"

她正是在那段时间第一次经历身体变形的幻觉。祖母坚持让她每天穿上熨烫过的棉布裙子。艾伦娜开始觉得自己长着巨大的生殖器，而且所有人都看得到。她说生殖器硕大发紫，因为血液的流动而不断搏动，生殖器悬挂在她的裙子底下，几乎垂到地上。在此期间，她简直得了紧张症（catatonic）（紧张症是一种伴随精神麻木的静止状态，非常像是动物的冬眠），整天坐在椅子上不愿起身，害怕人们看到她走路时摇晃着的巨大器官。她拒绝上学，当然也没有人会强迫她去学校。

我希望能从无尽的痛苦中找到她体验过的微小善意，于是问她在祖父母家生活时有没有发生过美好的事情。她想了很久。"有一次，除了上教堂之外从不离开椅子的爷爷——他看也没有看我——默默地把星期天报纸上的漫画那版递给了我。"她眼里噙着泪水，哽咽地说，"我依然记得头版登着名为《吉格斯与玛吉》的四格漫画，"她闭起眼睛笑了笑，接着说，"还有报纸的油墨味。我直到今天仍能画出每个格子里的画面、写出对话泡泡里的文字。"我告诉她那部漫画的名字其实是叫《想起老爹》，她摇了摇头说："这个标题真是讽刺，毕竟我多年来一直'想着老爹'。"她指的始终伴随她左右的"呕吐清单"。

祖母逼迫她睡在屋外的车库里，到了冬天就给她一个睡袋。即便是在很小的年纪，艾伦娜也宁愿在妹妹打扫屋子时一个人待在车库里摆弄那里的工具。到了晚上，她冷得只好用烧烤架的防尘罩和汽车的地垫当毯子盖。

阿特从来没有探望过她们。不过，他后来被加拿大皇家骑警赶出柯克兰莱克，护送到了城市边界，还被告知再也不准回来。之后他便去接女儿回家，并再次侵害了艾伦娜。

艾伦娜就是在那个时候决定自杀的。第二天，她拖着沉重的身躯来到斯基纳河边躺到一块石头上，希望自己能被冻死。她记得自己再也坚持不下去了，累得连胳膊也抬不起来。这样的折磨她一天也无法忍受。当时年纪渐长的她——已经八岁了——不仅感受到了一直以来的困惑、痛苦、无望与孤独，和祖母一起生活之后，这股复杂情绪之中还多了内疚与羞耻。她在岩石上躺了一晚上，醒来以后双腿动不了了：这是失温症的先兆。她松了一口气，自己终于快要死了。

暂停一下对这一幕进行思考对我来说很有帮助。我相信那是艾伦娜人生中最重要的时刻。她在选择到底要不要继续活下去。无论是从字面意义还是象征意义上而言，许多人在一生中都经历过这样的转折点。难怪哈姆雷特的独白会成为西方文学史上的经典段落：

生存还是毁灭，这是一个值得考虑的问题；
默然忍受命运暴虐的毒箭，
或是挺身反抗人世无涯的苦难，

通过斗争把它们扫个干净[1]。

任何想要自杀的人都得在"生存还是毁灭"之间做出选择。然而就某种程度来说,每个人在生活中不是都需要做出类似的种种选择吗?有时候,我们不得不在继续或改变之间做出选择。我们是甘愿成为安稳又平淡的日常生活的奴隶,还是打破常规、按照想象中的方式重塑生活?真正的改变很可能会带来风险与痛苦,可能还有焦虑与繁重的付出,但这正是"生存"与苟活之间的区别。我们在各自的故事中都曾是懦夫或英雄——这完全取决于我们的处境与做出的选择。在岩石上的这一幕中,艾伦娜就像哈姆雷特一样,必须决定是否要与"命运暴虐的毒箭"做斗争。

维克多·弗兰克尔[2]在《活出生命的意义》一书中写到自己在纳粹集中营里面临的困境也与此相同。他描述囚犯面对可怕处境会表现出三个阶段的心理反应:首先是惊恐,其次是冷漠,第三则是人格解体与道德出轨。弗兰克尔的观点是,只有那些赋予生命以意义的人才能好好活下来。他指出,即使处于最可怕的煎熬之中,我们也依然拥有选择的自由。对弗兰克尔而言,爱就是人类终极追求的最高目标。他努力为他人付出,盼着再次与妻子相见。他的希望与善意是连纳粹也夺不走的东西。

艾伦娜曾经过着"命运暴虐"的生活,而且经受着无比锋利的

---

1 引自朱生豪译本。

2 维克多·弗兰克尔(Victor Frankl)是二十世纪奥地利著名心理学家。第二次世界大战时期,身为犹太人的他全家都被关进了奥斯威辛集中营,父母、妻子与哥哥全都死于毒气室,只有他和妹妹幸存。他在后文提到的《活出生命的意义》(*Man's Search for Meaning*)一书中写到了被关进集中营的经历。

"毒箭"，可即便如此，她依然拥有选择。就像弗兰克尔说的那样，我们必须从痛苦中寻找意义。他引用尼采的话，后者以另一种形式表达了相同的意思："一个人知道自己为什么而活，就可以忍受任何一种生活。"

八岁的艾伦娜躺在岩石上冻得半死，她虽然从未听说过弗兰克尔或尼采，但她经历的危机完全符合他们的描述。艾伦娜想到如果格雷琴失去姐姐会承受怎样的煎熬——格雷琴在服用阿特给的药物时比艾伦娜更加痛苦，而且她天性特别温顺。艾伦娜知道自己对格雷琴来说就像母亲一样，是她与阿特之间唯一的缓冲。阿特在夜里将艾伦娜当作伴侣，到了白天则视她如死敌。如果她死了，格雷琴就会成为下一个受害者。艾伦娜拿定主意，自杀太自私了。为了妹妹，她必须活下去。

艾伦娜试图起身回家，但她双腿发软，难以站直身子。她一直坐到中午太阳直射到身上才站起来。起初她不得不爬行——她的双臂比双腿先恢复过来。最后，根本没有人问起过她的去向。

艾伦娜告诉我她的决定时，提到了普罗米修斯的神话。她读到过宙斯想要对普罗米修斯施以永恒的惩罚，不仅用锁链将他缚在悬崖上，还派一只鹰去啄食他的肝脏。由于普罗米修斯永生不死，他的肝脏每天晚上都会重新长出来。艾伦娜说她非常了解普罗米修斯的感受。她那天在斯基纳河畔决心活下去，这也象征着她的身体将被"掠食者"一次又一次地反复吞食。大多数英勇壮举都发生在很短的时间之内，但艾伦娜就像普罗米修斯那样选择日复一日经受折磨，这才是真正意义上的英雄之举。

艾伦娜无私的母性本能帮助她从岩石上爬了起来。"那是我的低谷期。"她告诉我，"我觉得自己真是卑鄙，竟然想要抛下妹妹，而且离开图灵我会很伤心的。"图灵是她心爱的猫，也是她生命中为数不多的常驻角色之一。猫与艾伦娜的名字都来自被誉为计算机之父的英国人艾伦·图灵。讽刺的是，图灵——阿特的偶像——同样遭受了折磨。在图灵那个时代，同性恋行为在英国依然被视为犯罪，因此当他受到"严重猥亵罪"的指控时，法庭迫使他在坐牢与化学阉割之间做出选择。他最终在1954年自杀，去世时年仅四十一岁。

我试图说服艾伦娜这并没有什么好羞愧的，而且恰恰相反："你是个英雄。你在整个童年时代都成了战俘，但你每天早上都坚持起床并保持理智。你这么做是为了保护妹妹免受你遭遇的痛苦。你比我遇到的任何人都更加勇敢。"像她这样的孩子应该得到一枚奖章才对。我对此的感受如此强烈，都没有意识到自己的声音因为情绪激动而变得极为高亢。

艾伦娜第二次在心理治疗中展露真情实感。她的眼睛湿润了，问我是不是真的这样认为。

"真的。我还想为你这样勇敢的人们写一本书呢。"我回答说，"在我看来，勇敢并非一次性的行为，而是直面难以战胜的困难，每天起床反复经历相同的煎熬。"我不禁说出了肺腑之言。然而用心理学的术语来说，这是一种叫作"重构"的治疗方法，我在劳拉的案例中也用过。艾伦娜不应将自己视为寻死的懦夫，而是应该看成在忍受折磨的同时还能保持理智的勇敢的人。我相信，重构比我用过的其他任何方法都更能帮助到她。我了解她的过去，可以借此为她重构那些事件与格局。

我们第一年的心理治疗就这样结束了。我逐渐意识到，艾伦娜是我经手过的来访者中遭受虐待最严重的一位。虽然我大部分时间都在倾听，但我能够见证她经历的残酷往事，并将其重构为属于她的力量。

一个人的自尊或自负——即自我意识——往往经由父母的帮助，在童年早期就开始发展。自我意识在我们的本能与现实世界之间起着中介作用。艾伦娜的自我意识充其量也只能说是脆弱。她从未获得过构建自我的机会。每当她试图巩固对现实、对自我的认知，或是搞清楚如何在这个世界前行，她的父亲或祖母就会将其撕成碎片。我担心自我意识薄弱的人有时会失去对现实的控制，因此，我想与艾伦娜放慢脚步，先巩固她的自我意识，然后在此基础上继续展开。

随着我们的心理治疗进入第二年，我注意到艾伦娜似乎对自己的聪明才智不以为意。她如果在工作中获得成功，就会说自己之所以能够解决问题完全是因为其他人"都是有头无脑的笨蛋"。我的猜想则是她比那些傻瓜都更加聪明。她记忆力拔群，擅长作诗，晚上则会阅读数学和物理书籍。她除了爱好跆拳道和空手道，还精通各种暴力的电子游戏，因此获得了参加全国锦标赛的资格。她甚至向游戏公司寄去改进产品的建议，结果其中一家公司发来编程工作的邀约。我为此称赞她，她却说："玩这些游戏的都是些脑袋空空的怪人，所以游戏公司老板发现玩家竟然有点儿头脑时，肯定会很震惊。"

此外，艾伦娜也否认自己具有聪明才智，理由是不希望从阿特那里继承任何特点。她和阿特不仅外貌上很像——相同的苍白皮肤、雀斑、泛着红色的金发与单薄的身躯——头脑也一样灵光。父女二人在编程乃至包括文字游戏在内的各种头脑体操中都表现得一样出色。"记住，他是个变态的浑蛋，"艾伦娜对我说，"所以我为什么想要成为他那样的人呢？跟他相似让我感到恶心。"因此，她一如无视自己的精致外表那样——比如说，用指甲刀剪头发——无视自己聪明的脑袋，否定自己的智慧。

不仅如此，艾伦娜对于阿特说她愚笨也笃信不疑。假话听过上千遍多少会让我们信以为真。艾伦娜说她很擅长蒙骗他人（我当时应该对这样的坦白更加留心才对），但她强调，狡猾并不意味着聪明。于是，有一天她走进我的办公室时，我用韦氏成人智力量表——也就是 WAIS IQ 测试——对她进行突击测试。我并没有给她任何预警，因为我知道这会使她焦虑不安。我觉得这样做有助于消除她认为自己不聪明的谬见。

艾伦娜的测试结果是我见过的最高分——她的分数比 99.2% 的人都要高。她沮丧地说道："唉，完了。这就是奶奶说过的阿特的智商水平。"我指出阿特智商虽高，但他还是虐待狂和性变态者，这三者不可混为一谈。"泰德·邦迪不仅是法律专业的学生，还是谋杀犯，但这并不意味着所有律师都是谋杀犯。成千上万的人都希望拥有你这样的智商。"我说她应该对自己继承的是优点感到庆幸。她既聪明又漂亮，虽然智慧与美貌并非美好生活的保障，但可以让人生更加顺遂。后来，艾伦娜在接受心理治疗的那些年里也确实开始重视自己的智力，在自我价值感方面也有所进步。

智商测试一个月后，艾伦娜在我的建议下向律师事务所要求加薪。从未拥有过个人权利的人会在一开始维护自己的权益时感到非常困难，这一举措也给她带来了巨大的焦虑。我们于是为面谈进行了多次排练。

艾伦娜事后告诉我，当她向这间拥有四百名员工的律师事务所的创始合伙人提出加薪后，对方不仅嘲笑她，还提议说既然她连法律助理都算不上，就应该对自己享有"空前的自由"而知足。艾伦娜觉得受到轻视，行将崩溃，不过奇怪的事情发生了。"吉尔德，"她用她给我起的昵称叫我，"我像凤凰一样涅槃重生，我假装自己是你，用你的思路武装自己，开始炮轰那个合伙人。我让他找其他人去加快处理他们的重大专利申请、阅读所有相似的专利，并找出一些工程设备与另一些的不同之处，然后在二十四小时内就这些不同之处写一份三十页的报告。他清楚得很，寻找部件差异最拿手的人就是我。"

专利部门和其他部门的人都替艾伦娜说话，因为他们都依赖她的才能，到头来要靠她完成的工作才能赚钱——同时频繁抢走她的功劳。艾伦娜的工资就此翻倍，第二年还获得一笔高额奖金。

尽管艾伦娜在生活中不断向前发展并取得了进步（这正是心理治疗的意义所在），但那段时期对她来说压力很大。我还略微鞭策了她一下，让她去申请法学院或攻读高等数学学位。她拒绝了，说自己无法集中注意力。我问起原因时，她敞开心扉开始诉说。经过一年多的心理治疗，艾伦娜终于准备好要告诉我她脑袋里究竟在想些什么了。

3. 录音带

艾伦娜曾说阿特一直阴魂不散。他喋喋不休说个不停，声音像是被保存在录音带上似的在她脑海中循环播放。每当她踏出舒适区就压力倍增，"录音带"的声音也变得越加响亮。

我让她详细说说都会播放些什么。"嗯，昨天我在阅读一份关于井温计的文件，我需要证明它与其他井温计不同，并说明为什么这款井温计应该拥有属于自己的专利。"她开口道，"'录音带'里的阿特便说，'你干不了这个。你连加法都不会。你对工程学一窍不通。'接着，他变得玩世不恭，还说我是个'烂婊子'。就这样持续了大约一个小时。我必须努力摆脱在我脑海中萦绕着的大喊声，坚持思考。"

我想到，艾伦娜能够正常工作完全有赖于她的高智商。哪怕她经常分心也依然表现出色。

当艾伦娜置身高压环境时，脑海中声音的干扰就会加剧。"这就是我避免承担过多责任的原因。"她说，"当我取得了某些成就，阿特就会大喊'你这个该死的骗子'，声音大得让我的心都怦怦直跳。"艾伦娜在讲述这些事情时明显变得焦虑。我问起阿特在现实生活中是否常常喊叫，她说，"很少。他有其他拿手的控制手段，他喜欢斗智。"我指出，与一个害怕又依赖于他的孩子斗智并不公平。实际上，这是懦夫的游戏。

她讲述了一个体现阿特恶形恶状的例子。"我小时候喜欢玩数字游戏；我会玩骰子，将它们按照数字从小到大叠在一起。然而上学之后我特别害怕，我以为老师在骗我。"我表示不解，她于是告诉我，阿特故意教了她错误的算术，"他说二加二等于四，但是二加三等于六。他说我以为答案是五真是笨。"艾伦娜面对如此困惑的局面感到非常头疼恶心，"最后我一点加法也做不了了。我上学时会把空白的作业本交上去，这样至少比被嘲笑要好。"没有一个老师联系过她的家长。

艾伦娜喜爱读书，她说阿特会撕毁她从图书馆借来的书。"这样一来，我非常钦佩的图书管理员就会没收我的借书卡。"

艾伦娜说到这里低下了头，看起来很沮丧。我略作询问，她指着我那盆杂乱的一品红说圣诞节快到了——阿特一直会做一些让别人以为他很正常的事情，比如在家里摆一棵圣诞树。可是树下往往没有礼物。有一年阿特问她想要什么，她说她在这世上最想要的东西就是一张书桌。阿特给她买了个洋娃娃，而想要洋娃娃的格雷琴则得到了一张书桌。"我当时九岁，已经过了玩洋娃娃的年纪，而且我从来都不喜欢这个。我要是坐在妹妹的书桌前，他就会惩罚我。我因此懂得永远都不能告诉他我喜欢什么或者想要什么，不然就会被他夺走或取笑。他还一直挑拨我和格雷琴的关系。不过这招从未奏效。"她说道。

"说明你赢了这场战斗。"我表示。

随后，艾伦娜讲述了一件有关她们心爱的猫图灵的可怕事件。有一次，阿特夜里开卡车载着艾伦娜和妹妹去兜风，说他想去山的那边看月亮。"于是，图灵、格雷琴和我在半夜挤到他的小货车前座。

215

阿特一边开车一边把图灵拎到窗外，在驶出城后把它扔向路过的第一个停车标志。图灵跌下去后立即死了，阿特则继续朝前开。我知道如果我表现出痛心或难过的话，下一个就会是我。我和妹妹都直视前方，强忍住眼里的泪水。"

"所以你只好假装不喜欢对你来说重要的东西，而且也吸取了没有假装享受上床的教训。"

"正是如此。他无须大喊，也不用动手。"

阿特玩的心理游戏让我想起1944年的电影《煤气灯》。影片中，一名男子设法蒙骗妻子让她以为自己疯了，从而使她真正失去理智。我播放这部电影给艾伦娜看时，她冷冷地说那名丈夫是个外行，写剧本的人应该找阿特咨询意见。她接着说自己无法像电影中英格丽·鲍曼扮演的妻子那样迅速恢复过来。实际上，她说："我不得不离开大学就是因为被他搞得快要精神错乱了。"

对于心理治疗师来说，治疗来访者的过程就像是在破解谜团。艾伦娜描述她突然退学时，我便错过了一个重要的线索。尽管当时我已处于职业生涯中期，但我依然没有掌握"不能一直信赖来访者对事件的描述"这个道理。就像读者会在文学作品中遇到不可靠的叙述者一样，心理治疗师也会在办公室里遇到类似的情况。

首先，我对于艾伦娜其实上过大学感到十分惊讶。她告诉我她凭借一篇名为《如何改变世界》的文章——主题由扶轮社拟定——获得了扶轮社的全额奖学金。"搞得好像我知道如何改变世界一样。我像是在写'只要没有阿特和他的朋友，这个世界很快会振作起来'。我能得到奖学金的原因可能是鲁珀特王子港没什么人申请吧。"她还告诉我阿特认为她能得奖学金是因为镇上其他人都太笨了。我指出她并不需要阿特的"录音带"，她早已将他的批评内化到这种地步，自己也能想出差不多的说法。

艾伦娜避开所有阿特擅长的学科领域，转而攻读文学专业研究起诗歌来。她的一位教授是个受人尊敬的诗人，他让学生提交自己写的诗歌，并在之后那堂课上说自己特别喜欢其中的一组诗。他随后叫出艾伦娜的名字，让她大声朗读一首。艾伦娜羞愧万分。"我以为他和阿特一样是在嘲笑我的作业，于是我跑出教室，再也没有回过学校。"那次事件之后，艾伦娜有很长一段时间都处在她认为是紧张症的状态里。她唯一确定的是，她对那段时间的记忆一片模糊，什么也不记得了。

回想起来，我本应该追问那段被艾伦娜遗忘了的时期，但我没有问，而是把注意力集中在她对教授的表扬做出的反应上。"你如今是不是明白了呢，他并不会像阿特那样诋毁你。"她看起来十分不解，我因此换了种说法，"现在回想当时，你有没有意识到他是真的很欣赏你的诗歌呢？"

她停顿了很久之后说："算有，也算没有。我一方面知道自己的想法很疯狂，但另一方面，我纯粹是不想再上当了。我害怕被逼到崩溃。那个时候，我完全以为他是又一个阿特。"

我为此提醒艾伦娜，她当时既没有朋友，也没有其他成年人引导她了解这个世界，她有的只是阿特。那位教授是第一个对她表达善意的人。"所以那时你认为他在取笑你。如今你虽然理智上知道他没有像阿特那样玩弄你，但就情感上来说，你却依然难以确定，对吗？"

"对，即便后来教授还给我写了一年的信，让我务必联系他。阿特如此聪明狡猾，仿佛是用疯狂的线缠绕着我结了一个茧。这些细线如同游丝，我虽然能够像透过薄膜一样看到外面，但就是走不出这个茧。"

我很疑惑，于是要求她举例说说这种笼罩着她的影响。"我们下国际象棋的时候，如果我占上风，他就会编造规则。比如说，如果我将某颗棋子挪到某一格，就必须在接下来的三步棋中拿走我的后。"她回忆说，"我离开家后跟别人下棋才知道他撒了谎。不再处于劣势的感觉好极了，但我赢棋的时候却觉得自己在作弊，因为这些并非我所熟悉的规则，也就是那些对我不利的规则。"她接着告诉我阿特会如何用错综复杂的方式改动规则，让她一直没法赢棋。就这样，阿特日复一日、周复一周、年复一年地破坏她对现实世界原本就摇摇欲坠的理解。

我之前写到过父母的地位有多特殊，每天能对孩子施加数百次正强化或负强化。他们向我们投来的每一个眼神都诉说着我们是谁、在这个世界的等级秩序中又处在什么位置。换句话来说，他们无意识中构建了我们。然而，艾伦娜被构建的过程完完全全是被洗脑的过程。

她依然听得到"录音带"，而且，她越是想要摆脱阿特口中愚蠢可悲的自己，那个声音就越是响亮。"这就是为什么当你尝试新鲜事物时，'录音带'里的声音就大喊大叫。"我解释说，"每当你试图在这个世界取得进步，摆脱阿特编造的愚蠢的失败者形象，'录音带'的声音就会越来越响。"

艾伦娜纠正我："不单单是失败者，还是个笨拙的骗子和荡妇。我要是有一份需要告诉别人去做什么并要求他们尊重我的职位，'录音带'就会阻挠我正常工作。"我指出她为多伦多最优秀的律师事务所之一做了不少出色的脑力工作，而且那些律师需要靠她搜集论据才能顺利出庭。她解释说，当她独自待在办公室的时候，大家都知道不要去打扰她。他们会把工作发送给她，等她写下答复。有时别人也会径直走进去向她提问，她则会回答。偶尔有人请她出庭时，她会拒绝，因为她既不希望和其他人待在一起，也从来不想当谁的主管。"我不知道我的大脑什么时候会不辞而别,或者用我的话来说,'阿特而别',所以我需要拥有快速离开的可能。"

我让她具体说说除了"录音带"之外,还有哪些"脑袋里的问题",可她却答不上来。她说有时脑子里会一片空白,要过很长一段时间才会恢复正常。她说这是一种植物人般的状态,类似于紧张症,她不希望被其他人看到。艾伦娜无法承担在法庭上发作的风险,因此需要待在房间里静静地工作,这样如果她失去控制,就可以立即离开。

艾伦娜在几星期内两次提到这种她含糊地形容为"紧张症"的情况。我本应该更仔细地探究下去,可是,我当时更专注于了解阿特的心理游戏,而非她对其做出的反应。

那天艾伦娜离开后,我在整理笔记时意识到,她虽然大部分时候看起来镇定自若,但她精心打磨的举止其实是为了在阿特面前保护自己。只要她表现出任何脆弱之处,阿特就会扑上去攻击她,夺走对她而言非常宝贵的东西。这也难怪她会比看上去要脆弱得多。回想到我们治疗的后半段发生的悲剧事件,我应该在那个时候就看清她的沉着只是一种伪装。

心理治疗师有时应该问自己为什么要将来访者朝某个特定的方向推动。我希望艾伦娜从事一份与她的天赋相匹配的事业,但我很快意识到,我比她更想实现这一点。我简直能够想象到我父母会说些什么,比如要我别低估自己,说我需要一份事业。这对他们来说是个非常重要的目标,最终对我来说也是如此。也就是说,我一直在把自身的需求投射到艾伦娜身上。我被她幽默冷静的举止和频繁闪现的锐气给迷惑住了。我现在才知道她受的伤有多深,因此,我决定放慢步伐。

在一年半的心理治疗中，艾伦娜除了说起母亲在她三岁前消失之外，再也没有提到过她。终于，我在临近母亲节的一次会面中问起她的母亲在失去孩子以后的生活。艾伦娜用平淡的语气说她搬去了英国——母亲担心阿特接下来还会陷害她，而且知道自己无论是头脑还是威胁手段都敌不过他。她将自己仅有的那点儿积蓄用来在法庭上争取探视权，最后在艾伦娜九岁、格雷琴六岁时获得法定许可，每年有一星期的时间可以让两个女儿去英国见她。

艾伦娜一开始说起母亲时赞不绝口：她是世上最好的母亲；没有了孩子，她的生活犹如地狱。孩提时代的艾伦娜肯定把母亲理想化了，尽管对她的记忆早已稀薄，却渴望和她待在一起。她对母亲最清晰的记忆是当阿特在屋子里横冲直撞地寻找她们时，她们和母亲一起躲在卡车里的情形。

几个星期后，艾伦娜坦言自己更喜欢梦中理想化的母亲，而非重新见到的真实的她。她对母亲的幻想在与妹妹展开每年为期一周的伦敦之旅时破灭了。母亲为她们买了同款的连衣裙和同款的娃娃，对真实的艾伦娜仿佛视若无睹。公平地说，艾伦娜呈现在母亲面前的很可能是个从容镇定又彬彬有礼的小孩前来做客的完美形象。她们参观白金汉宫，乘坐巴士去古老的豪宅见识老家具，还一起逛街。当我问起这段关系中的情感质量时，艾伦娜说："我几乎不认识她了。我三岁之后就没有再见到过她。我当时九岁或者十岁吧，还为了她穿上傻乎乎的连衣裙、白色的褶边短袜和玛丽珍皮鞋。"

"但这依然无法说明你们相处时的情感基调。"

她用一段生动的对话作为对我的回答。母亲问起女儿为何如此瘦削时，艾伦娜说是因为阿特不怎么给她们吃饭。"母亲哭着说她希望这不是真的。'艾伦娜，你在撒谎对不对？'她说着，投来恳切的目光。她当然明白这是真的，她和阿特一起生活过，知道他是个变态。她只是难以接受现实罢了。"于是艾伦娜让步了,说这不是真的,她的妹妹因此感到很困惑,"我们要装出兴高采烈的样子,穿着上了浆的裙子在伦敦街头蹦蹦跳跳地径直向前走,真的特别难。"

我指出她作为一个十岁左右的孩子不得不扮演相互矛盾的角色。她必须假意放纵,好让阿特觉得她是个出色的情人,然而到了母亲面前,她又不得不扮演一个在海外生活的天真女孩。真实的艾伦娜根本没有存在的空间。

艾伦娜茫然地看着我,依然想要维护母亲。"我不怪她。"她说,"阿特狡猾极了。母亲在与他的斗争中落败,不得不把年幼的女儿们交给一个恋童癖,她肯定因此痛苦万分。"她讲述了母亲是如何通过法律手段与阿特斗争多年,直到花光所有的积蓄,"但她从来没有忘记我们"。

她的母亲最后无计可施,只好把孩子拱手让给恋童癖,我想象不出世上还有什么磨难比这更加痛苦。然而,我希望真实的艾伦娜能对母亲做出真实的情感回应。无论这位母亲是多么努力地设法夺回女儿们,就情感上而言,艾伦娜依然是个遭到遗弃的孩子。"否定自己承受的痛苦想必非常困难,而且你不仅挨饿,还被下药并反复遭到性虐待。"我说,"可是,你的母亲却明确表示她不敢听下去。"

艾伦娜反驳说母亲已经尽力,如果她对她们的糟糕生活无能为力,听她们说又有什么意义呢?她还说母亲在寄养系统中长大,被重新安置过多次,年少时因为被殴打不得不离家出走,十四岁又因为卖淫被警方记录在案。艾伦娜之后还费心地解释母亲为何会选择阿特:因为她早已习惯被虐待,对此感到稀松平常。在法庭上,母亲面对受过良好教育的阿特根本不是对手,况且,当时的阿特过着像样的生活,有一份可靠的工作,可以假装是个体面人。

我怀疑艾伦娜在无意识中对母亲的愤怒比她愿意承认的要多。

儿童被遗弃后的心理感受并不会遵循逻辑。即便父母去世，孩子依然会因为遭到遗弃而愤怒。尽管父母没有过错，但这并不能让他们感觉好受一些。

第二天，艾伦娜发来她记录的梦境，题目是《蜘蛛和水》，描述的是她与我讨论过母亲之后的生活与心理状态：

梦中的艾伦娜回到鲁珀特王子港，她沿着熟悉的马路向前走着，四周的房屋全都被水淹没，里面的人们——大部分是婴儿——都被淹死了，漂浮在窗户前。终于，艾伦娜找到自己从前的屋子，那里没有受到水淹，房子遭弃置后有点儿肮脏。她来到自己从前的房间，发现有个女孩躺在她过去的床上。艾伦娜抬起头，看见几十只小型贵宾犬大小的毛茸茸的蜘蛛。床上的女孩似乎并不惊慌，而是坚持要喂蜘蛛。于是艾伦娜拿起碗去喂它们。接着，她从窗户爬出去，来到一个交易站，那里的天花板如此低矮，她不得不弯着腰行走。交易站里有个女人，身穿小丑模样的衣服（缀有硕大红色圆点的宽松衬衫和紧身裤），看起来疯疯癫癫的。女人怀里抱着的婴儿哭得惊天动地。疯女人把婴儿塞到艾伦娜手里之后便赶忙离开。接过宝宝的艾伦娜试着来回踱步，但弯着腰这么走十分困难。这个梦在艾伦娜试图安抚婴儿时结束了。

艾伦娜来参加下一次会面时，我请她对这个梦展开自由联想。她说洪水是阿特的诡计，他让那里看起来似乎只有他们家没有被水淹，以此引诱艾伦娜进入。蜘蛛同样代表阿特，因为他在那个屋子里无处不在，非常可怕。而且，当他发现艾伦娜对蜘蛛极其恐惧之后，便会假装自己是蜘蛛。"他还经常把蜘蛛带回家放在我的床上吓唬我，然后大笑着说'骗到你了吧'。床上的另一个女孩就是我。从窗户逃走的那个人也是我。而床上的女孩——另一个我——知道自己无处可逃，并且需要为此付出代价。我必须做饭喂饱屋子里所有象征阿特的毛茸茸的蜘蛛。这种恐惧就是我每天早上起床做早餐时的感受。"

艾伦娜不知道那个身穿红色圆点衬衫的疯女人是谁。但当我问起她是否认识谁有这样的衬衫时,她扬了扬眉毛,仿佛洞悉了什么秘密:她的母亲在圣诞节时买过一件这样的衣服。

很明显,将婴儿交给她的疯女人就是母亲,而那个宝宝是格雷琴。那间屋子很小,天花板很低(艾伦娜曾经开玩笑说阿特笃信低开销[1]),艾伦娜需要弯着腰才能在里头行走,照顾起孩子来也特别困难。尽管如此,艾伦娜还是做到了。就像她说的那样:"现实中渺小的是我,而不是那间屋子。我根本不知道要如何照顾婴儿,抱都抱不动她。梦里的我还被迫弯着腰。"她坐着沉思了一会儿,"上周聊起母亲之后,我发现自己有很多原本没有意识到的怨恨。她在现实生活中根本不是疯女人,那为什么在我的梦里会成为疯女人呢?"

我解释说,梦境需要呈现画面,也就是具有情感内容的具体形象,好比神话会通过画面——其具有普世性的原型——来诠释人类心灵一样,梦境在个人层面上也具有同样的功能,能为做梦者提供个人无意识思维的画面。在艾伦娜的梦境里,那件衬衫就是线索,衬衫上波尔卡式样的红色小圆点成了小丑装上的硕大圆点。艾伦娜的母亲不知道要如何应付阿特,结果被诬陷成疯子与不合格的家长(在梦里就变成了小丑般的可笑形象)。艾伦娜承接了母亲的角色,但这对她来说十分艰巨。"这个梦是你第一次意识到,身为学龄前儿童当母亲非常艰难。你不管在字面意思上还是象征意义上都被迫弯

---

[1] 原文中,作者使用的"low overhead"一语双关,既表示"低天花板",又有"低开销"的意思。

腰屈从。"我说。

艾伦娜的手越来越红，我安慰她说，生母亲的气并不代表对母亲不忠。这只是属于她的感受，任何人都会有这样的感受。

孩子们如果在很小的年纪就被赋予成年人的责任，他们以后便一直会担心要如何恰当地履行自己的责任；他们似乎从来都无法接受自己太过年幼而无法完成任务这一事实，而是将未能完成的失败深深记在心里。第一章里的劳拉年幼时被留在森林里，她便专注于自己所谓的未能好好抚养弟妹的失败，很少提及自己也遭到遗弃的事实。艾伦娜的情况也差不多，她并没有为自己从三岁起就开始照顾格雷琴感到骄傲，而是担心因为上学而疏于照看妹妹。

遭到虐待的儿童由于认为自己每时每刻都处于危险之中而常常高度警惕。他们早已学会如何感知威胁，因为他们的生命往往取决于此。有一个星期，艾伦娜说起一件在律所发生的惊恐事件。一位心怀不满的男子出现在接待处，要求见某位律师。后来大家才知道他是在离婚案中失去孩子监护权的一方。他怒气冲冲，打算杀死妻子的律师。可在当时，除了艾伦娜，没人注意到他有多疯狂。艾伦娜在拥挤的等候室里注意到他，随即叫来保安和警察。当他们朝这名男子围上去时，后者拔出了枪。办公楼里二十一层整个楼面的人都被疏散，这名男子也被制服并带走了。

艾伦娜说她对存在暴力倾向的疯子有第六感。"所有受虐儿童都像猎犬一样。"她说，"他们必须扫描环境，寻找可能出错的地方。因为如果不这么做，就是死路一条。要我说，这就是'温室花朵'的对立面。"

她与第三章里能察觉到公路强盗的货车司机丹尼一样，对危险极为敏感。他们都曾与"掠食者"一起生活。艾伦娜说，阿特喝酒嗑药之后经常掏出枪指着她和格雷琴，告诉她们最好靠墙并排站着再对他说几句好听的。"我们身后的墙上布满了弹孔。等到他昏睡过去，我们便给他盖上毯子，然后把枪收起来。"

"你有没有想过要拿起来朝他开枪？我是说，在你十几岁的时候。"我问道。

"当然有过。我以前玩电子游戏时一直会幻想朝他开枪，现在也是。这就是为什么我那么擅长玩游戏。"她说，"但我认为他不值得我被终身监禁，那只会让我变得和他一样不正常。"

"你在为保持理智而斗争。"我摇着头说道，"那种幻想肯定充满诱惑。"

很久以后，艾伦娜告诉我，那一刻是她在心理治疗中的转折点。她从我脸上的表情和我眯起眼睛的神态中看得出，那是我的肺腑之言。在那以前，她一直认为同理心很虚伪，对我来说只是工作的一部分。但当我暗示她有充分理由杀死阿特时，她终于确信我是站在她这一边的。

询问艾伦娜为什么没有杀死阿特显然不是我最专业的时刻。但这让我们的关系变得更加牢固。这是我在以自己的方式表达：我不仅理解她的无能为力与困顿，还理解她的愤怒——那种永远不见天日的愤怒。她看到了我眼睛里映照出的属于她的愤怒。

4. 火炉背后

尽管艾伦娜幻想过杀死阿特，但她最终没有动用暴力就成功逃脱。与她故事中童话般的荒诞情节一脉相承的是，策划这次营救的是鲁珀特王子港的其他人。为了更好地讲述这次救援，让我们先来看看小镇这个外部世界与她的家庭之间的关系。

艾伦娜到了上幼儿园的年纪后，阿特给了她一些教育方面的建议：学校是个烂地方，所以最好保持低调，不然她就会被送走并且再也见不到妹妹。这一建议加上阿特故意教错算术带来的困惑，以及她对格雷琴独自在家与阿特共处一室的恐惧，导致她在学校变得十分孤僻。她在家大量阅读，在课堂提交的作业却空白一片。艾伦娜后来才知道，阿特并没有猥亵格雷琴，而是兀自出门会友，把她留在家里无人照管。艾伦娜一回到家格雷琴就会紧紧抱住她。格雷琴很少哭，但她会用手指紧紧攥住艾伦娜的手不肯松开。

令人震惊的是，据艾伦娜所知，整整十二年里从来没有人打电话到阿特家里或要求对她进行心理评估，也没有训导员调查过她频繁缺勤的原因。当艾伦娜多年来都身穿相同的脏衣服上学，当阿特一如既往拒绝为她的实地考察表格签字，或者当她从不带午餐或牛奶钱时，没有一个校方人员对此进行过调查。她八岁时为她开具避孕药的医生也好，十几岁时为她受损的阴道出现感染看诊的医生也好，都没有联系过任何人。

在艾伦娜成为我的来访者很久以后，有一次，我在鲁珀特王子港附近的迪格比岛机场度过了一个雾蒙蒙的夜晚。等待被飞机接走的另一名乘客是当地的重要官员，我曾在加拿大广播公司的电视节目中多次看到过他。他说起鲁珀特王子港的社会服务事业接收了大量拨款。于是我忍不住告诉他，我以前有位遭受虐待的来访者在小镇住了十八年，从未得到过任何人的任何帮助。他回答说，鲁珀特王子港失业率很高，渔业和林业都被摧毁，罐头厂也被大火夷为平地，当地40%的人口还是原住民，这些情况导致了种种社会问题。所以说，如果一名白人女孩有房住、有家长，还会去上学，遭到遗漏在他看来实属意料之中。

我问艾伦娜为何从不向任何人寻求帮助或是致电儿童保护协会，她说这太危险。尽管他们会相信十几岁的艾伦娜，但她不想冒险和格雷琴分开。而且，她们除了寄养家庭无处可去。那是二十五年前的事情了，在当时，人们很少讨论乱伦和家庭虐待问题。如果相关机构不相信她而是听信阿特——就像她母亲的遭遇那样——她就会在提出指控后被迫继续和阿特一起生活。她知道阿特会杀了她或格雷琴，或者是用某种难以想象的方式折磨她俩。赌注太大，她不敢冒险。

不过，艾伦娜在十四岁时终于摆脱了阿特的控制。有一天，她在城乡接合地区路过同学瑞秋的家，瑞秋和她母亲正坐在门廊上，那位母亲随即邀请艾伦娜进屋做客。艾伦娜小心翼翼地在椅子边缘坐下，因疼痛不由得皱了皱眉：阿特的"关注"让她痛苦万分。那位母亲注意到后便开始询问。她见艾伦娜反应如此惊恐，不禁警觉，认为一定是出了大问题。她对阿特有所耳闻，她的丈夫有时会参加阿特的狂野派对,她对此深恶痛绝。于是,她报警举报了阿特。

不到一星期后,警察在阿特"招待宾客"之际上了门,立即带走了艾伦娜和格雷琴,二人自此再也没有见到过阿特。

格雷琴后来被安置在一个开面包房的德裔家庭中。她爱上了那里的生活,还开始学习烘焙。实际上,她后来还以此为业:她最终在多伦多的一所大学教授烘焙与糕点艺术。

由于艾伦娜已经十多岁,社会服务机构在安置她时难度更大。她不想冒险被又一个疯子控制自己的生活,因此不想住进寄养家庭,而是希望去离妹妹不远的集体家庭。"如果有个疯子在集体家庭工作,"她解释说,"那顶多是八个小时一个班次的时间。最坏的情况无非是疏于照管,而这对我来说简直就是天堂。"艾伦娜接下来的三年里确实住进了格雷琴附近的一个集体家庭,直到她到了众所周知的"脱离系统的年纪"。后来,她在大学里一蹶不振后一直住在妹妹附近,等到格雷琴年满十八岁,二人便一起搬到了多伦多。

尽管艾伦娜在地理距离上远离了阿特,但她在情感上却从未真正摆脱过他。阿特的触角早已探入她的大脑,他利用残酷的操纵使艾伦娜怀疑自己的认知,并且导致她在脑海中不断播放自我厌恶的"录音带"。她受到的伤害如此严重,需要不断努力区分现实世界和阿特的邪恶世界。这种挣扎使她在大学时期跌落谷底,不幸的是,她也因此不得不中断学业。

我们结束了第二年的心理治疗,我也开始看清艾伦娜有多脆弱。她开始治疗没多久便向我吐露自己的遭遇,我现在才意识到这对她产生了多大的影响。就另一方面而言,正如我向艾伦娜指出的,她也开始采取一些具体的措施,比如在工作中坚定立场、要求加薪并得偿所愿。她还开始更现实地看待并谈论母亲,以及年幼时充当格雷琴的家长一职有多困难。

艾伦娜一心盼望在治疗中取得"重大进展",可是,伴随宏伟计划出现的却是不可预见的影响,并最终引发灾难性的事件。

艾伦娜的康复之旅和所有儿童一样,会经历心理发展的不同阶段。大部分阶段都相当一致,儿童会在其中一个阶段度过一定年限,然后进入下一个。神奇的是,不管是原始时代还是现代,这些阶段在整个人类谱系中都会发生。(而且我们可以从世界上任何地方的叛逆青少年身上看出各种不同的阶段。以纳尔逊·曼德拉[1]为例,他在自传中描述在自己所属的非洲部落里,所有十三岁的男孩都会被带到一个青少年之家,与家人分开生活,以此确保家中的安宁。)

心理创伤会阻碍情感发展。儿童如果需要耗费精力去应对创伤,就不会有情感成长的余裕。随着艾伦娜在心理治疗中有所好转,她在情感上也逐渐成熟。她开始在极短的时间内迅速经历各个成长阶段——从婴儿期到青春期后段再到成年边缘。我对此略感不安,因为我不确定自己在会面的不同星期看到她发展到哪个阶段。

第三年起,我们开始讨论艾伦娜说起的"像孩子一样乱发脾气"的情况,这近来只有在她与伴侣简相处时才会发生。举例而言,艾伦娜略显尴尬地表示自己有时会为打算吃什么与简起争执,她有时还会把餐点扔进垃圾桶里。(比艾伦娜年长二十岁的简只是摇了摇头,随后便离开房间。)

大约在同一时期,艾伦娜执意购买起各种新衣服来。她花了好几个星期将衣柜里的衣服悉数替换,不过在我这个外行看来,她的新衣服和过去那些法兰绒格子衬衫与工装裤相差无几。艾伦娜倒是

---

[1] 纳尔逊·曼德拉是世界著名的反种族隔离人士,曾于1993年获得诺贝尔和平奖,他在1994年至1999年间担任过南非总统。

觉得这些行头不羁又新奇，每个星期都会炫耀她从马克工作服屋[1]买来的新衣服。尽管如此，她还是对自己的行为感到不解。"我就像是我两岁的侄子，"她有一次说道，"要是让他在冬天穿超人紧身衣的时候披上外套，他就会发脾气。"我指出，她的整个童年时期都与阿特一起度过，从来不被允许拥有一件她真正想要的东西，而行使选择权是人格发展的一个重要部分。艾伦娜正处在被称为"可怕的两岁"的典型发展阶段。她实际处于两岁的时候，阿特正设法摆脱她的母亲，因此将她关在了房间里，她没有任何机会发脾气并将自己与他人区分开来。这个家庭有阿特在已经够呛，无法再承受另一个被宠坏的婴儿。如今她终于懂得"我的"这个词语的真正含义，即便她在成人之后才经历"可怕的两岁"，我依然为她在发展的阶梯上向上攀升而感到欣喜。

艾伦娜说起自己的新变化时显得十分惊喜。"另外，我还会在办公室里开玩笑，模仿诉讼部门的负责人。他讲话时语调奇怪、遣词造作，从不会好好说话，非要说什么'请允许我在此插一句话'什么的。而且他在走廊上遇到人时不说'你好'，而是说'拜贺'。我不仅能模仿得惟妙惟肖，而且忽然觉得自己特别有趣，真是太新鲜了。我以前从来不希望别人注意到我，现在倒是挺享受的。"她此刻正在进入社交阶段，希望与他人互动而不是把自己藏起来，她想让自己显得与众不同。

进入心理治疗第三年的下半年后，艾伦娜依然会将狂野的梦发给我看，这些梦往往先于她的意识感受踏入无意识的领域。其中一个梦里出现了一头搁浅的鲸鱼，她于是把整个梦境都写了下来：

---

[1] 马克工作服屋是加拿大的服饰鞋履零售品牌。

简和我在一个巨大湖泊岸边的公园里。我们身边有个长得很像吉尔德的女人,她走在我们前头打量四周。简和我发现了一头搁浅的蓝鲸。我们叫住吉尔德,她跑过来和我们一起仔细查看蓝鲸,确认它还活着。我们得把鲸鱼弄回水里。吉尔德拿出一袋可以将湖水变成咸水的化学品倒了进去。我们做了一个精巧的滑轮系统把鲸鱼拖入水中。鲸鱼充满活力地在水里游动、跳跃等等。

我回到车里去找简,但她忽然消失了。原来她在楼梯间里喷绘涂鸦。

我们爬回车里,吉尔德驾驶汽车往家开去。简在路上背诵了一首她年轻时写的诗。那是一首非常痛苦、令人难过的诗。最后,我们坐在家门口的车道上聊天。简的诗让我感到不安,我为她担惊受怕。她好像有自杀的念头。

艾伦娜说她就是那头鲸鱼,而我——吉尔德——是那位用化学品制造咸水的女性探险者。鲸鱼处于危险中时,简和我想尽各种办法让它回到至关重要的咸水里,试图拯救它。我们站在她这一边,努力让她好起来。

我问起她梦中最后的那一部分,就是简从营救的最后阶段抽身离开,一反常态地画起了涂鸦(她在现实中非常遵纪守法),等到鲸鱼获救后反而很伤心。当鲸鱼——也就是艾伦娜——得救以后,她为什么想自杀呢?也许如今艾伦娜学着表达自己的需求对她们的关系构成了威胁?艾伦娜对此予以否认(我将这一观点搁在一旁,留待之后思考)。

大约一个月后,艾伦娜雀跃地走进来说:"嗯,你肯定不会相信,我恋爱了——和新来的实习生,或者至少是被勾起了欲望。"

"恋爱?"我不解地说道。艾伦娜此前受制于迟滞性发展,一直是无性恋,就像一个尚未进入青春期的孩子。如今她长大了,希望体验初恋,这自然合情合理。可是简怎么办?

我默默地坐着,艾伦娜说:"我还以为你会为我高兴呢。"我指出为她高兴或难过并非我的职责所在。我不过是想搞清楚原委。"我达到高潮,还叫了出来,她也一样。我没有隔离自己的情绪,我是说,我没有很僵硬,而是让自己沉浸其中。我们晚了三个小时才回到办公室,她因此惹了不少麻烦,不过从来没有人数落我。我觉得他们不知道我和她在一起,因为她在其他楼层工作。"

她继续说起当天的情形以及高潮的感觉,说自己总算理解为什么好莱坞要拍那么多浪漫爱情片了。我对她突然之间展现的变化和她讨论这些内容时的直率态度感到吃惊。就好像艾伦娜已经消失,我眼前出现的是一个类似于麦当娜的人。

接下来的那个星期,我听见楼梯上传来一阵急促的脚步声,接着艾伦娜走进来,扑通一声坐到椅子上。她有点儿蓬头垢面,看起来疲惫不堪。"你知道我为什么和简结婚吗?"她开口说道,"我需要她。我需要一个母亲和一个父亲,而她能同时扮演这两个角色。就许多角度而言,这都是个很有吸引力的选择。但我如今想要一个真正的女人,而简依然需要刮胡子,还需要电解脱毛。她对自己的女性形象从来都不满意,永远觉得有地方需要改善。"艾伦娜重申她依然爱简的善良特质,但她已经不再受到简的吸引。"我现在想找乐子,想要狂野的性爱和跳舞,而她不是那种类型的人。"

我为忠诚又坚毅的简感到难过,这种矛盾的心情想必全都写在了脸上。"我知道,我知道,"艾伦娜说,"简很聪明,是个优秀的教授,而且她关心他人,头脑也很正常。她只是被困在了错误的身体里。她的性转换手术效果一直都不太理想，只有站在远处看时才算过关。"

"你告诉她了吗？"我问道。

她没有回答。

"你对实习生是认真的吗？"

"她不重要。我想要体验生活，去派对、去旅游。"艾伦娜指出简身体不好，不适合出门旅游，而且简比她年长二十岁。我们沉默地坐着。艾伦娜的脸色忽然黯淡下来，她最后说："吉尔德，你是不是觉得我利用了简，现在想要像扔掉用过的纸巾一样把她甩掉？"

我解释说，人们成长过程中的需求会不断变化。艾伦娜不再像以往那样需要家长的关爱，她现在需要的是一个爱人。就情感上而言，她正踏入青春期，最看重的就是性和乐趣。"我很高兴你在经历了那么多磨难之后第一次体验到性的乐趣。每个人都应该有这样的体验。"

"是啊，谁会想得到？"艾伦娜在离开我办公室的时候兴高采烈地举起双手。她的举止和谈吐都很不寻常，与平日里矜持寡言的她相比，更像是个闹腾的青少年。不过，由于我家里就有三个十几岁的孩子，所以这些举动并没有让我感到惊讶。

我应该对艾伦娜的这些性格变化更加上心才对。我太专注于她的迅速成长，对她行为变得如此反常多少有所疏忽。当那个周末简打电话到我家里时，一切都变了。艾伦娜被送进了医院的重症监护室，她服用了大剂量的泰诺和酒精，然后躲在地下室里的火炉背后失去了知觉。简在外地开完会提前回到家后，看见猫咪方特在地下室门口发出特别异样的叫声，这才发现艾伦娜。她差点儿死掉。

这个消息犹如一道闪电般击中了我。我上一次见到艾伦娜时，她表现得像个笑呵呵的青少年。她说她梦见简想自杀，然而现实之中，想要自杀的人却是艾伦娜自己。我立即开车赶去医院，心里盼着她能挺过来，满脑子想着她害怕离开自己深爱的简，可是她又必须离开简才能获得成长。她为此感到无法呼吸，感到恐慌。不过，等到我匆匆将车停到停车场后，想到的却是自己在这一事件中扮演的角色。当艾伦娜问我是否认为她会"像扔掉用过的纸巾一样把简甩掉"时，我本应该意识到她有多么内疚和自我厌恶。

我开始认识到——在今后的案例中也多次遇到——当一个境遇坎坷的人有所改善，会在面对生活中的种种选择时感到巨大压力。艾伦娜此前就像一只被关在小笼子里的老虎。尽管生活犹如地狱，但她对自己的每一寸空间都了如指掌。老虎被释放后，不仅对丛林感到恐惧，对丛林中的生活也一无所知。我猜想，她经历各个发展阶段的速度太快，这导致她难以在心理上真正领会需要掌握的内容。

我在医院门口遇到了正在抽烟的简。我注意到的第一件事情是她很迷人，只不过她比艾伦娜年长很多。简穿着昂贵的鞋子、丝绸衬衫以及与之相搭配的围巾和长裤。她的及肩长发造型精致，深金色的发色中点缀着几绺浅金色的头发。她的妆容完美无瑕，就像刚从香奈儿专柜走出来似的。她走上前说艾伦娜癫痫发作，目前还在重症监护室里，而且她的肝脏出现损伤，但应该能挺过来。我们沿着走廊朝病房走去，简告诉我，在那个星期里，"艾伦娜一直吵着要离婚，坚称她不爱我，而且从来都没有爱过我"。她说艾伦娜一反常态，尖声说着各种她不忍心重复的残酷话语，还提到自己曾经做过的可怕事情。

简告诉我，艾伦娜在这段时期的表现极为反常，因为她向来不会做出激烈举动，也从不大喊大叫。我们都知道她十分内敛，喜怒不形于色。简还说，每当她们需要进行牵涉到感情的对话时，艾伦娜就会喝得大醉，这种情况大约每个月会发生一次，平时的她则滴酒不沾。她们从那时起便建立了一套系统：艾伦娜可以在电子邮件中写下感受，简看完再答复她。这一策略效果相当不错，能避免艾伦娜喝醉并搞得二人都精疲力竭。艾伦娜无法忍受一对一的亲密交谈，但可以用文字优美地表达自己的感受。

我一点儿也不知道艾伦娜会喝酒。我开始意识到，经过三年的心理治疗，我对她依然了解甚少。我是否一直在治疗艾伦娜为我打造的虚构人物，就像她在阿特面前展现的虚假自我一样？有两件事情我很清楚：这个案例超出了我的预期，而且，如果她恢复——并且等到她恢复之后，我们都有很多工作要做。

我走进病房，看见床上躺着的仿佛是个蓝鲸宝宝，就像艾伦娜描述的梦境中的那副模样。她的皮肤浅灰，嘴唇则是一抹灰蓝色。她依然昏昏沉沉不省人事，身上的每个孔洞都插着管子。简握住艾伦娜的手，艾伦娜却将手从她手里挣脱开。我看得出，简因此感到很伤心。

简的困惑在情理之中。她很纳闷，艾伦娜明明有所好转，为什么却忽然发生这样的事情。"取得进展需要花很多工夫。"我说，"艾伦娜在心理治疗中的投入我们都有目共睹。她不得不将那些从长远来看对她不再有帮助的防备通通卸下，但这样的改变同时也让她变得很脆弱。简，我想我能说的只有这些。"

简捏了捏我的手，说她完全理解。在我与她打交道的短暂时间里，她显得如此善良又从容，而且她非常在乎艾伦娜，给予了她无条件的爱。简与艾伦娜在一起度过了十多年美好的时光。

艾伦娜在重症监护室住了一星期后转入普通病房，一直待到她的肝脏基本恢复为止。简告诉我，艾伦娜因为她"打扰"身在家中的我而生她的气。艾伦娜还留下严格的指示,要求我别再去看望她,还说会为错过的会面付款,并且等到能够继续来参加会面时会和我联系。艾伦娜很难接受帮助或任何关心的举措,哪怕是在自杀未遂以后。我尊重她的边界,因此没有再去过医院。

5. 克洛伊

艾伦娜在医院待了九天之后出院，随即消失了三天。简十分焦急，于是打电话告诉了我。

接到那通电话的两天以后，我在经过等候室时看见艾伦娜懒洋洋地坐在那里，看起来愁眉苦脸的。我说："哦，你好呀，陌生人。"（后来我才知道这句问候是有多讽刺。）

她耸了耸肩，就好像我是只跳蚤或是个电话推销员。接着，她和我并肩沿着走廊朝前走，但奇怪的是，她经过我的办公室后并没有进去。我不得不叫她回来。她走进来后瘫坐在椅子上说："开始吧？"当我问起自杀未遂时，她吼道："要不然我他×的要怎么摆脱这段乏味的关系？钱都给你赚去了，所以你来告诉我啊！"

她异乎寻常的粗鲁态度把我吓了一跳。我说起在医院见到了简，她说："你去我待的医院干什么？重症监护室是让亲属去的。你不是我的母亲。"我静静地坐着，想知道她的大脑是否因为药物过量而受损，还是说，她一直在喝酒。她前所未有的尖锐嗓音在音调、语气和口音上都与以往迥然不同。

我最后还是开了口，问她："你到哪儿去了？"

"老实说，我也不知道。我发现自己站在哈特楼的台阶上。"她指的是大学一个街区之外的一处休闲场所，"于是我晃过来想喝杯茶，结果发现根本没有人给我端茶。"我于是给她泡了杯茶。她喝茶的时候，我提起简很担心她。"每一件事都他×的和简有关。"她气愤地说，"她不愿意放弃这种束缚。她在生理上受到的破坏和我情感上的一样多。我才三十多岁，我可不想跟一个半男半女的废物待在一起。我想要一个有大奶子的年轻姑娘，×的。"

我惊呆了，这可不是艾伦娜。尖锐的语气、愤怒的情绪以及粗俗的字眼，所有这一切都不对劲。她开始踱步——她此前从未这么做过——然后转过身来对我说："为什么所有的事都跟简有关呢？简、简、简个不停。我告诉她我们结束了，结果她想去死。她说自己活不下去，不如死掉算了。你想要死对吗？简。我让你看看什么叫死。于是我吞下药片。这样行了吧？不行。她让我透不过气来。难怪我需要氧气面罩。我对她和她的善良圣洁都厌恶透顶。我必须做个了断。"艾伦娜以一种青少年似的愤怒语气说着，"她甚至都不愿意开完会之后再回来，非得提前回家来找我。医生说如果再晚几个小时，我就走了。"

"她甚至不愿让你死去。真是自私啊。"我面无表情地说。

"是啊，控制欲太他×的强了。萨特说，我们生活中唯一拥有的真正选择就是生或死。"

为了继续追踪心理上的这条线索，我决定无视哲学问题，而是追问是否还有其他人惦记她。她说她的雇主打来过电话，"我让他们和那些不择手段打诉讼官司的律师都去死。"我想起病房内摆着她工作的律所送来的一大束花，但我没有开口。

艾伦娜不分青红皂白的愤怒接着转向了我可悲的工作不力。"还有啊，我想说说你等候室里摆着的那些杂志。你不觉得放一些《纽约客》《大西洋月刊》和《哈珀斯》之类的刊物很不礼貌吗？里面的文章都特别长，谁能在等候期间看完啊？你放在那里只是为了在病人面前显摆自己很聪明。哼，这不管用。"（我后来发现，《大西洋月刊》中有一篇文章被粗暴地撕掉了。）

"你今天很愤怒吗？"

"没有啊。"

显而易见，她现在就是一个青少年。只有十几岁的人才会用如此直白的否定来否认自己的愤怒。我没有作声。她最后说："看，这有什么用呢？"随即怒气冲冲地走了。

那天晚上回家之前，我在她的档案里写下了以下这些笔记：

> 我意识到今天和我交谈的并非艾伦娜。她走路的方式不同，说话的声音不同，性格也不同。她咄咄逼人，缺乏礼貌。这是另一个艾伦娜，另一种人格。她在走廊上似乎并不知道我的办公室在哪里，走的时候也没有付钱。她以往总是会留下一张支票然后轻轻离开，以免打扰到其他来访者。今天这个人却踩着重重的脚步摔门而去。她没有预约直接出现也很奇怪。我本应该把这些都当面告诉艾伦娜，问她叫什么名字，告诉她我不相信此刻和我说话的是我认识的艾伦娜。

我头一次觉得自己面对的可能是个多重人格的案例。我决定将整个案例仔细审查一遍。艾伦娜的问题在于，她自小就被训练得从不表达真实感受。她展现的大多是"la belle indifférence"，这个法语术语描述的是来访者展现出与悲惨处境毫不相称的无动于衷的态度。这种掩饰对我来说是种挑战。如果艾伦娜曾经暗示自己拥有多重人格，那也极其隐晦，导致我无从察觉。如今一个全新的愤怒人格已经出现，她说话、走路都和艾伦娜不一样，而且不记得我的办公室在哪里，我需要考虑她存在多重人格的可能性。

我为自己设定了三项重点任务。首先，我要尽可能地了解关于多重人格障碍的全部内容。其次，我会仔细梳理三年来的笔记，设法理解艾伦娜在字里行间试图表达的意思。最后，准备充分后，我要直面艾伦娜，问她那天来我办公室的人到底是谁。

我阅读了所有的资料，还向英国与美国得州的专家咨询。我告诉他们艾伦娜遭受了十多年的性创伤以及来自家庭成员的精神虐待与身体虐待。他们一致认为这足以表明她患有多重人格障碍。一位专家还问我她是否聪明、坚强且富有创造力。当我给出肯定的回答后，他说他在执业中发现，这些人格特征是引发多重人格障碍至关重要的因素。

多重人格障碍在1994年得到重新界定，更名为分离性身份识别障碍（dissociative identity disorder，简称DID），以便更好地体现学界对这一障碍的了解。"多重人格"的意思是一个人发展出几种不同人格，而"分离性身份"指的是主人格产生了分裂。由于主人格依然缺乏某些生活技能——比如说，表达愤怒、性欲或自信的能力——新的人格由此分裂而出，成为这些缺失特征的化身。

在电影《三面夏娃》和《心魔劫》中，好莱坞将多重人格障碍表现得既夸张耸动又过分简化。在我看来，这一障碍是如此费解又显得特别离奇，导致人们很难接受其真实存在。

多重人格障碍相当复杂。我在阅读了相关文献、观看了录像带并咨询过专家之后得出结论，需要有若干现象同时发生才会导致该障碍的出现。来访者需患有复杂的PTSD——就像丹尼那样——这意味着他们在很长一段时间内都经受着严重的情感、性甚或身体上的虐待。来访者还必须表现出与生俱来的顽强毅力与恢复力，从而能防止完全失去理智。这一障碍还与良好的记忆力、创造力和相对较高的智商有关。这种不同寻常的变量组合并不多见，这也是该障碍如此罕见的原因之一。这是人们忍受难以忍受之事的巧妙方式，让人能够保护自己的思想，并将一部分自我——也就是最重要的那部分——保护起来。

完成研究以后，我重新阅读所有的会面记录，看看自己遗漏了什么内容。我感觉自己像是一个狄更斯时代的抄写员，夜复一夜地趴在书桌前，桌上围绕着我的文件几乎有两英尺高，快把我埋进去了。最后，我找到艾伦娜以前发来的一封邮件，这封长达六页、单倍行距写就的信表面上是在解释她的大脑会如何像电脑一样运作。艾伦娜给所有的来信都起了标题，这一封名叫《关在笼子里》。信件的口吻十分活泼，可当我在搜寻线索期间再次阅读时，却发现这为她的心理状况埋下了略显阴郁的伏笔。这对我来说其实是种警告，一种当时的我尚未察觉的警告。

她在信件结尾不经意间提到自己看过《心魔劫》便是暗藏着的线索。这部电影根据真实精神病例改编而成，主人公西比尔无论是在身体、情感还是性方面都遭到母亲虐待，因此患上多重人格障碍。艾伦娜被这部电影迷住了，还立即买来原作书籍一口气读完。她写到自己对西比尔拥有多重人格感到惊讶，因为在她看来，"西比尔并没有受到多少创伤"。（这部电影实际上极为恐怖，许多人都表示看不下去。）字词间埋藏着的乃至专业术语掩盖着的，其实是艾伦娜对西比尔的多重人格障碍的恐惧。她最害怕的就是西比尔无法掌控自己的多重人格这一点，实际上，她受制于这些人格的掌控。艾伦娜承认自己也拥有不同的人格，但这些人格都在她的脑海里，而且处在她的控制之下。她将自己的思维比作计算机的中央操作系统，可以同时运行多个程序，区别在于，她脑海中的程序就是不同的人格。

（她将这些人格称为仆从。）举例而言，如果她不想代表公司出庭，便会派出不同的人格——一个更加果断的仆从——去与律师对峙并拒绝出庭。她说没有人注意到那不是真正的艾伦娜。她说西比尔的程序似乎"失去了控制"。艾伦娜在邮件中还委婉地承认，她担心自己最近出现了一些"疏忽"。我重读这段文字时才意识到艾伦娜想要表达的意思：她和西比尔一样，无法继续掌控自己的所有人格。

现在我找到了证据，是时候让艾伦娜面对这个诊断了。我在工作时给她打去电话，她热情地跟我打招呼："哦，嗨，吉尔德，我正打算给你打电话呢。好久不见啊，我们还是照常周二见对吗？"这是艾伦娜平时的声音，轻声细语，彬彬有礼。

我必须仔细思考要如何准备即将到来的会面。艾伦娜是否真的拥有多重人格——或者更确切地说，DID？如若果真如此，我就要告诉她上次她出其不意地出现在我办公室里时，嗓音与个性都迥然不同，连走路的方式也不一样，她像个旧时西部片里穿着皮套裤的牛仔那样弓着腿撇着脚走路。不过，还是有几个理由可以驳斥这个诊断。第一，另一种人格在三年内只出现过一次，这本身就很奇怪。如果一个人在心理治疗师面前只表现出一次某种障碍的症状，贸然为其贴上该障碍的标签实属冒险。第二，这一切似乎都太牵强，我从业二十五年来从未遇到过这样的事情。我必须谨慎行事。文献中出现过大量争论，其论点不仅在于诊断的合理性，还有一些提到了治疗师可能会自觉或不自觉地在来访者脑海中植入多重人格的概念。

艾伦娜在周二出现时，我能从她的表情看出，她又变回了以往的自己。她说雇主对她休假十三天表示担心，她于是告诉他们自己肝脏的慢性病忽然发作了。"我不想说谎，至少这一点是真的。"

为了避免在不经意间引导她，我只是问了一句："出院后的那四天里你都在做什么？"

"我好像不记得了。"她沉默良久，随后改变话题，"我离开了简，现在住在离这儿几个街区的新公寓里。我不知道这一切都是怎么发生的。我不记得的事情太多了，最后只好打电话给简——我其实不敢联系她。"我问起简的近况时，她说简特别伤心，都没有办法去上班。我表示离开和简生活多年的家一定很不容易。

"老实说，我不知道自己是怎么做到的。我其实不想伤害任何人，除非是阿特，可即便是他，我也宁愿选择无视。我想我有时也挺残忍的，因为简就是这么说我的。"

"这听起来很不像你。"

"我必须离开那里。"

"我明白。你需要向前行。简是个家长；跨性别的身份意味着她能同时扮演母亲和父亲的角色，这是个十分讨巧的选择。但随着你逐渐改善，你不再需要当她的孩子。你希望成为青少年，然后是成年人，需要和同龄人谈恋爱。"艾伦娜看起来十分不解。我接着说道："你在情感上获得了成长，想要约会并远离父母是青少年至关重要的发展阶段。"

我问她为什么告诉简她想要离开如此困难。

"因为这么做很残忍，而我拒绝残忍。我小时候就下定主意不能变得像阿特那样残忍。"她回答说，"简待我一直很好，我不能够对她如此无情，而且我还曾经向她承诺会永远爱她。就某种角度来说，我确实爱她，以后也依然如此。她那么了不起。但我知道自己并没有钟情于她。"

我希望艾伦娜能明白她拥有情感权利，而且行使这些权利并不意味着残忍。我问她："近50%的人都会离婚，这些人都和阿特一样残忍吗？"（当时的离婚率略高于45%，此后不断下降。）"50%的人都曾经相爱,但后来其中一方或双方都变了心,婚姻关系也就此破裂。这种情况很常见。除了那些和初恋对象顺利成婚的人,大家都有过和别人分手的经历。你听过《分手很难》这首歌吗?"

"谢谢,尼尔·赛达卡[1]。"她说,"我想我懂了。每个人都曾在人生中的某个时刻和他人分手。"

我指出心理治疗会帮助人成长,这种成长有时也会造成某些间接伤害,其中就包括结识新的伴侣和朋友,脱离原有的那些人际关系。艾伦娜面临着一个两难的境地:她迫切想要摆脱这段关系,但又不知道该如何坚持立场实现这一目标。她因此感到寸步难行。

"我试过自杀,结果却活了下来。真是倒霉。这下我实在是被逼到无路可退了。"

"你被逼到无路可退后会发生什么?"

"我什么也不记得了。"

"哦,我倒是记得。上个星期没有预约就径直跑到这里来的那个姑娘可不是艾伦娜。"

她显得十分困惑:"我上个星期没来这里。"当我再三肯定来的人是她后,她说着"哦,不好",然后走到外套前,伸手从口袋里掏出一张皱巴巴的《大西洋月刊》的杂志页面。我说起她上次对杂志发表了一番愤怒言辞,她将胳膊肘放到膝盖上,双手抱头,脸色变得十分苍白,呼吸也像开动后的火车头一样急促。是时候进入正题了。

"那上星期来这里的人是谁?那不是你。"

终于,她坐直身子开口了:"不好意思,听起来像是克洛伊,'伊'要念重音。如果你发音不对,她就会特别生气。"

---

[1] 尼尔·赛达卡是美国著名流行歌手,《分手很难》是他的代表作。

艾伦娜呆坐了好几分钟，然后直视着我的双眼，这种情况十分少见。她说阿特的"录音带"整天都在她的脑袋里反复播放，她必须采取行动。"跟阿特打交道特别费劲，我需要帮助。我在很多年前便发明了一种办法，让其他人来处理那些'录音带'，这样我才能正常生活。"（艾伦娜后来说，她以为每个人的脑袋里都有其他人格，只不过大家不会公开讨论：不然要如何应对这个世界呢？）

"交替人格？"我问道。

"我想是吧。你用的是那个术语，在我看来，这叫作程序。"我请她展开说说，她于是描述起克洛伊来："她凶巴巴的，像是一只刻薄的臭鼬。她会对着阿特大喊大叫让他滚蛋。"

我进一步询问克洛伊是不是唯一一个出现在阿特面前与他对抗的人时，艾伦娜透露还有另一个人格的存在，一个名叫罗杰的坏脾气小子。"罗杰会朝阿特投去鄙夷的目光，就好像他是个不堪入目的讨厌鬼。"她说，"你要是不理睬阿特，他会特别反感，罗杰在这方面很有一套。"我再次追问是否还有其他人格存在。她笑着说起一个名叫阿摩司的人格："他是个乡巴佬，是个心地还算善良的乡下人。阿特要是冲我大喊大叫说脏话，阿摩司就会取笑他。"

这时，艾伦娜在三年的心理治疗中第一次真正捧腹大笑，并且开始用一种乡村特有的拖腔语调缓缓说话，像是正面对着阿特："嘿，你这个黏糊糊的小树蛙，别叫了。"我不像艾伦娜那样觉得阿摩司有多好笑，但她说阿摩司是她遇到过的最美好的人：阿摩司的笑声能夺走阿特的威力，让他露出"狡猾懦夫"的真实面目。

我问她这些人格什么时候会冒出来。艾伦娜坚称他们从未出现，并且完全处在她的掌控之中。"克洛伊、罗杰和阿摩司都只是我想要运行时才会打开的程序。"她说。

"那为什么克洛伊会摆脱你的控制？"我问道，指的是她上次来这里的时候。

我感到艾伦娜的处境依然危险,她可能会再次自杀。我不再相信她伪装出来的平静神态,必须迅速又果断地采取行动。"思考一下吧。"我慢条斯理地说。

大约五分钟以后,她开始回忆,将最近的一连串事件拼凑在一起。与简分手不可避免,对双方而言都极为痛苦。"她一直说我们在一起很幸福,可以共渡难关。"艾伦娜回忆说,"我试图承担所有的责任,说是我的错,是我无药可救不适合恋爱,但她就是不肯分手。我感到寸步难行,于是让克洛伊出来应付。我任由她对简说出无比残忍的话,而我自己则喝得大醉,不再听她说下去。嗯,我其实依然听得见。我就像身在一口深井的底部,能听见井口传来的声音。"

她接着总结自己当时的精神状态,解释试图自杀的理由。"我就是觉得不再有人需要我了。阿特远在千里之外,而我妹妹也有了丈夫和两个可爱的孩子,她没有我也能过得很好。当时的我对唯一一个付出全部来帮助并爱我的人做出如此残忍的举动。我心想:'阿特说得对,我真是太邪恶了。'于是,我吞下了药片。"

艾伦娜不记得前一周来过我的办公室,她新租的公寓就更不用说了。那天她最后回到了工作岗位,可是她不记得自己是怎么回去的。这一切似乎都是克洛伊的所作所为。

"你确定那是她第一次出现吗?"

"据我所知是第一次。"她承认,"大学里我以为教诗歌的教授在取笑我,因此跑出了教室。之后我失去了一个星期的记忆。我以为是紧张症发作了,我以前也发作过。我猜想。"

我由此好奇,艾伦娜的其他人格是否在她离开大学时便已出现。我还想到,和我说起与实习生"午间幽会"的她,是否有可能也是克洛伊。当时她话语间同样会一反常态地用到粗俗露骨的字眼。

心理学家也许会就艾伦娜是否患有多重人格障碍或分离性身份识别障碍产生争论。她分裂出来的其他人格都是自身人格特征中重要但缺失的那些部分的化身。正如我此前所说，我认为分离性身份识别障碍对艾伦娜的症状来说是更为确切的诊断，尤其是在我"见过"住在她脑袋里的人以后。艾伦娜无法表达愤怒，而克洛伊则充满愤怒；艾伦娜不敢在阿特面前造次，也无法对他无动于衷，于是这就成了罗杰的职责；而身穿背带牛仔裤的阿摩司则有能力贬损自大的阿特，以此维护艾伦娜。从来没有人会为了艾伦娜反抗阿特，难怪她如此喜爱阿摩司。我认为这些角色并非严格意义上的不同人格，而是艾伦娜保护自己不受阿特"录音带"伤害所需要的人格化身。

由于我对这种障碍有了更多了解，我的下一步举措就是要找到帮助艾伦娜的最佳办法。办法之一是将克洛伊、罗杰及阿摩司的人格与她的主要人格相融合，借此摆脱这些人格。举例而言，如果艾伦娜学会如何表达愤怒，她就不再需要克洛伊了。如果她确立了自己的边界，就不需要其他人格了。另一种办法没那么彻底，但也许更加现实：让艾伦娜在脑袋里保留克洛伊、罗杰和阿摩司的人格，让这些人格与反复出现的阿特的"录音带"相抗衡。我们可以加强她的自我意识，这样她就不会失去对其他人格的控制，杜绝分裂的情况出现。或者用艾伦娜的话来说："我绝不能让克洛伊、罗杰和阿摩司这些程序出现异常。"

最理想的解决办法自然是摆脱掉她脑袋里的"录音带"，但我不确定这是否具有可能性。艾伦娜在很长一段时间里都忍受着虐待与剥夺，遭受过这种程度创伤的人往往都会受到不可逆转的损害，变得偏执、失语或出现精神异常，最终被关进精神病院。我必须接受损伤会继续存在的现实。婴儿如果在挨饿后获得食物，他们的骨骼依然会留下缺乏食物的痕迹。严重的虐待也是如此。我们的大脑会以不可思议的方式适应现实,但永远都不会恢复正常——不管"正常"的定义到底为何。(我的一个儿子就经常说,"正常"不过是洗衣机上的一种设定罢了。)我需要为我们的治疗制定切实可行的目标,这样才能让艾伦娜和我都能获得成就感。

我决定,最佳的解决办法是假设艾伦娜需要其他三种人格来对抗阿特的"录音带"带来的负面影响。我们可以强化她的自我意识,这样一来,其他人格就不用在外部世界为她抗争了。我们可以研究各种应对策略,比如设立边界,学习如何更加果断地表达自我,了解自己的感受并据此行动。这样一来,等到下次危机来临时,艾伦娜就不至于束手无策了。

接下来的几个星期里,我们的距离似乎变得更近了。自从艾伦娜自杀未遂以来,她精致可爱的面庞变得苍白黯淡,雀斑也近乎透明。她清澈的眼睛看起来一片空洞,就像瓷质雕像在经年累月的磨损后颜料逐渐剥落的双眼。"老实说,我感觉很苍老。"她有一天说道,声音轻得几乎像是耳语,"我已经抗争了那么长的时间。"绕开黑色幽默与讽刺的遮掩、坦然承认生活有多艰难,这对艾伦娜而言非比寻常。她是下定决心要面对真实的自我。

我将这一举动看作是她向前迈出的一步,因此打算抓住这个不设防的时刻表达我的共鸣。"你自从出生起就为了保持理智、为了生活而斗争——而且我知道,是主动地交战——这肯定像是置身十足的地狱般充满煎熬。"我说,"你会对战斗感到疲惫完全在情理之中,毕竟,你斗争的时间比任何战争英雄都要久。"

她看着地板点了点头,说她最喜欢的歌曲之一是唐·麦克林的《星月夜》。"是关于文森特·凡·高的。我在脑海里反复吟唱的是他说他为自己的理智不断抗争的那一句。"

我也很喜欢这首歌。我们都知道接下来的那句歌词写的是没有人真正倾听凡·高精神上的痛苦。我于是说："我希望你知道，我会倾听。"

"我知道。"她笑着对我说。如此美好的交心一刻，我们默默地坐了很久。

接下来的那个星期，我收到了艾伦娜的医院报告，上面提到了她濒临死亡的经历，以及她不仅拒绝与回访的精神科医生合作，还不肯服用开具的抗抑郁药物。报告称："患者不遵医嘱自行出院。"

我在艾伦娜的下一次会面中和她谈起这份报告。她模仿那位精神科医生，用老年白人男子的口吻说："'你好啊，朋友。你可是惹出了不少乱子。'他想要我怎么样啊？道歉吗？我于是翻了个身面对着墙，一直等到他离开。"她对"朋友"的说法也感到不快，说那个医生都懒得花工夫翻阅病历看看她叫什么名字。（我后来致电医院询问艾伦娜的后续情况时，那位精神科医生已经不记得她了，必须翻阅她的病历才答得上来。）

我指出医生觉得艾伦娜需要抗抑郁药物时，她说："是啊，企图自杀的人当然会感到不快乐啦。这些人可不会因为这种诊断获得诺贝尔奖。"她说她从小被迫服用过多药物，现在绝不会考虑再次服药。"我会努力接受心理治疗，还会练习自由搏击和柔道，但我绝不会采取服药的方式。而且说实话，我的心情比以往任何时候都要好。"

我心软了，但我要她保证，如果再有自杀的念头，一定要告诉我。

她同意了。"我在目力可及的将来都没有干掉自己的打算，吉尔德。"

6. 举全村之力

有时候，来访者与心理治疗师对会面期间发生的事情会持有不同观点。不过在以来访者为中心的会面中，设定议程的通常是来访者。其根本原因在于，唯一知道对来访者来说最重要的是什么的人，就是来访者自己。正如我在前几章里提到的那样，我也向来遵循这种方式，不过在艾伦娜的案例中，我的做法有所不同。艾伦娜不希望谈论自杀未遂事件，而且她现在和简分开了，她感觉已经过了紧要关头。我倒不这样认为。我质疑说她需要为将来的情感危机做好准备。建立各种应对策略就是我们展开治疗的最后一个阶段。如果她被逼到无路可退，就需要有大量可用资源来抗争。不然的话，她就会再次寻求克洛伊的帮助，但谁都不希望这样的情况发生。至于自杀，我说，如果她在抗争中占据上风之际选择放弃，那真是挺遗憾的。

"占据上风？"她问道。

我说她已经成功地长大成人，而且不再需要简，因为她早已不再是个需要父母照顾的受伤的儿童。成年生活危机四伏，世界也并非由黑白分明的界限构建而成。"你有时不得不用一把钝铁锹凿开岩石，架起围墙，搭建属于自己的后院。"我说。无论是爱情、性关系还是长大成人，实现起来都是需要时间的，"这就是为什么青少年的生活如此艰难。因为他们要设法搞清楚人生中的各种事情，一路上会犯下无数错误，但话说回来，这就是试错法嘛。在此期间势必会遭遇情感上的泥石流——欢迎来到成年人的世界。"

"希望我能早日进入那个世界，永无乡[1]真是要了我的命。"艾伦娜苦笑着说道，看起来十分疲倦。

我们练习的第一项强化自我意识的技巧是确立边界。残忍的父母会让人难以建立健康的个人边界。艾伦娜必须学会说"不"，哪怕是面对她所爱的人。她需要告诉简："我现在和以前不一样了。我变了，不想再继续这段关系了。"我反复强调，诚实表达自身情感和欲望并非残忍。"这就是生活的棘手之处。"我说。

和简分手几个月后，艾伦娜依然感到迷茫，想知道自己能够如何以不同方式应对这种局面。我因此尽可能具体地把现实情况罗列出来："你小时候从来没有机会确立自己的边界。我的意思是，你没有机会说：'不，阿特，我不会和你上床。不，奶奶，你不能对我施加性虐待。不，妈妈，我不想穿上褶边裙子假装我是《绿山墙的安妮》里的安妮。对不起，格雷琴，七岁的我不想在服用迷幻药并且被侵犯之后扮演母亲的角色。'"

她点了点头，但似乎依然有点儿不确定，我于是将正常的叛逆青少年拿来做例子。不管父母有多优秀，青少年都不一定会言听计

---

[1] 《彼得·潘》中虚幻的梦境世界，在那里的人们永远长不大。
[2] 《绿山墙的安妮》是加拿大作家露西·莫德·蒙哥马利撰写的知名儿童文学作品。

从。他们有时会自行确立个人边界。如果父母不准女儿去见某个男孩，女儿未必会听话，而是可能完全不把父母的话放在心上，照样偷偷溜出去和男孩见面。这就是孩子脱离父母的方式。他们开始反抗，变得更加独立、更有主见。"这其实就是成长。"我告诉她，她遇到的所有人都曾在生活中至少违抗过父母一次。

艾伦娜震惊地朝后靠向椅背。她以为确立个人边界是种自私的表现，可她有所不知的是，她难以确立边界的原因是阿特的残忍与自恋。她也根本不知道，就算简是个好人，她也依然拥有分手的权利。

在接下来的几个月里，我和艾伦娜通过角色扮演来帮助她学习如何确立边界。我们运用格式塔疗法中的"此时此地"原则来解决问题，也就是说，她必须在当下而非过去的场景中进行演练。我们面对的问题与艾伦娜目前在多伦多的家庭生活有关。她住在距离格雷琴（她和丈夫及两个学龄前儿童一起生活）家一个街区的地方，二人不仅经常见面，还会一起去拜访母亲。十二年前，母亲获悉阿特被捕并意识到自己和孩子不再受制于他后，立即从英国搬了回来，希望住得离两个女儿近一些。她带着自己的长期伴侣佩吉一起来到了多伦多。现在母亲和佩吉住在距离艾伦娜和格雷琴不到五分钟的地方，经常会互相串门。

在角色扮演期间，艾伦娜想要戳破母亲的幻想，指出她并没有将她们抚养长大。母亲指点格雷琴如何照顾孩子的时候，艾伦娜便觉得很不自在。"她会说，'你看，我也是个母亲，知道吧。'我听了特别生气。她要是说，'你们小的时候，我也做过这个或者那个。'我就想说：'这不是真的，快住嘴吧，我可不想活在你的这些幻想里。'"但艾伦娜觉得母亲受过很多罪，已经不堪一击到听不了任何批评的话。

有一天，艾伦娜、格雷琴与母亲及佩吉聚在一起时，机会出现了。格雷琴的小孩哭闹了起来，艾伦娜的母亲便说："别去理他，我以前就是这么做的。"艾伦娜想说："是啊，你就是这样不理不睬了十五年。"不过她忍住没说出口，相反，她重现了我们在我办公室里排练的内容。她说母亲并非一位活跃在孩子生活中的家长，而且她知道这并非母亲的过错，因此无意责备，但与此同时，她也表示自己并不认同母亲营造的好家长的幻想。艾伦娜的母亲哭了起来，说她可没必要留在这里听这些"蠢话"，随后便离开了。

不过，佩吉留了下来。"我知道你的意思，艾伦娜。"她说，"我也注意到她会说这样的话，是挺烦人的。你才是真正的家长，我不怪你。你再给她一点时间吧。"艾伦娜表示，佩吉的这番话对她来说意义非同寻常。那个星期的晚些时候，母亲打来电话时并没有提到吵架的事，而是和她聊起天来，商量之后聚会的安排。

我问艾伦娜对母亲的那通电话作何感想。"大吃一惊。"她说，"我以为她要么会崩溃，要么就再也不理我了。我敢肯定，佩吉帮了大忙。"

我让她界定愤怒与残忍之间的区别，她说两者是同一事物的不同等级。我于是告诉她，学会表达愤怒是她的生存工具箱里需要的另一种技巧。

正如我在前一章里与丹尼解释的那样，愤怒声名狼藉。它是一种谈判手段，能帮助我们维护自我并有效地表达："离开我的地盘，你踩到了我的自我意识。不要再闯进我的后院了。"接下来，就交由对方来应对我们的愤怒，任他们决定这一问题是否合理并需要改变他或她的行为。"你的母亲很伤心，然后她进行了反思，从那以后就再也没有提起'为人母的幻想'。"我说完，又强调愤怒是一种信号，能表明我们希望得到不一样的对待，这一诉求本身很健康；而"残忍"不同，其旨在故意对他人造成伤害。为了更好地说明这一点，我举了个例子："残忍的做法就是对母亲说：'听着，妈妈，你根本不在乎我们。你就是个愚蠢的雏妓，嫁给了一个虐待狂，而且生一个孩子还不够，非要生两个，最后自己想方设法逃走了，留下我来面对那个变态。'"

"是啊，不过说实话，我有时确实这么想。"

"谁都会有这样的时候。但大家不会照实说出来，因为这只会造成伤害，并不会改变已经发生的事实。"

随着时间的推移，艾伦娜面对情感冲突时越来越从容不迫。她对母亲设立了边界，还与简会面签署抵押贷款文件。由于她们每周都要见面来回递送猫咪方特，后来还作为朋友见面，一起喝咖啡。克洛伊、罗杰和阿摩司依然存在于艾伦娜的脑袋里，帮助她应对阿特的"录音带"，不过他们再也没有威胁要再次出现。

我们第三年的心理治疗结束了。我意识到，我们经历了一次危险跌宕的过山车之旅。我依然会对自己未能察觉她想要自杀的念头而深感困扰，我应该更加警觉才对。艾伦娜曾经在十几岁时试图自杀——据研究表明，一个人一旦尝试过自杀，就更有可能再次尝试。

我有一次问艾伦娜，为什么没有告诉我她想要自杀。她说她感到自己对简的所作所为太过恶劣，我会因此厌恶她。她自我感觉极度糟糕，根本想不到我会在乎她。我说："这是阿特的思路，对不对？他说我并非真正关心你，我看似关心无非是因为你付钱来参加心理治疗。就像他说你能得到全额奖学金完全是因为鲁珀特王子港的其他人都很愚蠢一样。"我说我为她在痛苦中如此孤独感到十分难过，并为没有意识到她绝望的程度之深而道歉。

心理治疗师需要从经验中学习，我自然也从这次的错误中吸取了教训。我从那时起便会与临床心理学学生讲起这样的案例，来访者往往会在情况明显好转之际出现自杀的企图。病情好转不仅意味着卸下往日的防备，导致压力倍增，而且长期缺乏自我意识又备受忽视的来访者在危机中也常常不知道要如何寻求帮助。他们并不认为自己应当获得额外的照顾，自身的绝望也因此不为人所知。

另一个令我不安的问题是，我没能注意到艾伦娜可能患有 DID 的种种迹象。我应该对她不再上大学后出现的"紧张症"以及说起与律所同事上床时声音与举止的变化更警觉才对。她忽然出现在我办公室的时候，我也应该有所察觉并询问跟我说话的人到底是谁。当然，这种情况极为罕见。实际上，我在艾伦娜之前也好之后也好，都没有遇到过多重人格障碍的患者，也因此没有想到她会患有这一障碍。

确定诊断是一种优秀的职业素养，但它同时也只是指导方针，而非硬性规定。心理治疗师不应拘泥于流程。万事万物都具有不同的层次，人们有时只会显现出一部分迹象，而非疾病或障碍的全部症状。而且，我也从未确定艾伦娜是否真正患有 DID，因为她的其他人格只在面临极端压力时才出现过若干次。很明显，尽管她处在 DID 的谱系上，却从来都不是一个清晰无疑的案例。

艾伦娜在不断取得进步：她不仅更加懂得如何降低阿特"录音带"的音量，还结识了一些新朋友。她遇到不喜欢的人时不再感到被对方困住，还有能力选择朋友并与其他人不相往来。

她很快度过了"狂野女孩"的阶段，对性关系的兴趣也开始减弱。在她所谓的"午间幽会"的一年后，她发现自己要是不喝酒便很难与人发生关系，因为她担心对方会看到她身体上的累累疤痕。她说这会引发不好的回忆或是触发点。她还觉得禁欲有益于心理健康，而且由于疤痕组织太多，性并没有给她带来什么愉悦。艾伦娜称自己在两年之内从"可怕的两岁"进入青春期,随后直奔更年期。

我们笑了。我说她终于赶上我了。

有一个小插曲让我意识到,我们的治疗已临近尾声。1999年,我写的童年回忆录《离瀑布太近》出版了。艾伦娜迷上了这本书,对某些篇章更是烂熟于心。我作为心理治疗师从不谈论自己,因此她很高兴能像我了解她那样,从书中了解我的生活。(她读到我小时候也是个古怪的孩子感到特别高兴。)她还发现,父母都很善良的幸福童年故事读起来十分有趣,因为她以前一直以为别人说的快乐童年都是幻想。在艾伦娜看来,我的回忆录就像一个充满异国情调的童话故事。她最喜欢的段落是我每天晚上和母亲一起走去餐厅,我们抬头遥望星座,假装自己是骑着骆驼的探险家。我写到母亲一直会倾听六岁的我讲述科学与社会现象,就好像我说的是一些特别引人入胜的故事。

艾伦娜说起我书中的那部分内容时,眼泪顺着两颊流了下来。这是她唯一一次当着我的面大哭。最后,她哽咽着说:"阿特有一次对我特别好,我读了你的书后才想起来。他在夜里叫醒我,要我和他一起去看北极光。他说北极光正在上演一场壮观的灯光秀。"她回忆起紫色、绿色和血红色的光辉是如何在天空中游弋飘荡,"阿特告诉我北极光形成的科学原理,还有世界各地不同的部落中流传的北极光神话。伊特鲁里亚人称之为'风之光',中国人则将其称为'烛龙'。反正那天晚上我们躺在地上看了很久的北极光,然后我就回床上睡觉了。"

接着,艾伦娜看着我,脸上带着淡淡的神秘笑容说:"吉尔德,你不会相信我两天前做了什么。"她停顿了很长时间,"我打电话给阿特了。我查到他的电话号码,随即打了过去。"

我感到难以置信。她讲述那通电话的时候，我惊讶得都说不出话来。"我说'是我'，他说：'乖乖，太阳打西边出来了。你好吗？'他听起来十分快活。他要是心情好或者嗑的药正好上头，就会变成这副模样。我说我打电话给他是因为读到一本书，书里的内容让我回忆起他带我去看北极光的那个晚上。他倒是记得很清楚，还跟我聊了起来。而且，我玩的那款电脑游戏他也在玩，于是我们讨论起升级的问题。他并没有问起格雷琴或者其他人。他说：'嘿，你干吗不找个时间来看看我呢。'我说我很忙。他说：'酷，谢谢你打来电话。祝你好运。'随后我们就挂断了。"

　　"喔。"我最后终于挤出了一个字，"你有没有考虑过去见他？"

　　"一百万年内都不会。我跟格雷琴说起这通电话时，她捂住耳朵说：'停！你吓死我了。'于是我就住口了。"

　　我问艾伦娜现在对此作何感想，她说她很高兴自己这么做了。

　　"我觉得这让我无意识中的他变得不再如此可怕。"她说，"他不过是个潦倒的老酒鬼，说话带着醉意，还像个老烟枪那样一直咳嗽。我挂电话时都没有发抖。我不再是个四岁的孩子，他也不再是那个把我压在身下的醉醺醺的庞然大物了。我现在是个成年人，他无法再控制我了。"

　　我提醒艾伦娜，她这一生都在与阿特作斗争，当她感到莫大的威胁，无法独自面对阿特的"录音带"时，就会找克洛伊、罗杰和阿摩司一起与他对抗。

　　"养育一个孩子需举全村之力。"她不无讽刺地说道。

　　艾伦娜是如何保持理智的呢？我相信，正如维克多·弗兰克尔在《活出生命的意义》中写的那样，艾伦娜也找到了生命的意义。她需要照顾格雷琴，因此每一天都这样告诉自己。她认为自己遭受的苦难是有意义的，因为这能让他人的生活得到改善。她为妹妹而摒弃了所有自杀与逃跑的想法。不管有多疲累，她都从未放下手中的剑。

与阿特通话后没过多久，艾伦娜对我说："吉尔德，你猜怎么着？我的心理治疗差不多该结束了。我想我把能做的都做了，已经到顶了。我以前来这里时想死的心都有，现在却觉得不过是一次约见。"

我也认为我们已经来到终点。我为她取得如此巨大的成就感到欣喜，但与此同时也有点儿失落。我非常喜欢艾伦娜，我会想念她的诚实与智慧，但我最想念的，将会是她的勇气。我希望她能发挥聪明才智，成为一名数学家或者律师，但这可能对她来说压力太大了。这些是我的梦想，并非她的。而且时间不等人，她很快就要四十岁了。她依然在律所工作，每年还能得到一大笔奖金。克洛伊没有再出现过，艾伦娜还说，"录音带"的声音也比以前小了很多。她有时一连好几个小时都听不到那些声音，她不再——用她的话来说——"运行名叫克洛伊与罗杰的程序了"。她对此只简单说了一句："我不再需要他们了。"不过她也坦言，阿摩司依然存在。她笑着说："我真是喜欢那个家伙。"

几年以后，我在筹备这本书期间在脸书上找到艾伦娜，给她发去了一条信息。她告诉我她过得不错，不过，她说由于自己正处于"冬眠阶段"，因此无意见面。我们依然会通过电子邮件——她最喜爱的沟通方式——联络，她还在一封邮件中透露了出人意料的消息。艾伦娜和其他数百万人一样，多年以来一直在玩暴力的战争游戏。大家玩游戏时用的都是化名，因此并不知道对手是谁。这款游戏有一个全球范围的成就排名，艾伦娜的名次接近顶端。不过，有个人一直能打赢她。艾伦娜写道：

他狡猾、敏捷又聪明，似乎永远知道我下一步要做什么。后来大约在三年前，他不再参与竞争，我因此获得了第一名。（这是我迄今为止最华而不实的成就。）我后来发现，那个家伙是阿特。我们相互争斗，一如在现实生活中那样。他不再打游戏是因为他死了。他去世后过了很久才在我们的老房子里被人发现。

艾伦娜总结生活现状时说：她依然在律所工作，没有谈恋爱，独自与猫咪方特二世一起生活。令我惊讶的是，她和妈妈还有佩吉都住在同一幢公寓大楼里，而且还经常跟她们见面。她与格雷琴以及两个上大学的侄子关系依然十分密切。不幸的是，多年来状态良好的格雷琴如今却更加受到PTSD、毒品造成的闪回及其他与阿特有关的创伤困扰。艾伦娜对此十分难过，她说她希望自己能保护格雷琴免受阿特的伤害。

她把时间花在两个爱好上面：自由搏击和物理。她在弦理论和场论方面的知识也十分渊博，还加入了与物理有关的在线聊天小组。尽管猫咪方特一世已经去世，她与简依然保持着亲密的朋友关系，但没有再陷入长期的恋爱关系。

我问起艾伦娜的心理健康时，她说她已经学会严守自己的边界。她在保持规律生活之余也会"尝试一些有趣的事情"，其中一样就是麻省理工学院的线上课程。可是，当一位教授某天让她把评论发到相关主题论坛上给大家看时，她却回绝了，并说她觉得自己更喜欢待在专业领域的外围。她说她已经认清了自己的局限，然而，无论自己的世界有多小，她都不会"容忍任何荒唐的事情"，而且，她不再需要任何替代或分裂的人格来操劳了。

她只有在非常疲惫或者做一些特别有压力的事情时才会听到阿

特的"录音带"。"不过,我现在会播放吉尔德的'录音带'。"她写道。我惊恐地问起这些"录音带"的内容,她过了几天回复我说:

吉尔德的"录音带"就是将你说过的内容逐字汇编到了一起。我最频繁播放的就是你说我是英雄的那句话。我想象自己是神话中的忒修斯[1],朝阿特模样的巨大米诺陶洛斯[2]刺去。当阿特在我脑袋里大声咒骂和贬低我时,我就告诉他,不如我强壮的人就会在精神病院深处的病房里穿着尿布度日,而且还以为二加二等于五。接着,我告诉他我没有杀他是他的福气。记得你是怎么说的吗?我听到你的声音在说他是个自恋的懦夫。阿摩司也常常会附和。就这样,我一般都能让阿特闭嘴。

她如此概括自己的生活:"我像垃圾场里的狗那样守卫自己的边界,只要能待在保护着我的垃圾场里,就会感到心满意足。"

我问她,如果说心理治疗起作用的话,那对她来说都有哪些帮助呢?

不得不说,心理治疗让我生活的方方面面都得到了改善。第一点也是最重要的一点就是,奇怪的"癫痫"没有再出现过。这对我来说至关重要。我要感谢你锲而

---

[1] 忒修斯:希腊神话中的雅典国王,相传是他统一了雅典所在的阿提卡半岛,并在雅典建立起共和制。

[2] 米诺陶洛斯:希腊神话中的牛头人,被囚禁在克里特岛的迷宫中。

不舍地寻找我的"触发点"（这个词语如今常常遭人错用与滥用，我说到时都忍不住要翻白眼），并且不断向我解释其中的原委，直到我明白为止。搞清楚那种情况下我的脑袋里究竟发生了什么，让我得以恢复对自己的控制，并且还能在某些事情造成的威胁行将唤醒我不愿重温的那些记忆时，阻止大脑拉动总开关，这简直太不可思议了。所以说，尽管心理治疗分分钟都让我感到厌烦，而且我常常在会面之前呕吐并出疹子，直到最后一年这些状况才有所缓解，但心理治疗依然是我为自己做过的最了不起的事情。

我最后问道，生命中有没有哪些事情她希望重新来过并会做出不一样的选择。

我要是当时杀了阿特就好了。

玛德琳

"魔镜,魔镜,告诉我。谁是这世上最美丽的女人?"

——格林兄弟——
《白雪公主》

1. 父亲

我作为心理治疗师遇到的最后一位来访者，不仅成了最引人入胜的案例之一，无疑也是最异于传统的一位。（引人入胜和异于传统在我的生活中往往一起出现，这点着实让我感到惊讶。）玛德琳·艾灵顿是一位三十六岁的古董商，生活在曼哈顿。她在多伦多长大，母亲夏洛特心态怪异，父亲邓肯则喜怒无常。打来电话请我治疗玛德琳的是她父亲邓肯，六年前，他曾在我这里短暂接受过心理治疗。当我回顾我在这位父亲的案例中犯下的错误，及至在这位女儿的案例中所犯的错误时，我唯一的解释就是自己当时处于一种强大的亲代移情（parental transference）的掌控之中。

移情有好几层意思。第一层意思单纯是指心理治疗师与来访者之间的关系强度。或者像弗洛伊德说的那样，其也可能更为复杂，好比我们将童年时就无意识中保留下来的情感重新定向。来访者可能会将自身对父母或其他权威人物的感情转移到心理治疗师身上。比如说，当我夸丹尼"英俊"时，他把童年时自己对寄宿学校里虐待过他——也曾夸他"英俊"——的牧师的愤怒转移到了我身上。丹尼和我都必须解决这样的移情。这一过程不仅使我们发现了他内心埋藏着的痛苦，还成了心理治疗顺利进行下去的关键。

治疗中还会出现反移情，即心理治疗师对来访者产生感情。这往往是在无意识中产生的，而无意识的动机可谓是我们行为中最强大也最险恶的统治者。问题不单单在于最初的反移情；来访者通常也会注意到这一点，并由此学会操纵治疗师。当我无意间将自己对已故父亲的感情转移到比我年长二十五岁的玛德琳父亲身上时，这种情况就发生了。尽管邓肯只短暂接受过心理治疗，而且比他女儿早了好几年，但那次接触最终对玛德琳的心理治疗造成了影响，让我感到十分意外。这就是为什么我在讲述玛德琳的故事以前，要交代与她父亲展开的短暂而又意义深远的心理治疗。

1998年，当时七十岁的邓肯·艾灵顿致电寻求婚姻咨询。白人新教徒精英阶层[1]出身的他来自多伦多最古老也最富有的家族之一。他的名字不仅被刻在了医院大楼的牌匾上，还频繁登上报纸的商业与社会版面。我告诉邓肯我不做婚姻咨询，他不依不饶地说："正好，我其实也没有正式结婚。我跟人同居，虽然我爱她，但她真是脑袋有问题。"一名七十多岁的男子说同居者"脑袋有问题"，让我感到很不寻常。

不知怎的，我被他说服单独与他展开治疗，以便讨论他的这段关系。然而他来参加会面时，女友凯伦也跟着一起来了——不幸的是，他又说服了我同时见他们两个人。我看得出他为什么会成为如此成功的生意人：他富有说服力又不至于夸夸其谈。接着，在我将他们领进办公室前，邓肯乐呵呵地笑着叫我"凯西"，而不是吉尔迪

---

[1] 即"白人盎格鲁－撒克逊新教徒"，描述的是主要生活在北美东岸信奉基督新教的精英白人群体，被认为是北美最有权势的白人。

纳医生。他让我想起我那来自美国的父亲。他同样是一位开朗、自信又友善的生意人，而且，他也会穿相同的花呢西装外套和上过浆的衬衫。

凯伦看起来像是华里丝·辛普森——温莎公爵在 1936 年为了与这位离异的美国女子结婚放弃了王位——深棕色的头发盘成了一个发髻。不过，七十一岁的她看起来并不像"花瓶妻子"。她身穿深蓝色的拉夫·劳伦运动衫和马裤（就是那种臀部两侧特别宽松的款式），明明已经年过七十，却在与心理治疗师初次见面时一身牛仔打扮，实属非同寻常。

我在第一次会面中了解到，邓肯在高中时爱上凯伦，离开家乡去上大学前便与她订了婚。他一边伸手去拉她的手，一边亲切地笑着说："不管是在我们那儿的别墅码头，还是乡村俱乐部的游泳池，她都是最漂亮的那个姑娘。"不过，订婚之后没过多久，留在家乡郁郁寡欢的凯伦便仓促嫁给了另一名男子，最终因此落得身无分文，还多了四个年幼的孩子。她在接下来的困难时期屡次心理崩溃，还接受过休克治疗与住院治疗。她确实看起来比实际年龄苍老，身材瘦削，手指上都是尼古丁留下的烟渍，老烟枪的嗓音听起来疲惫又沙哑。

邓肯回老家后发现未婚妻已经与别人成婚，伤心极了。后来，他在马萨葡萄园岛拜访富有的表亲时，遇到了住在那里的一位名叫夏洛特的金发美女。失意的他很快与夏洛特结了婚，直到婚后才发现，新婚妻子家里很穷，而且是被母亲特意送去那里勾搭邓肯的。一旦她搭上这名生活优渥的年轻人，就打算让对方照顾她贫困的整家人。这一招很奏效。

邓肯与夏洛特育有一女——玛德琳——不过这些年来，夏洛特屡次出轨，并最终为了另一名男子离开了邓肯和女儿。后来，邓肯与凯伦重逢了，二人当时已年过六旬。他们如今未婚同居已有四年时间。

我让这对情侣描述困扰他们的主要问题，凯伦随即漫骂连篇。"邓肯这个小气鬼，一分钱都不肯花。"她说，"我住在一座占据一个街区的豪宅里，但大部分房间都关着门，因为他不肯开暖气，家具上也都盖着白色的盖布。整间屋子摇摇欲坠，但他既不肯整修，也不让我重新装修。所有陈设都出自他的前妻——确切地说，是他的现任妻子——夏洛特之手。那里就是一座陵墓，摆满了他母亲的古董，属于他那个在曼哈顿做古董生意的可恶女儿。你也许听说过她——玛德琳·艾灵顿。"我确实有所耳闻，因为各家报纸都刊登着她身为加拿大人如何在纽约干出了一番事业。

凯伦佯装吸了一口烟，然后吐露接下来的内容："去年有一天，我终于受够了。我走遍所有房间，把他母亲和祖母的古董全都摔坏了。那个婊子养的女儿——抱歉我说话不好听——听说之后，飞回家报了警，还想要告我。她走进屋子时，我真心以为她要杀了我。我担心自己性命不保。"

我被凯伦的所作所为吓了一跳。她说起自己大肆破坏的行径时自信到近乎自豪，就好像是战场上的拿破仑。如此杰出的男子为什么会选择这么野蛮的伴侣？在心理治疗中探讨这些问题还为时尚早，我于是询问二人破坏的严重程度，借此继续收集信息。邓肯用描述天气一般的平淡语气说道："砸坏了好几百样东西。估价师说，那些藏品价值数百万元，其中一些已经在我家传了好几代人。实际上，这些东西都属于女儿玛德琳，我的母亲把它们都留给了她。只不过，她搬去曼哈顿时没有把这些都带走，而是留在了儿时的家——"

"那又怎么样？"凯伦插嘴道，"那就给我一点儿钱，让我买些衣服、照顾我的马，而不是把那些钱花在各种无关紧要的日用品上。

靠食品券为生的女人都比我自由。"

"我上个星期刚刚给你买了三匹马和一个马场。"

"没错，你是给我买了马场，但那是在你的名下，而且你把一切都留给了玛德琳。你要是明天死了，我什么也得不到，除非你和我结婚或者把我写进遗嘱里。而且你那个无情的女儿不准再踏进家门，她以为那里是她用来存古董的房子，而我是个外人。她可真是太天真了。她今后再也不许踏进那间屋子！"

我很惊讶邓肯对于这些辱骂显得如此淡然。实际上，他竟然在凯伦愤怒声讨的时候始终保持微笑。我问他会如何应对凯伦的要求，他说："嗯，到目前为止，我已经有一年时间没让女儿回家了。我并不喜欢这么干。"

"瞎他×扯！"凯伦说，"我又没做什么犯法的事。"

邓肯转向我说："好了，凯西，这下你知道我们的窘境了吧。我没有娶凯伦是因为我已经和夏洛特结了婚。而且她说得对，我就是个抠门的浑蛋。我不愿意把自己的一半财产分给夏洛特，所以才迟迟没有离婚。"

"你每个月都给她寄去一大笔钱。"凯伦说，"你既怕她，又依然爱着她。"

"我给她钱是为了让她别来烦我。"

"真是一只担惊受怕的小老鼠，你任由玛德琳——迷你版墨索里尼小姐——支配你的生活。"

"总之，我不会给你钱，也不会跟你结婚。但你知道我有多喜欢你。"

我试图对凯伦的谩骂加以干预，但她对我完全置之不理。人们刚来接受心理治疗时往往会先发泄各自的愤怒，等到之后的会面中才会真正进入治疗环节。于是，我任由她谴责。凯伦显然情绪十分不稳定，而且我怀疑她略有几分精神错乱。然而，邓肯在她恶毒的咆哮中显得镇定又亲昵，这一点也很不寻常。

这对情侣离开我的办公室后，我瘫倒在办公椅上。我明明说好不接受伴侣心理治疗，怎么还是让凯伦进来了呢？我到底是怎么了？

下一次会面中，我一上来便询问邓肯和凯伦为什么会选择对方。我希望借此引出这段关系中的一些可取之处，让凯伦能够平静下来。我让邓肯先说，他说他们性生活非常和谐（凯伦对此翻了个白眼），在一起有很多乐趣，而且有不少共同的童年朋友。我指出凯伦似乎很生气时，他说："哦，她只是说说而已。"接着他笑了，"你真应该见见夏洛特。"

男性主动提出参加伴侣心理治疗十分少见，不过，邓肯就是自己找来寻求帮助的。他说他最担心的就是自己的独生女玛德琳不被允许回家，哪怕在圣诞节也不行，而凯伦的四个孩子则能够频繁前来探望。我看得出来，这让他感到很不高兴。唯有这件事情能够稍稍刺破他总是无懈可击的乐呵呵的外表。

"真是不容易啊，罗密欧。"凯伦如此回答道，"你做个了断吧！到底选她还是选我？"她不肯退让。

我试图重构这个局面，稍许缓和一下互不退让的气氛，然而这两个人似乎都特别享受这种争执。伴侣咨询陷入了僵局。我将这个案例总结为共生需求遭遇失败：邓肯拒绝向凯伦提供经济保障，而凯伦则拒绝向邓肯提供爱。然而，我不确定邓肯是否希望拥有真爱。他想要的是码头上那个身穿泳衣的梦中姑娘。他希望拥有自己逝去的青春。

我只与他们进行了数次会面。在每一次的会面中，他们都更加固守各自的立场。二人对自身在问题中扮演的角色毫无自觉。他们要么其实并非真的需要帮助，要么就是不知道真正的亲密关系到底是什么模样,要么,就是我特别不擅长充当伴侣咨询师一职。也许是以上这些可能性的总和。我意识到,尽管我擅长给予来访者支持,但不管是哪种形式的调解,都不是我的强项。

三年后的2001年,五十出头的我经历了一次"生存还是毁灭"的时刻。我决定不再从事心理咨询业务,转而开始搞创意写作。二十五年来,我不断倾听他人的往事,是时候写下我自己的故事了。于是,我关闭办公室,退出各种心理咨询相关的组织协会,高高兴兴地在家中三楼的阁楼里写作。我就此写完《离瀑布太近》和两本续作:《瀑布以后》以及《回到陆上》。

然而到了2004年,我当时正在写一本关于达尔文和弗洛伊德的长篇小说《诱惑》,一通电话把我心理治疗退休后的生活猝然打断。打来电话的是邓肯·艾灵顿,我已经有六年没见过他了。

邓肯想让我为他的女儿玛德琳进行心理治疗。由于我已不再执业,因此表示会把同事介绍给他。他不断奉承我,说我对他帮助很大,继而以典型的谈判风格询问我怎样才会同意。我解释说这不是钱的问题,而是因为我已经离开心理咨询行业,转而从事文学写作。他说:"想让多伦多所有书店的橱窗里都摆上你的各种书作吗?你也知道,只有靠植入广告的钱才能获得那些位置。"我表示拒绝后,他又尝试另一种办法:"想让我买一千本你的书送给别人吗?"这挺诱人的,但我还是回绝了他。

第二天,我去家附近的咖啡馆时发现邓肯独自一人坐在四人座的卡座位置。他一定是找人跟踪了我。他咧嘴笑着,坐到了我的卡座里,说玛德琳因为焦虑症而日渐憔悴。她明明未满四十,却已经得过三次癌症,而且每次的癌症类型都不一样。除此之外,他说玛德琳的母亲夏洛特动不动就贬低她、跟她作对。"相信我,跟妻子夏洛特比起来，凯伦简直就是特蕾莎修女。"我由此猜想他确实知道——依然和他住在一起的——凯伦有多凶悍。（这么多年过去了，他的女儿依然不被允许踏进家门。）

我指出玛德琳住在纽约，邓肯说会支付我全天的工作费用，其中不仅包括来回的路费，还会安排一位司机接送我去拉瓜迪亚机场。他又一次连哄带骗地说只有我真正了解关于凯伦的情况：她对古董的破坏，以及——用他的话来说——她对玛德琳的"限制令"。

我勉为其难同意为玛德琳进行心理治疗，以六次为限——后来这六次会面变成了长达四年的心理治疗。

一星期去曼哈顿待个一天，说到底算不上世上最糟糕的事情。

2. 女儿

玛德琳在一些圈子里小有名气，大家都知道，身为富二代的她虽然年纪轻轻，却经营着自己的古董生意。她常常开着深紫色的法拉利敞篷车在汉普顿急速飞驰，让不少人为此头疼。

她的办公室位于翠贝卡，建筑由厂房改造而成。大楼底层开着一家高档餐厅，其余四层都是她做古董生意的公司；她住在顶楼的套房内，屋顶还有一个巨大的花园。这栋建筑是她的祖母在1975年纽约市财政危机之际以极低的价格买下来的。护送我的保安通过对讲机报告我的到来。前台有人大声回应："哦，是吉尔迪纳医生。谢天谢地！我们真是受够了。玛德琳正在办公室里接待客户，带她进来吧。"

办公室的天花板很高，高耸的拱形窗户让整个房间充满了阳光。引人注目的硕大立柱分布在大约六千平方英尺[1]的空间内。四周的墙由砖砌成，地板则是宽板硬木。

员工们像是被捅了蚂蚁窝的蚂蚁一样来回疯狂奔跑。操着东欧

1　约为557.4平方米。

语言的男人们正把古董从巨大的木箱里搬出来，身穿名牌服饰、脚踩细高跟鞋的女人们拿着写字板在他们周围徘徊，记录有没有任何损坏情况。快递员则站在一旁等待签收。墙上顶天立地都是架子，上面摆着成百上千件古董，每一件上面都有一根绳子，系着一张巴掌大的淡褐色标签，正反两面密密麻麻都是细小的字。每当有人走过，运动探测器便红灯闪烁；要把一件物品从架子上拿下来，就必须按下按钮解除警报。墙上还固定着一架可以从房间一端滑到另一端的带滚轮的梯子。

一名身材瘦小的男子负责爬上梯子从架子上取下古董。他身穿阿玛尼西装和马甲，头发油光锃亮，梳理得特别服帖。梯子脚下，六名员工同时在索要各不相同的物品。梯子上的男子喊道："安静点，伙计们！难道没人知道要怎么样乖乖排队等着吗？老天爷，真是一点修养也没有。"我后来得知，尺寸更大的古董都存放在楼上，由一名魁梧的黑人男子脖子上挂着的蜂鸣器控制进出——他是一名做各种木材抛光与修理的木匠，沉默寡言，永远穿一身斯坦利·科瓦尔斯基[1]那样的白色紧身T恤，搭配背带裤或者迷彩裤。

我正朝前台走去，另一名身穿名牌西服的男员工对我说："祝你好运，你会用得上的。她要是冲你大喊，那只是她的说话方式。请不要弃船而去，我们已经快要沉没了。"

我们约定的时间过去三十五分钟后，一位名叫维也纳的女子把我带到玛德琳办公室的内室——也是这片空间里为数不多被墙围着的房间之一。维也纳身穿迷你裙、黑色背心和黑白条纹裤袜（就像

---

1 斯坦利·科瓦尔斯基是著名剧作家田纳西·威廉姆斯笔下名作《欲望号街车》中的虚构人物，在翻拍的著名同名电影中由马龙·白兰度饰演。

《爱丽丝梦游仙境》里的柴郡猫一样），梳着一头麻绳辫，十分健谈，是公司里唯一神色欢快的女子。她走路时前后摆动布满文身的手臂，看起来特别悠然自得。她告诉我玛德琳以前吃过不少苦，到目前为止，她的职责就是让玛德琳保持振作。她谈起自己的老板时显得非常关心，一点儿也不怕她。

走进办公室后，我的面前是一张巨大的办公桌，桌子后面站着一名瘦削高挑的女子，深褐色的头发全部盘在了头上。玛德琳真的很漂亮，容光焕发、肌肤洁白无瑕，而且像白雪公主一样有着饱满的厚嘴唇。她身穿紫色天鹅绒高跟鞋和无可挑剔的普拉达套装——全黑塔夫绸半身裙搭配粉色毛衣开衫。她是我见过的唯一一个有能力驾驭富有异国情调的普拉达服饰的人。除此之外，她还戴着硕大的蒂芙尼钻石耳钉，以及一条看起来很复古的钻石项链。（多年以后，我在会面中说起自己从未见她穿过两次相同的衣服。她皱了皱眉头说："这是种病。"）不过，玛德琳的妆容却有点儿奇怪：唇膏一直涂到上唇上方，画出两个小小的尖角；眉毛则是两条棕色的细线，仿佛二十世纪三十年代的女影星。尽管妆容略显过时，她依然是个引人注目的美人。

维也纳走出去前告诉玛德琳，她接下来会拦住所有来电。她见玛德琳露出焦虑的神色，于是说："不，我不会转接进来的。我们必须这么做。"

玛德琳坐下后，我说起她长得和她父亲不是很像。确实不像，她说，她和母亲长得几乎一模一样，头脑则继承了父亲。我后来发现玛德琳念的是耶鲁大学，之后又去伦敦政治经济学院读了研究生。之后，她重拾早年为祖母的藏品编目时对古董产生的热情，开始做起了古董生意。她发现自己很喜爱这份工作，因为其中结合了她对祖母的敬仰以及两种家族品格：非凡的生意头脑与独到的艺术鉴赏眼光。

我于是开始询问家庭背景。玛德琳说，父母离异后母亲便离开了，作为家里的独生女，她从十几岁起便和父亲一起生活，一直到上大学为止。她在二十多岁时嫁给了一个名叫乔伊的男子，九年后离了婚。

说到这里，玛德琳忽然扔掉手中的笔，说："我们能改天再聊过去的经历吗？我肯定会开口的，但我得先把心理上的大火扑灭。"我点头表示同意后，她看起来松了一口气，继而脱口而出，"我真是要崩溃了。我一直很焦虑，有强迫性的行为，但这些症状在过去大约一年时间里变本加厉，对整个办公室都造成了影响。我要是精神崩溃，这个地方就会垮掉。"

我让玛德琳举例说说这些症状对公司造成了什么样的影响。她回答说："我害怕飞机失事，因此不但自己不敢旅行，也不让在这里工作的任何人去出差。就好像我知道飞机会掉下来一样。我一直会想到这样的事情。"她说她以前会毫无顾忌地和父母坐飞机去世界各地度假，也和祖母出远门去购物。尽管她一直有强迫行为，但这些症状在过去几年变得越发严重。

"我告诉办公室里的所有人，如果你不帮我，我们就只能关门歇业了。"这下我才明白员工见到我都大松一口气的原因。玛德琳在员工面前既充满威严又展露脆弱的一面，这点在我看来很有意思。能登上《福布斯》杂志的商界领袖一般可不会向自己的员工——包括保安——承认自己行将崩溃。

这个时候，玛德琳已经有点儿呼吸急促，我于是平心静气地安慰她说，心理治疗就像是解开谜团，我们可以一起探寻这些症状的根源所在，然后解决问题。她说她必须好起来，因为有很多人都指望着她。"你首先想到的是对他人而非自己肩负的责任，这点特别值得玩味。"我说，"大多数人都会说：'医生，我这样子根本活不下去。

活着就是种折磨。'"

她的答复令人吃惊。"老实说，没人在乎我。我这么说不是在可怜自己，而是因为我要养活很多人。"这番话让我意识到，她责任感过重，对自己的关照却不够。

玛德琳描述了自己的所有症状以后，我从中看出她患有强迫性障碍（obsessive-compulsive disorder，简称OCD）与焦虑症。强迫意念指的是各种不受主观意识控制的侵入性想法，会引起焦虑情绪，玛德琳的强迫意念就是认为她和员工会死于飞机失事。强迫行为则是指一个人为了摆脱强迫意念并减缓焦虑而采取的行为，玛德琳的强迫行为是取消航班，这既能减少她对于飞机失事的强迫意念，又能缓解焦虑，可同时也使她的生意蒙受损失。

她的父亲邓肯虽然说起过她很焦虑，对强迫性障碍却只字未提。我擅长应对焦虑障碍，遇到OCD的案例则会转给其他专科医师。于是，我帮玛德琳联系了一名曼哈顿专治OCD的精神科医生，说我们可以试着双管齐下，她去那里治疗OCD，在我这里解决焦虑症。这么做有点儿不合常规，但我认为应当尽快开始处理多方面的问题。我们正讨论着治疗方案，玛德琳办公室的两扇门突然被人推开。邓肯大步走了进来，兴高采烈地说："太好了，凯西，你来了！"

玛德琳惊讶地喊道："你他×的在这里做什么？你可不能在我接受心理治疗的时候直接闯进办公室。出去！我没法进你的屋子，你以为你能踏进我的地盘吗？"

邓肯没有挪步。玛德琳于是喝道："我是认真的，不然我就喊保安了！"

"凯西是我请来的。"邓肯佯装困惑地笑着说道，神情和六年前被凯伦臭骂一顿之后一模一样。

他拉出一把椅子，玛德琳提高声音说："我对天发誓，你要是还不离开，我就叫快递员把你送回家。你把我的生活搞得一团糟，还不肯让我安安心心接受心理治疗。听得懂吗，你就是个专横跋扈的混蛋。"

"行吧，行吧。"邓肯一边朝门口走去一边说，"等会儿想要一起吃晚饭吗？"

玛德琳用出人意料的平静语气回答道："好吧，回头再说。"于是邓肯离开了。

玛德琳朝我摇了摇头，然后翻了个白眼。"抱歉，刚才被打断了。我们说到哪儿了？"

我花了三个多星期才把玛德琳错综复杂的人生经历拼凑起来。她偶尔会朝对讲机大吼："星巴克救急！"一名专职跑腿买咖啡的员工随即会买来名字十分拗口的大杯饮料。

玛德琳告诉我，她的母亲夏洛特从来都不想要孩子，可邓肯为自己积累的财富表示担忧：要是没有孩子，那么多钱该留给谁？夏洛特的回答让邓肯极为震惊，她和之后的凯伦一样，说可以把钱挥霍一空。我表示单纯为了有人继承家产而生孩子很奇怪。玛德琳说："你以为洛克菲勒家族生孩子是为了什么？必须有后代继承才行，不然自己努力积累的家业都会付诸东流。我的意思是，大家一直会说什么希望有人'传宗接代'。不都是一回事吗？"她还说，至少她的母亲很坦诚，"她答应生一个孩子来给我的父亲和爷爷奶奶一个交代，生完就开始不停'血拼'。"

夏洛特说到做到，把绝大部分时间都花在了购物上。她把豪宅整个三楼分成四间步入式衣橱（每个季节一个），里面堆满衣服、鞋子和相搭配的包袋。夏天时，她把皮草送出去保管，每年秋天取回来时要用卡车才装得下。除此之外，她还反反复复重新装修。邓肯抱怨说家具都还能用时，夏洛特便用一把锋利的刀片把家具通通割开，碎屑如花粉般在空中飘扬。她说："你看，现在没法用了吧。"这一幕让我想起多年以后凯伦摔坏家中古董的情形。

玛德琳说，母亲想尽办法让她和父亲生不如死。夏洛特患有厌食症，家里几乎没有什么食物，冰箱里只放着酸橙、橄榄和调酒用的酒渍樱桃，他们因此只能去餐厅吃饭。"我知道这令人难以置信，"玛德琳说，"但事实就是如此。"奇怪的是，我并不觉得这听起来匪夷所思，我是家中的独生女，小时候父亲整天上班，母亲和其他母亲不太一样，因此家里没有食物，我们也一直去餐馆吃饭。显然，就某种角度而言，玛德琳和我一模一样。这可能就是为什么我会告别没能持续多久的退休生活，同意接下这个案例。

接着，她说起邓肯不在家时母亲对她做出的种种残酷行径。去餐厅吃饭前后，玛德琳会偷偷拿薯片回房间吃。每天早上，当她从屋子后方给用人走的楼梯去厨房，希望能在上学前吃点早餐时，母亲便会对她说："早安，怪物。"继而指责她鬼鬼祟祟找吃的。然而，餐厅的那些餐点永远不够吃，因为夏洛特会强迫玛德琳说自己不饿，还会说："你以后就会知道，自己没长成一头肥猪都是我的功劳。"

他们每天晚上都在多伦多最高档的餐厅用餐。夏洛特并不会把食物咽下去，而是咀嚼过后吐到亚麻布餐巾上，随后，玛德琳就要负责把餐巾偷偷带出餐厅扔进垃圾桶里。一天晚上，七岁的玛德琳帮母亲把餐巾偷偷带出去时被侍者抓了个现行，还被指责偷窃亚麻压花餐巾。邓肯对此十分惊讶，问玛德琳为什么要这样做。"我根本答不上来。"玛德琳告诉我，"我知道，如果我不为母亲打掩护，就会受到她的惩罚。相信我，她罚起人来可残酷了。但我也不想让父亲难堪，他不过是希望我说真话罢了。"

"小小年纪就要面对进退两难的处境，太不容易了。"我说。

夏洛特不假思索地说玛德琳是个"小贼"，在学校里也被抓到过。服务生打开餐巾，看见了咀嚼过的食物。"他看起来被恶心到了，用两个手指捏着餐巾拿走了。"我问玛德琳对此作何感受，她说："你觉得呢？羞耻、遭到背叛、屈辱，觉得自己让父亲丢脸了。餐厅里那个时候安静得连针掉到地上都能听见。"她接着补充道，"哦！我想起来了，这还没完。母亲之后转身面对目睹了这一切的其他顾客——其中有一些还是她认识的人——说：'永远不要嫁给一个把自己的金贵独生子女给宠坏了的男人。'显得她自己才是受害者一样。"

一家人回到家后，父亲来到玛德琳的房间，说有心事的话可以向他倾诉，还说她缺乏关爱，确实需要多吃一点。父亲临走时在门口犹豫了片刻，接着说她应该多去陪陪奶奶。"我想他感觉到我遇到了问题，而且知道母亲帮不了我。"

父亲是否怀疑是母亲让她打掩护呢？我问道。玛德琳摇摇头。"不可能。他向来听信母亲，而且他害怕她。父亲做生意很精明，让家里的资产都翻了个倍，可是，他做事太规规矩矩。母亲可不管这一套，她不按理出牌，能趁人睡觉时把人闷死，父亲心里其实一清二楚。"

我问邓肯为何不与她离婚，玛德琳说："艾灵顿家从来都没有人离婚。他说这不是他家的作风。"我把这句话记在心里，确信其中另有隐情。

餐巾风波过去后，玛德琳每周有一天时间会在祖母家度过。她的祖母是位古董收藏家，她非常喜爱祖母。"奶奶去世后，"玛德琳说，"她的遗嘱上说要拍卖古董，为新建一座医院病房大楼提供充足资金。"

"她为人如何？"

"一本正经,但也很温和善良。而且,她很有可能救了我的命。我所知道的一切都是她传授的。"接着我问起她的祖母对夏洛特的看法。"她对我母亲总是彬彬有礼,但留心观察的话,多少能察觉到其中的鄙夷。上流阶层最擅长的就是摆出高深莫测的架势。"

在接下来的那次会面中,我感觉到玛德琳在谈论童年时变得更加难以开口。她不哭,只是擦擦眼睛,声称不想把妆弄花,"一路流到布鲁克林"。她的脖子上有硕大的红色斑点。我察觉到她需要缓一缓,因此问起夏洛特有没有为她做过什么贴心的事。她费尽心思想了又想,最后说,由于母亲不喜欢她,因此对她无比严厉。(我有点儿纳闷,这跟"贴心的事"要如何扯上关系。)玛德琳每天铺床、打扫房间,只要没有做到完美无瑕,就会挨夏洛特的批评。"我必须把娃娃按照大小排列,只要有一只兔子摆错位置,她就会说:'那只娃娃怎么了?看起来它准备要扑过来了。'于是,我上学的时候把功课都做得完美无缺,因为我以为老师也跟母亲一样,会苛刻地监督我。一次到位总归比较容易一点。"玛德琳默默地坐了好几分钟,"母亲不准我偷懒,我想,这意味着她让我学会了要拥有职业道德。"

家长教导孩子拥有坚实的职业道德观念无疑是种助益,可这和玛德琳所说的并非一回事。夏洛特严苛的完美主义标准并不会培养出有益的职业道德,却会催生出对工作成瘾的行为。而工作成瘾也是一种强迫行为:不停地工作,是因为一旦停下来便会感到焦虑。有些心理学家将其视为一种成瘾行为,而我们的现代文化无疑也将其美化了。大家常常会听到有人自豪地说自己"整天都在干活"。如果把这句话里的成瘾行为替换成"整天都在喝酒",听起来就没有那么了不起了。

员工们早就说过玛德琳多么有压迫感,工作节奏是多么累人,可我当时并未提起这些，因为玛德琳列的症状清单上没有这些内容。毕竟，心理治疗的技巧正是在于辨别关键的时刻：来访者准备好去面对自身心理疾病的时刻（我在会面后期就对这一建议有所疏忽）。

我不相信玛德琳能凭一己之力取得如此巨大的商业成就，总有什么人在某些地方激励过她，帮她增强了自尊心。她的父亲时而会表示支持，但无法使她脱离母亲的魔掌，而且，凯伦将她拒之门外后，她的父亲也在情感上抛弃了她。

最有可能充当这一角色的人就是玛德琳的祖母（她很少提起祖父，只说他安静又和蔼，非常关注股票走向）。她的祖母——也就是手握家族资产的人——每星期都会带玛德琳外出用午餐并选购古董。玛德琳说，她们每次出门都会做好计划，一旦完成一件事就会打上勾。她们也会去往不同城市寻觅古董，玛德琳借此了解到祖母是如何娴熟地跟人交涉。她们还一起去纽约探索当地的艺术世界。一路上，祖母不仅会带玛德琳去买衣服，还陪她看木偶剧和百老汇演出，不管她想要什么都会满足。

玛德琳惊奇地发现，自己和祖母在一起时可以想吃多少就吃多少。有一次，玛德琳和祖母在岛上的小屋——被她们称为"大院"的屋子——里一起烤巧克力曲奇，她一口气吃了三块。"我料想她会骂我是怪物、是猪，结果她却说：'吃慢点儿，亲爱的。想吃多少就吃多少。'我还以为自己必须在别人拿走曲奇之前全都塞到嘴里呢。"

"你的母亲没有去过大院吗？"

"她从来不去。她不喜欢爷爷奶奶，跟他们在一起时她没有机会展现自己糟糕的那一面。她说她来自美国，跑到加拿大的荒野已经够糟糕的了，她可不想跟三个假正经、一个小屁孩和一大群蚊子一起待在岛上。"

"她为什么说你父亲和他的父母是假正经?"

"哦,其实,她有一帮朋友,他们都是——"玛德琳叹了口气拖长音调,看起来很苦恼。我示意她接着说下去。"怎么说呢,沉迷于寻欢作乐。那些女人都抽烟喝酒,喜欢挥霍金钱炫耀打扮。她们去美国拉皮的时候,雪儿[1]都还没出生呢。她们会在乡村俱乐部喝得酩酊大醉,然后交换配偶。其中一人的丈夫因为花光了别人信托基金的钱被吊销了律师执照。还有一些人则已经离婚。我母亲最好的朋友是她的室内设计师,是个同性恋。他们一起逛街购物,有一次还不得不'紧急前往罗马'去买一个书柜。我有一天提前放学回到家,看见母亲跨坐在他的腿上。我当时才意识到,他根本不是同性恋。"

"掩护工作做得真好。"

"可不是嘛,而且那是三十年前的事了。她在这方面的主意可不少呢。"

"她是如何应对这种局面的呢?"

"她立即甩掉了情人,说我是个不要脸的偷窥狂,还说……"玛德琳低下头,显然无法继续说下去了。她的眼里再次噙满泪水。

"是什么样的糟糕事情让你感到如此难过?"

"哦,糟糕透了。她说她会告诉我父亲,我脱掉内裤和园丁帕斯夸尔玩游戏,而且,整件事情是我主动挑起的。她接着走到露台门外,当场解雇了帕斯夸尔,还写了一张想必非常可观的大额支票。"玛德琳实际上非常喜欢这位园丁。"他有时会和我玩捉迷藏,把我扔到泳池里或者跳水板上,还会从口袋里偷偷掏出糖果给我吃。但这下子,我开始觉得自己和他做的都是些肮脏恶心的事情。"

---

[1] 雪儿,美国当代著名歌手和演员。

玛德琳伤心极了，对此表示抗议。她的母亲说："干得好，你这个小怪物。你害得帕斯夸尔被解雇了。"接着又抬高嗓门说，"他给我们弄了只杂种狗来，是他活该。"

帕斯夸尔的狗生了小狗，于是带了其中一只给玛德琳玩。她的父亲说可以留下来养着。玛德琳不经意间露出了我从未见过的笑容，她说那是她一生中最快乐的一天。小狗名叫弗雷德，名字来自弗雷德·阿斯泰尔[1]，因为玛德琳的母亲每天晚上都强迫它在吃晚饭前跳舞。显然，弗雷德的表现十分优秀，连邻居们都来观看表演。我向玛德琳指出，她的母亲对弗雷德做的事情跟对她做的一模一样。

"是啊——没有免费的午餐。"她热情地说了下去，态度明显出现了变化，"我很惊讶竟然有谁会爱我。"她回忆起自己放学回家时弗雷德有多么高兴。小狗夜里还会睡在她的床上。"说实话，我认为是他温暖的身体拯救了我。"她说，"有一天，母亲抬起手正要揍我——她时不时会这样——弗雷德对她吼了起来。"玛德琳一边说着一边流下眼泪，随后把脑袋搁在了大理石做的古董桌子上。

"为什么这会让你感到如此难过？"

"因为他是唯一一个维护过我的人。"（她一直以人来称呼弗雷德。）

"那你的父亲呢？"

"他在一些事情上尽管站在我这一边，但要是母亲大发雷霆，他从来都不敢正面抗衡。她有一天气急败坏地发火，我于是躲到地下

1　弗雷德·阿斯泰尔，二十世纪美国电影演员与舞蹈家，曾参与多部歌舞剧的演出。

室里的工具间，想坐在那里吃我从学校带回来的一块糖果。结果发现父亲也在那里，正在吃意大利面罐头。我于是坐到他边上一起默默地吃起东西来。"

"她就在楼上为所欲为吗？"我问道。

"我们吓坏了。"

"你的父亲为什么这么怕她？"我以前也问过这样的问题，但我依然不明白，"他的父母是不是很残忍？"

"一点也不。他们非常得体，有很强的职业道德感，也很有爱心，愿意投入时间来陪我。我的祖母从我小时候起就花很多时间教我雕塑，还会带我周游世界，那段时间特别美好。我十三岁时就能分辨一个明朝花瓶是不是赝品，一点也没有夸张。"

接下来的那次会面时，玛德琳送给我一份包装精美的巨大圣诞礼物。我解释说，出于职业要求，心理治疗师不能接受来访者的礼物，她对此并没有表示反对。我将这份大礼视为一种考验，她见我没有收下，显得松了口气。我将此记在心里，以便日后在讨论"信任"这一概念时说起。

我问玛德琳节假日有什么安排，她说会独自待在家里。想到她一个人待在纽约的巨大公寓里无所事事，我说，被从小到大生活的那座屋子拒之门外滋味一定很不好过，特别是在圣诞节的时候。

玛德琳说她原本以为自己不会再碰到母亲那样的人，结果父亲和凯伦在一起了，她感到非常惊讶。"她和我母亲一样性格疯狂，但她不像母亲那样年轻貌美又目标明确，只会虚张声势。更何况，她也没有家族财富可以挥霍。"

凯伦开始砸古董的时候，任职多年的管家随即给玛德琳打去电话，后者报警后便搭乘班机回到多伦多。玛德琳到家时，警察在客厅里边翻杂志边等候，管家也已经给他们端上咖啡。凯伦一见玛德琳就叫她"夏洛特"——她不是疯了就是醉了，两种情况都在她身上发生过。管家告诉玛德琳，凯伦会折磨邓肯。邓肯有时不得不把自己锁在浴室里，而凯伦则在门外用锅碗瓢盆拼命砸门。管家指着门上的凹痕给警察看。没有人知道凯伦乱发脾气的这段时间邓肯的行踪，好在玛德琳知道要去哪里找他。"他还是躲在地下室里，端着一罐浓缩罐头汤，坐在工作台上。"玛德琳质问他时，他说凯伦会冷静下来，一切都会过去的。"总之，警察后来直接走了。他说到底还是站在凯伦那边。我从那以后就不被允许回家了。"

我进一步探究邓肯这些年的行为时，玛德琳解释说，父亲似乎觉得和她之间有一种契约。"他说凯伦情绪不稳定，而我却很坚强，说我们必须一起做出牺牲。这跟母亲发疯时他对我说的'高尚的义务'如出一辙。其实这不一样。他承认我母亲很危险，会造成实际的伤害。"她的父亲还说，他和玛德琳才是真正属于艾灵顿家族的人，夏洛特只是个讨厌的外人。"这倒是真的，她虽然不太聪明，却十分狡猾又冷酷无情，一辈子都把父亲玩弄于股掌之间。"

在整个心理治疗过程中，我始终未能解开这个谜团：为什么给人留下深刻印象的邓肯工作时如鱼得水，在情感生活中却先后被夏洛特与凯伦压制得死死的？他一生都受到这两个对他缺乏爱意的女人掌控。他对女儿被拒之门外感到难过，可还是乖乖听从一个从未给过他任何回报的女人。玛德琳曾说，邓肯的父母虽然内敛含蓄，但为人并不刻薄。我能想到的只有一个可能：温和善良的祖父母在为人父母时可能远非如此。毕竟，人年纪上去以后往往会变得更加温润。

邓肯本人在情感层面上似乎更执着于金钱：首先是要有钱，然后才能将其当作权力的一种形式。他虽然和蔼可亲，却让我想起两位可悲的虚构人物：狄更斯笔下的吝啬鬼斯克鲁奇[1]以及乔治·艾略特笔下的织工马南[2]。他真情实意爱着的只有女儿，但由于他无法保护自己，因此无法尽到保护女儿的责任。

我们第一年的心理治疗接近尾声，我还天真地以为自己只会进行六次会面呢！像玛德琳这样经受这么多创伤的人只有在倾吐痛苦之后才会开始愈合。我的职责就是见证这个过程，并且让她相信，每天早晨打招呼时被称作"怪物"十分残忍，而且其中的问题并不在于她。我要做的，就是帮助她面对如此痛苦的童年留下的创伤。

1　斯克鲁奇是十九世纪英国著名文学家查尔斯·狄更斯在1843年创作的小说《圣诞颂歌》中的主人公，故事中的他是一个冷酷无情的守财奴。如今，他的名字已成为英文中"吝啬鬼"与"守财奴"的代名词。

2　马南是十九世纪英国著名作家乔治·艾略特于1861年出版的中篇小说《织工马南》的主人公。故事讲述织工马南由于遭受一系列打击，对人与上帝都丧失了信任，最后通过一系列事件才重新振作起来。

3. 飞行恐惧症

我想搞清楚为什么玛德琳害怕坐飞机旅行。由于这种恐惧症并非与生俱来，我们的任务就是要找到近来发作的原因，以及有什么办法可以将其摆脱。

显然，玛德琳的助理维也纳和我想法一致。她把我拉到一边，说他们的会计想让她找我谈谈，因为公司的境况实在堪忧：玛德琳不准任何跑腿的员工搭乘飞机，哪怕他们有货要送——那些最昂贵的商品可不会自动抵达目的地。维也纳总结说："抱歉，我这么说有点儿越权，但过了不多久客户就会发起抗议。那可都是一些自命不凡的花瓶妻子或者挑剔的博物馆学家。他们希望什么都在昨天就能送达——如果你明白我的意思的话。"

就在这时，玛德琳冲进房间喊道："维也纳，你在这里做什么？你是不是想让吉尔迪纳医生觉得我们都是疯子。先是我父亲，现在连你也这样？天哪，快出去！"维也纳若无其事地把发辫朝肩上一甩，微笑着和我道别。

玛德琳问我维也纳都说了些什么。"她关心你，也关心这家公司。"我开口说，"她担心你太过害怕飞机坠毁，会对公司业务带来不良影响。你去戈德布拉特医生那里看过了吗？"就是我介绍给她的那位专治强迫症的心理医生。

她去了之后，医生给她一本硕大的练习簿，让她记录自己的各种恐惧，当作为期六周的治疗项目的一部分。"我不知道担心飞机坠毁是一种强迫意念，还是只是神经过敏导致的恐惧，"她坦言说，"要知道，吉尔迪纳医生，事情进展顺利的时候，我就会害怕命运，或者怕有人会看穿我其实是个……"她犹豫了一下。

"你想到了什么词语？"我问道。

玛德琳显得很惊讶。她眨了眨眼，朝后靠向椅背，像是被击中了一样。"怪物。"

"你母亲用来形容你的词语。"

她点点头。

"所以说，你觉得自己不配遇到事情进展顺利。你内心深处觉得自己是个怪物，载着你最优秀的员工和古董的飞机坠毁是你应得的下场。"

有那么一会儿，玛德琳显得十分困惑。"是啊。这整个公司都是虚伪的怪物一手搭建起来的。"

她无声地坐着，慢慢消化自己无意识中释放出来的想法。"要知道，我念高中时是学生会主席，样样一百分，大家都以为我有个完美的母亲。"她回忆道，"其他人的母亲会说：'夏洛特，玛德琳特别认真，学习也很卖力。你是怎么教育她的？'我母亲只会微微一笑，说：'哦，我不过是比较走运罢了。'"

"你的母亲有没有强迫性的行为？"

"哦，有啊，我们都不得不忍受那些行为。"她断然说道，随即描述起母亲以前会如何拔自己的眉毛，"她先是把眉毛都拔光，要是变得疯狂起来，就会连根拔掉，用镊子不停戳眉毛部位的皮肤，戳到流血才罢休。"夏洛特为此必须连续好几个星期戴墨镜，以此遮盖痂痕。"我父亲叫她住手,她就说自己这么做都是被我这个怪物、我的父亲以及他那些无聊又吝啬的朋友和家人逼的。她还大喊:'没听说过"抓狂得眉毛头发都要拔光了"这句话吗?我变成这样都是你们害的!你们,还有你那古板又吹毛求疵的父母,都联合起来对付我。'"

我向玛德琳解释,她的母亲患有一种十分常见的障碍,名叫"拔毛癖"(trichotillomania),患有这种障碍的人一直会忍不住拔(在部分案例中,患者还会吃掉)自己的毛发。这会导致明显的脱发、忧虑以及社交或功能障碍。这是一种冲动控制型障碍,往往根深蒂固,治疗起来相当困难。

我一边说一边看向玛德琳的眉毛——或者说,她稀疏得几乎看不见毛发的眉部。我第一次见到她时便注意到那两条角度有点儿怪异的描出来的细眉毛,当时就怀疑她患有这种障碍。我等着她开口说点什么。

最后,她在长时间的沉默以后问我:"干吗啊?"

"那你的眉毛呢?"我试探着说。

"我没有遇到这样的问题。我眉毛本来就细,而且我会修眉毛,不过,我可不会像母亲那样连根拔掉,然后留下结满痂的两道痕迹。我修成这样是一种风格。"

我什么也没说,察觉到这是玛德琳头一次搪塞我。而且奇怪的是,她在整个治疗过程中从未承认过自己患有拔毛癖。在一篇有关她的杂志文章中,作者将她的妆容形容为"丘比娃娃[1]妆",我因此知道这并非我的想象。然而,她始终没有改口。

---

1 丘比娃娃是二十世纪美国漫画家罗丝·奥尼尔于1909年创作的丘比特宝宝形象。三头身的丘比宝宝圆润丰满,十分可爱,五官小巧细致,眉毛只有微小的两个点。

我在心理治疗中发现，我们无法预测为什么有些人会承认自己存在——或愿意探讨——非常反社会或野蛮的行为，但同时又拒绝承认自己犯下相对而言无足轻重的社会性的越界行为。

我们来到了心理治疗中的一个关键时刻，我必须仔细考虑接下来要怎么办。我知道玛德琳送昂贵的圣诞礼物给我是在考验我，我通过回绝礼物从她那里获得了一定程度的信任。我们后来聊起这件事时，她说她以前看的一位婚姻咨询师还找她为自己继承的一些古董做免费评估。玛德琳的父亲邓肯曾经告诉我，我从未在会面时问起任何关于股市的问题着实让他感到惊讶，因为他以前看的心理医生每次会面都会从股票的话题聊起。我常常发现，儿童时期被人以某种方式"利用"的人会无意识地找上重复这种行为模式的心理治疗师。

不过，获得信赖并不总是能让治疗立即出现进展。换句话说，与来访者正面交锋并没有什么用。他们也许会承认治疗师试图解释的神经官能症，但这种胜利往往得不偿失。只有当治疗师让到一边，任由来访者以自己的方式获得心理学方面的知识，其才会获得真正的洞见。如果玛德琳不愿承认自己遭遇相同的折磨是为了将自己与母亲彻底区分开来，这样也无妨。我于是决定不再追问眉毛的问题，寄望于今后能有机会重新提起。毕竟，我早已认识到心理治疗并不一定要按部就班。真正需要做到的是让玛德琳知道我真心为她着想，她可以相信我能帮助她面对心魔。

我每次走进玛德琳繁忙的曼哈顿办公室与她会面时，似乎一直会有不同的人来找我。有一个星期，一名身穿时髦的杰尼亚西装的男子走到我跟前，贴得特别近，让我感到很不自在。他说话时带着浓重的东欧口音。"她显然是疯了。"他说，"她一周工作七天，直到半夜才离开。她对我们也逼得特别紧，我们都准备不干了。"

"那你为什么没有辞职?"我问道。

他没料到我会这么问,停顿了一下之后说:"她比我们更拼命,而且,她给的工资是其他地方的两倍。她让我生不如死,但我对她很忠诚。我希望你知道,她是个工作狂。"接着,当楼梯上传来玛德琳高跟鞋的踢踏声时,他像螃蟹一样打着横从侧门溜走了。

"佐尔坦跟你唠叨了些什么?"她质问道,"他总是埋天怨地的。"

"你为什么要雇一些那么难相处的员工呢?"

"说实话,他们让我对'难伺候'有了全新的认识。我的大多数估价师和买手都是匈牙利人,他们都神神道道的——这是匈牙利人的特点——不过也很聪明,和我一样执着于把工作做好。他们可以一连好几天研究一尊雕像,没日没夜地用碳定年法进行年代测定。跟高端产品打交道时,就需要有较真的员工。一旦卖出假货,名声就会永远受损。"

"他们都跟佐尔坦差不多吗?"

"更糟糕,他至少工作勤快。他一直得吃胃药,因为他说他胃里'会闹腾',但他还是坚持工作。你该见见那个奥地利人乌尔里希,他是拜德米尔风格家具的世界权威,随身携带嗅盐,每周还会消失一天——天知道跑哪儿去了——然后星期天来上班,因为他说他需要安静的环境。我不知道自己怎么会找来这样的人的。"

我们都笑了,因为整个公司的人都变得越来越歇斯底里。连清洁女工都曾向我大喊:"吉尔迪纳医生来了,谢天谢地!"还给我送来一个复活节蛋糕,附带的卡片上写着她会为我和玛德琳祈祷。

我在企业展开心理咨询工作时往往会发现,如果一个公司老板的父母要求很高又很自恋,其往往会不自觉地雇用同样性格的员工,并竭尽全力去满足他们的需求,哪怕其自身就是领导。公司就像家庭,企业文化也因此会重现家庭中的动态关系。

有一个星期，玛德琳迟到半小时才出现，并且随即问我有没有看到报上的新闻。"我的前夫这个周末再婚了。"除了在心理治疗头几个星期我收集家族史的时候玛德琳提过前夫乔伊，这还是她第一次说起这个人。她曾告诉我，乔伊是意大利天主教徒，父母是第一代移民，经营着一家面包房，她之所以嫁给乔伊，是因为对方的出身并非她所熟悉的多伦多白人富裕阶层。她以为乔伊会让她感到"更加贴近现实"。

乔伊向来开朗，喜欢做生意，以前还是足球运动员，英俊有魅力。最重要的是，他不神经质。邓肯很喜欢他，两个人都爱好飞机、汽车、游艇和钓鱼。每当玛德琳有什么烦心事，乔伊就会说："别担心，宝贝，一切都会好的。"

乔伊深谙全球商业趋势。二人一结婚，乔伊就向邓肯借钱，想要购买一家公司的加拿大分销权，而这家公司的产品最终也使其成为世界上规模最大的公司之一。用玛德琳的话来说，这是"一个令人刮目相看的精明决定"。他在五年内便向邓肯还清了借款。

"你以前就是用'精明'来形容你母亲的。"

玛德琳似乎对这句话感到特别惊讶。

"我以为自己嫁给了一个能够看穿她的人。"她说，"说实话，他对我母亲的厌恶是他最吸引我的一点。乔伊真的特别讨厌她。我认识乔伊的时候，她住在棕榈滩，只有在取钱或者参加各种庆祝活动时才会偶尔飞过来。"

"难道就没有其他人看穿过她吗？"

玛德琳的眼睛湿润了。尽管她会在会面中说起种种残酷往事，却很少流泪，我因此知道，无论接下来要说什么，她都肯定感到特别痛苦。她解释说，她必须先聊一聊第一任男友巴里。他与玛德琳住在同一条街上，平时打交道的都是同一群人。二人念的都是私立

291

学校，还参加同一个社团。他们在一起有四年时间，从九年级一直持续到十三年级，就青少年而言时间不算短。玛德琳对巴里的喜爱与他有四个兄弟和一个美满的大家庭密不可分。巴里的母亲常常烹饪大餐，一家人会在乡间别墅举办家庭聚会。他的母亲对玛德琳很亲切，还会一起制作玛德琳喜爱的各种精美甜点。她口中的巴里的母亲温和率直，并不在乎妆容是否完美。"她的儿子们经常逗她，用胳膊搂着她，还把她举到半空原地打转。她一直会说：'够了！够了！够了！'在我看来，这简直像是天堂。她从不跟人调情，也不会穿着性感的衣服和高跟鞋在家里走来走去。"

"调情？什么样的母亲会调情？"我问道。这下轮到我露出惊讶的表情了。

夏洛特会穿着泳衣和高跟鞋、手拿香烟在屋子里转悠，巴里觉得她很漂亮，"我从来没有和巴里睡过觉。"玛德琳说，"我不想变得跟母亲一样。她会对巴里说：'你跟假正经小姐今天晚上准备干什么呀？你为什么写作业，为什么不出门跳探戈？'然后便当着他的面跳起探戈。"玛德琳的父亲有一次见到夏洛特与巴里调情，随即予以制止，说没有哪个十六岁的男孩子会对四十岁的女人感兴趣。

夏洛特的回答让女儿不寒而栗。"哦，真的吗？你想不到的事情多着呢。"

有一天，玛德琳去巴里家的乡间别墅做客。当时所有人都在码头上喝酒，玛德琳没有喝酒，因为她不想变得像她母亲那样。不胜酒力的巴里喝醉后哭了起来，说他很抱歉，说如果可以从头来过，他再也不会这么做了。玛德琳立即反应过来，巴里和她的母亲发生了性关系。夏洛特勾引巴里后，二人交往了将近一个月。玛德琳就此同时遭到母亲与自己初恋的背叛。当时依然相爱的巴里和玛德琳试图放下这件事，可是，这种背叛对玛德琳来说伤害太大，她最后与巴里分手了。

这个白雪公主般的童话故事展现了当玛德琳长大成人正值青春、展现出美丽的一面后，她的母亲感受到了致命的竞争。（在童话故事的最初版本里，伤害白雪公主的是她亲生母亲，并非继母。格林兄弟笔下故事的暗黑特色可不是空穴来风。）心理学家布鲁诺·贝特尔海姆（Bruno Bettelheim）[1]在著作《童话的魅力》中写道，在《白雪公主》的开头，当母亲意识到白雪公主的美貌远在自己之上后，便通过墙上的魔镜寻求慰藉，这一举措足以证明她有多自恋。在展现青春期女孩面对自恋又好胜的母亲所感受到的危机这一主题中，再也没有比这个更好的故事了。而在玛德琳的故事里，并没有友善的小矮人向她伸出援手。

分手一个月后，玛德琳和父母在乡村俱乐部用餐时，她母亲与巴里之间的不当情事造成的影响开始浮现。玛德琳的父亲问起巴里最近到哪儿去了，玛德琳只说他们分手了。"母亲一个劲地喝酒，我不知道是什么导致我说出了接下来的话，但我真的是要崩溃了。我不仅失去了巴里，还失去了他的家人。我模仿母亲的那种傲慢语调——我可太擅长模仿她了：'发生了那种事情后，他可没脸再来见我了。我们家虽然不小，但也容不下那样的事情呀。'

"我母亲只是笑着摇摇头，就好像我疯了一样。父亲对我们二人知根知底，因此知道这是真的。"邓肯摇着头离开餐桌，去男士休息室抽雪茄去了。

她的母亲第二天早上一句话也没说。那天玛德琳放学回家后，弗雷德没有到门口吠叫着来迎接，她随即产生不祥的预感。"母亲站

---

[1] 布鲁诺·贝特尔海姆，生于奥地利的心理学家及作家，以研究自闭症谱系障碍著称。后文的《童话的魅力》是他的经典名作之一。

在厨房里说:'我今天带弗雷德去剪指甲了。兽医说它得了癌症,不得不让它安乐死。真是悲惨啊。'

"那是我唯一一次反抗她,结果她杀死了弗雷德。"

"难怪你和父亲都那么怕她。"(这一事件让我想起前面章节里的阿特,他在艾伦娜坚持自己的主张后杀死了家里的猫。)

"父亲并不在意她与巴里的事,对她做的大多数事情也都不以为意。可他无法原谅她对弗雷德做的事情,我也没法原谅她。"(我读到过邓肯以前的心理医生写的笔记,医生写道,邓肯最大的心结似乎就是失去那只狗。)

"我现在明白你为什么把'不被你母亲吸引'当作寻找结婚对象时的重要条件了。"我对玛德琳说。乔伊和玛德琳结婚后,等于在一夜之间成为百万富翁,而且还用邓肯的钱成功在加拿大开设特许经营店。玛德琳说,他成了超级暴发户后,想要拥有各种浮夸到令人发指的消费品。他们结婚快满一年时,乔伊抱怨玛德琳过于沉迷工作。此话不假,乔伊一旦有了金钱和生意便雇用经理管理商店,自己则每天睡到中午才起来。他的职业道德感和玛德琳与她父亲的完全不同。而且,他还是个十分糟糕的伴侣。

"你向他吐露过你在性方面的挫折吗?"

"说了很多次。他只会说:'我很开心啊。'我提议去做婚姻心理咨询,他说想也别想。随后还说了一句'亲爱的,我从未向你许诺玫瑰花园[1]'算作安慰。"

---

[1] "我从未向你许诺玫瑰花园"出自二十世纪美国乡村歌手琳·安德森的同名歌曲《我从未向你许诺玫瑰花园》,这句话是"我从来没有说过这会轻而易举"的另一种说法。如今当他人因为现状不符合自身崇高(且有时不切实际)的期望而发出指责时,被指责的对象会以此做出回应。

此后，二人之间的分歧不断扩大。乔伊想买飞机、赛车和大游艇，玛德琳则对这些东西完全不感兴趣；玛德琳喜欢去欧洲旅游，乔伊却拒绝同行，而是想留下来看赛车比赛。乔伊对玛德琳是否快乐或在性方面是否满足毫不关心，觉得她要是不高兴一起出门，大可以待在家里。他这样做实际上是在表示：婚姻现在由他操持，玛德琳必须忍受。坐拥玫瑰花园的人是乔伊，玛德琳得到的只有尖刺。

玛德琳的母亲同样只关心她想要的东西和自己。而且乔伊也像她那样，认为玛德琳的诉求很烦人，无意满足她的任何要求。夏洛特勾引邓肯上钩后一辈子都在花他的钱，乔伊对玛德琳也是如此。

"难怪乔伊从一开始就看不惯你母亲，他认出了与自己相同的那些特质。"我说。

"不过我还是害怕他会离开我，所以一直没有离婚。"

"你为什么害怕被抛弃呢？我是说，我们都会对此感到恐惧，但为什么要和一个这么差劲的男人待在一起呢？你富裕、美丽又才华横溢。"

"首先，我不觉得自己具有你说的任何一种优点——嗯，也许还算富裕——但这个不算数。金钱从来都没有让我感到快乐。"

"你以为这些优点是我编造的吗？"我问道。

"不……"她犹豫地说，"不是这样。老实说，你吓到我了，因为我觉得你也被我蒙骗了。"

被人抛弃的恐惧主宰着玛德琳的生活。正因为此，她与一个糟糕的丈夫结婚那么多年，还担心那些死气沉沉又缺乏忠诚感的员工会"抛弃"她，因此支付过高的工资，对他们百般忍受。我对她的童年了解越多，就越是意识到她的问题源自儿时父母始终疏于照管。

玛德琳在高中参加赛艇队时，母亲很少会按约定时间去接她。她成了训练后唯一被留下来的女孩，要在寒冷的码头上待一个多小时等候迟到的母亲。"我一上车她就会说：'哦，瞧瞧这位讨人厌小姐。难怪我迟迟不想去接你。谁要看到这副臭面孔啊？'"由于玛德琳总是最后一个离开，老师会写信去她家，说他们不能久留，并要求家长做好安排去接她。母亲会把纸条撕掉，不让邓肯看见，还说："我们给私立学校付了这么多钱，我什么时候到，他们就应该等到什么时候，何必还要寄这张纸来？你哭着向他们诉苦了是不是？你这个小怪物！他们也许还没看透你，我可是看透了。"

真正的自恋者——比如夏洛特——从不认为自己有错。他们通过猛烈的攻击做出回应时，往往认为是在自我保护，以此抵御一些试图伤害他们的人不怀好意的挑衅。他们受到威胁便会奋起反击，迅速施加报复。自恋可以被描述为一种好战的防御心态。

接下来的那个星期，我们继续探讨有关抛弃的问题，玛德琳向我讲述了她十一二岁时父母与祖父母去俄罗斯旅行六周，她独自留在家中的经历。夏洛特没有为她请保姆，只给她留了点钱用来乘出租车或者去餐馆。"但我太害怕，不敢出门，只好紧紧抱住弗雷德不放。屋子硕大无比，有客房、温室、车库，泳池边还有一间小屋。"

玛德琳的父母旅行期间，有一天，她在街对面的好友罗林家吃饭时不经意间提起父母都在俄罗斯。后来，她帮忙端菜上桌的时候无意中听到罗林的父母在厨房里的对话。"我听到她母亲说了'疏于照管'和'虐待儿童'。"玛德琳知道罗林的母亲是个普通人，从不编造或夸大事实。罗林的父亲说，邓肯一定不知道玛德琳孤身一人，不然他绝对不会允许的。最后，罗林的母亲向玛德琳要去她家清洁女工的名字和电话号码，随后致电并让其长女——十九岁的亚松森——陪伴玛德琳直到她父母回家为止。"'虐待儿童'这几个字印刻在我脑海里。"玛德琳轻声说道，"我想，我在那天打开了一扇小小的门。"

玛德琳父母去俄罗斯第一个星期的一天晚上，她独自待在家里，外面风很大。忽然，防盗报警器响起来，随后停电了。玛德琳吓坏了，以为有人割断电线要闯进来杀了她。她不敢给任何人打电话，因为她知道，要是母亲发现她——用母亲的话说就是——"哭着向人诉苦"还"挑拨离间"，一定会大发雷霆。"我房间里的灯都灭了，只有座机电话还有电，于是我报了警。家里的警报器响个不停，弗雷德躲在床底下，害怕得瑟瑟发抖。"警察最后终于来了，身后还跟着警报器公司的人员。原来，强风吹倒了一些树木，触发了警报。

警报器公司的人向警察解释了原委。两位警官想要找玛德琳的父母谈话，可她却说他们要在俄罗斯待六个星期。当他们问起谁在照顾她时，她说她自己照顾自己。两位警官交换了一下眼色。玛德琳感到害怕，这才想起她得替母亲打掩护。她告诉警官，清洁女工每周会来两次，如果她感到不放心，可以给别人打电话。

"警察没有说你不能一个人待着吗？"我问她。

"没有。他们踌躇了一会儿，最后还是离开了，还说如果有什么问题可以打电话给邻居。"这时，一个身穿浴袍的邻居来到屋外，对这场骚动表示关切。警察和他聊了几句。玛德琳远远地看到他们都在摇头，俨然情况十分糟糕。

这起遗弃儿童事件中的阶层差异十分令人玩味。人们往往认为只有那些经济状况困窘的人才会遇到这种事情。如果警察前往一处廉租房，发现孩子被独自遗弃在屋子里六个星期，他们要么会去追查父母的行踪，要么会把孩子送到寄养机构。前往玛德琳家豪宅的警察想必认为有钱人具有道德权威：他们如果把女儿一个人留在家里，肯定自有安排。毕竟，他们是"恪尽职守"的成年人。或者，他们也许害怕揭露有钱有势的家庭中发生儿童疏于照顾的情况：邓肯可能会进行报复，他们也不想为此断送自己的职业生涯。于是，他们任由一个十一岁孩子独自生活了一个多月。这起事件从未上报任何儿童福利机构，这些警察也没有上门回访。

玛德琳回忆多年后和乔伊一起去看电影《小鬼当家》。"我不得不中途退场，因为我感觉快要晕倒了。"玛德琳说，"观众们竟然都在哈哈大笑，我震惊极了，觉得自己只想对他们大声喊叫，让他们不要再笑了。"

"这是你的亲身经历，你知道这一点儿都不好笑。"

玛德琳的父母从俄罗斯回来后，清洁女工的女儿在门口碰见他们，于是说起接到罗林母亲打来的忧心忡忡的电话。那位姑娘拿到钱离开后，邓肯一反常态地勃然大怒。他以为夏洛特已经做好安排，会有人来照顾玛德琳，他想知道她到底在动什么脑筋。"他们大吵一架。我母亲说：'我十五岁的时候就为家人到处去收集去汉普顿的邀请函了。我不仅要亲自迎合奉承别人，还得为全家人夏天去哪儿度假做好安排。'她随后开始拼命大喊，那种尖叫让人不寒而栗，因为我们知道，她之后会找我们算账：'谁让方特洛伊小公子[1]做过什么事情了？天哪！她要做的无非是去餐厅吃晚餐。换作我的话，有机会让男朋友上门，我高兴还来不及呢。她却偏不，而是要去报警，让多伦多的每一个汤姆、迪克跟阿猫阿狗都知道这件事，就是为了让我难堪。老天爷，我可真是受够你俩了。'说完便踩着重重的脚步上楼去了。"邓肯在她身后大声说：十一岁和十五岁差远了。而且，他

---

[1] 方特洛伊小公子是十九世纪英美剧作家兼作家弗朗西斯·霍森·伯纳特的同名代表作《方特洛伊小公子》的主人公。如今被用来形容那些娇生惯养或过分循规蹈矩的小孩。

说他并不希望自己的孩子重复夏洛特小时候的遭遇。

"她在楼梯口回头说：'你要是真他×的关心你的宝贝，为什么不给她找个保姆？关键词：宝贝。'"

听完这个故事以及其他诸多类似事件后，我问玛德琳，她觉得母亲是想要摧毁她呢，还是单纯缺乏当母亲的能力。

她坐在那里思考良久，最后说："也许两者都有。我不确定她是不是想摧毁我。我觉得自己对她来说没那么重要。但说到为人父母的能力，我知道她的母亲和她一样糟糕——说不定比她还要糟糕。"我对于玛德琳从未见过外祖母感到很惊讶。夏洛特告诉玛德琳，外祖母既狡猾又怨声载道，丈夫厌恶她，因此把她留给夏洛特，并且拒绝再见到她们俩。他虽然有钱，却一个子儿也没有给她们。就连邓肯也特意交代过不准玛德琳去拜访外祖母，而且他们家也不欢迎外祖母来。"这很不寻常。"玛德琳说，"因为他从不制定任何规矩，除非是与金钱有关。我不知道她做了什么，反正肯定很糟糕。"

接下来的那次会面时，维也纳陪同玛德琳进入办公室后对我说："我不知道心理治疗到底进展得怎么样了，反正会计告诉我，要是大家再不带着产品坐飞机出差，我们就要坐上破产的直达航班了。"玛德琳看向维也纳，眼神简直像要掐死她。维也纳没理会她，接着说道："嘿，你说过让我不要藏着掖着的。所以说，吉尔医生，我们现在形势紧急。"

"维也纳，出去！"玛德琳尖叫着说。

"好了，好了，我这就走。"维也纳露出灿烂的笑容说，"吉尔医生，我很喜欢你的书。"随后退出房间，关上了对开的两扇门。

玛德琳看着我，显得有点儿气馁："维也纳说得对——我不断流失客户和资产，必须直面飞行恐惧症了。但我已经在看戈德布拉特医生了，也在做一些练习，设法让自己的心率降下来一点儿。"

299

"我想，当人们登上飞机离开你时，会给你带来各种感受。我们上周探讨了你父母去俄罗斯时你感受到的被遗弃的滋味。被遗弃感是一种特别强烈的感觉，人们会做出各种行为来避免这种感觉——哪怕让自己的生意陷入危机。"

"不，跟被遗弃感没有关系。"玛德琳回答完静静地坐着，足足思考了五分钟，"这还是跟'怪物'有关。万事顺遂的时候，我就感觉自己会受到惩罚。大家早晚会发现我是个怪物，即便他们不知道，坏事也还是会发生，因为怪物不配获得成功。"她迟疑了一下，接着说，"或者快乐。"

"这都是你母亲说的吗？还是你做了什么让你觉得自己是个怪物的事情？"

她脸红了："你怎么知道的？"

我保持沉默。接着，我见她没有开口，于是说："有一点我很清楚，我们都会做一些让自己感到羞耻的事情。当我们触碰某种禁忌时，羞耻感就会爆发。任何说自己没有经历过羞耻感的人要么没有真正生活过，要么就是在撒谎。"

玛德琳双臂交叉放在胸前，低头看着桌子。"我还没离婚的时候，和公司里配送部门的一个男人发生了关系。那是五年前的事情了，持续了大约一个月时间。我为此特别厌恶自己，我变得和母亲一样差劲。"

"让我理一理：你丈夫用你父亲的钱创办了一家企业，然后他平时不进公司，对你喜爱的事物也不闻不问，还一直买你毫无兴趣的昂贵东西，比如快艇和飞机。他从没参与过你喜欢的与文化有关的事情，还拒绝进行让双方都感到满足的性生活。当你说你不快乐的时候，他的回答等于在说他不在乎。"

"请不要再为我的外遇辩解了，不然我就无法相信你作为心理学家说的话了。"

"我不是在为你的外遇辩解，我就是想告诉你，出轨并非什么不寻常的反应。你已经尽你所能让乔伊知道你希望你们的关系能有所改变。你想要做婚姻咨询，他拒绝了，所以你自己去参加了几次会面。你把你的想法和盘托出，可他的言下之意却是：'那又怎么样？我不在乎你的感受。'"

玛德琳看起来还是略显犹疑。我于是说："对了，他的语气听起来像谁？"

她一脸茫然。

"他挥金如土，还说不在乎你是否快乐。你提到职业道德感的时候，他又说你墨守成规。"

"我的母亲。该死！我从来没有意识到。他们表面上如此不同，又彼此厌恶，我根本没发现这一点。老天啊，真是日光之下无新事，我跟我的母亲结了婚。"

我此前已经提到过这种相似之处，但她显然没有完全理解。有时候，来访者不得不从多个角度反复观察并聆听一些事情，他们的无意识才会渗透到意识之中。这就是心理治疗需要持续很长时间的原因之一。

"乔伊和你的母亲有什么不同之处？"

"乔伊非常和蔼可亲，大家都喜欢他。"

"你母亲对其他人来说也是如此。他俩都有很多表面上交情很好的朋友，真正交心的人却没有。"

"我觉得自己没法离开他，最后在这段关系里度过了痛苦的九年时间。"

"就像你没法离开母亲一样。你当时是个孩子，她就是你的整个世界。你习惯了她对你漠不关心甚至有时略显残忍的态度。你能做的就是默默忍受，小心保护自己不被她看穿。"

"天哪，我对乔伊也是这样！他的商店经理打电话问他到哪儿去了的时候，我虽然心里一沉，但还是会为他打掩护。他说他跟兄弟们出门时，我知道他在撒谎，他实际上是寻欢作乐去了，但我从来没有想过和他对峙。我特别害怕他会离开我。"

"就像你母亲去俄罗斯时那样，或者是她在你完成赛艇和曲棍球训练后迟迟不来接你，以及最后为了另一个男人离开了你。你没法离开乔伊，是因为你早已对他的残忍与漠不关心习以为常。"

"残忍？这有点儿夸张。他一点也不残忍。"

"当有人表示不在乎你在性方面是否感到满足，并且不关心你其实想去高档餐馆用餐而不是去看赛车比赛，最起码来说，这显得冷漠又刻薄。他约会时百般殷勤，拿到你父亲的钱之后就露出了真面目。"

"但他确实把钱还给我父亲了。"

"嗯。不过，如果没有你父亲的帮助，他永远不会有数百万加元来抓住那个商机。"

"也许男人根本就不在乎女人是否快乐？"

"我觉得你并不知道善良究竟是什么意思，或者一个人为其伴侣做哪些事情属于稀松平常。"

"我的父亲就很善良。"

我向她解释说，邓肯与夏洛特相比显然是个更称职的家长。我相信他真心爱着女儿。"可是，你需要他的时候，他却不在你身边。"我指出，"他如此害怕，而且出于某种令人费解的原因，他喜欢的都是一些残忍又缺乏爱心的女人。"他在本应该保护玛德琳免受她母亲伤害的时候，却和玛德琳一起躲在地下室的工具间里。而如今，他再次与敌人为伍。"玛德琳，凯伦不仅毁了你祖母的古董，还不允许你踏进自己家的大门。你的父亲站在凯伦那一边，又一次背叛了你。

你现在出现这些症状也并不奇怪。"我说她挺过了邓肯与她母亲为伍的背叛,可等到他再次与凯伦站在同一阵线,这种背叛就显得让她难以承受。就好比脚踝的同一个部位骨折了两次,她在心理上因此跛足也在所难免。

可是,玛德琳并没有认真听我说她父亲的背叛。她处在震惊之中,依然在消化刚刚领悟到的现实:自己想方设法摆脱母亲,结果还是嫁给了一个和母亲一模一样的人。

"我觉得我没法离开乔伊,我以为留下来是我应该做的。"她坐在那里,沉默了足有一分钟。"你知道我想到了什么吗?"她扮了个鬼脸,"我还是直说了吧。除了另一个怪物,还有谁愿意和怪物结婚呢?"

"怪物先生和怪物女士结了婚。"我说。

她点头表示同意。

"但最起码,你希望拥有像样的性生活,所以你有了外遇。我并不主张这么做,但我明白,你当时特别绝望。"

"正是如此。我非常绝望。老天,真不敢相信我竟然选了那个男人!"事情发生的那天晚上,他们二人都工作到很晚;产品必须在第二天一大早发货,而那名男子是包装工。"我们一起叫了外卖,之后他便开始和我调情。他非常体贴,还很关心我是否享受。当我在几星期后想要结束这一切时,他说他想自杀,还说了其他各种歇斯底里的荒唐话。"

我问她有没有找人帮忙处理这件事情,令我惊讶的是,她竟然说"有"。她找上了名叫安东的俄罗斯博物馆学家,安东和她一起工作,是个信得过的人。"虽然这么形容说明不了什么……但安东是这里最正常的人了。我在办公室里哭的时候正好被他撞见,于是把整件难以启齿的事情都告诉了他。我说我是个肮脏的荡妇,说我厌恶自己。他说那不是真的，乔伊才是真正的问题所在，还说我应该止损，当机立断离婚，通过付钱或任何行得通的事情来摆脱他。"安东随后叫来包装工，说要是他之后再向玛德琳或其他人提起这件事的话，就必须走人，要是他还不罢休，就会被解雇。随后，安东向玛德琳保证包装工不会自杀，说"罗马尼亚人就喜欢把这个挂在嘴边"。他还说，就算包装工遭到解雇，也会忌惮警察和移民官员，所以永远都不会打电话找律师。

到头来，安东都说对了。包装工恢复了原状，至今依然在那里工作。（我好奇是不是给我们送来咖啡的那个人。）接着，玛德琳迈出了下一步。"我跟乔伊说我们之间算是结束了。他眼睛都没眨一下。我说结婚这么多年，分割财产时我会给到位的，他也没有拒绝。"他们后来离了婚，不到两年时间，乔伊又娶了一个"从未想对任何事情——尤其是在性方面——发表主见的意大利姑娘"。

我喜欢当心理治疗师的原因之一是，当来访者能够越来越透彻地看待自我，就会发现各种心理线索或启示，由此逐渐解开谜团，对全局也更有概念。真正做到这一点比说起来困难许多，尤其是来访者当局者迷的时候。

对玛德琳来说，第一个启示是：她在内心深处认为自己是个怪物，而怪物不值得拥有幸福。她因此真心认为，即便事情进展顺利，还是早晚会出岔子——这就是她担心飞机失事的原因。

第二个启示是：玛德琳和我们中的许多人一样，坚信自己的结婚对象与难以相处的母亲截然不同，到头来却发现对方就是母亲的翻版。出身保守派上流社会的玛德琳虽然选择了乔伊——一个工人阶层的意大利天主教徒——可一旦褪去阶层的外衣便会发现，乔伊和她母亲有着相同的特质。他和夏洛特一样自恋到无法自拔，而且懒惰、刻薄又狡诈。

第三点，我们直面玛德琳被遗弃的儿时经历，回顾了她"小鬼当家"时的恐惧。

现在是时候让玛德琳把这三个主题编织到一起了，借此探究为什么无论是在家庭还是在工作中，她都一直受到自恋者的掌控。我们需要把这些信息拼凑成一个全新的故事，帮助她摆脱各种日渐严重的症状。

4. 种瓜得瓜，种豆得豆

心理治疗中，来访者在揭开根本问题以前，也许会永无休止地应对各种症状，什么改变都不会出现。在这个案例中，玛德琳的母亲就是问题的症结所在；她蓄意向女儿灌输自己的想法，让后者相信自己就是个怪物。

在接下来的那次会面中，玛德琳告诉我如今生活在美国佛罗里达的夏洛特打电话来邀请她去做客，说的时候吓得瑟瑟发抖。她上一次坐飞机去的时候，母亲"忘记"去机场接她，玛德琳只好在电话簿上翻找她的住址。当她终于抵达夏洛特的公寓时，可以想见有点儿恼火。母亲却说："你怎么一见面就那么生气？你一般要过二十四个小时才开始恨我的呀。"

夏洛特依然故我。

我纳闷为什么夏洛特一整年都住在佛罗里达："有钱人不会一年到头都住在佛罗里达。"我说，"要么是她离婚时没捞到什么好处，只得到了冬天避寒时住的屋子。"

"跟你猜的差不多。母亲在跟父亲结婚时有过外遇，而且她也没有特意去掩饰。烟灰缸里永远插满了烟头，'单纯来拜访'的男人也络绎不绝。"玛德琳十四岁时，夏洛特与同属一个俱乐部的一个名叫杰克的已婚男子发生了关系。该人是一名富裕又低俗的房地产开发商,时而现金充裕,时而负债累累,还被卷入玛德琳半信半疑地称为"过渡融资"的勾当之中。二人相遇时杰克五十多岁,夏洛特则差不多三十五岁。夏洛特为了谄媚的杰克离开了邓肯,但二人都没有离婚的意图。玛德琳说自己现在已经三十六岁,正好是她母亲离开父亲时的年纪。

分手发生在二十多年前;杰克如今已经七十岁,患有前列腺癌和其他各种疾病。而夏洛特则被困在了看护者的角色之中——我认为,她其实并不情愿。我对她选择了一个年长的男人表示惊讶。玛德琳说:"他与我父亲迥然不同。他开朗又带劲,周围总是不缺有趣的人。他帅气得堪比肥皂剧里的明星,还会特地去摩纳哥赌博。"

夏洛特和杰克一样都很狡猾。邓肯家位于棕榈滩的公寓和杰克家的在同一栋大楼内。玛德琳的父母还在一起的时候,夏洛特会带着玛德琳为她与杰克幽会打掩护。"我被母亲拖到杰克和他当时的妻子住的公寓里,她和杰克会在桌子底下牵手、用脚相互触碰。母亲还会做出一些滑稽的举动,比如对他妻子说:我们的孩子应该聚在一起打网球。他的孩子当时已经二十四五岁,而我只有十四岁,真是尴尬得让人发笑。我要是不对她的鬼把戏显得雀跃,她就会说我是榆木脑袋,还说:'玛德琳,你不是羡慕杰克的孩子们一起打网球,想让我帮你问能不能和他们一起玩吗?看在老天的分上,说点儿什么吧。'"

杰克离婚又亏了钱之后——两件事几乎同时发生——他的孩子就再也没有和他说过话。夏洛特告诉玛德琳,她打电话给杰克的孩子告知杰克罹患癌症的消息,可他们特别残忍,根本没有回电话。玛德琳说:"不得不说,他们真的特别向着母亲。"

"这让人不禁纳闷,他到底是个什么样的父亲。"我若有所思地说,"种瓜得瓜,种豆得豆。"

玛德琳坐直身子,放下手中的咖啡杯。"麻烦再说一遍?"

"种瓜得瓜,种豆得豆。"

她缓缓地大声说了出来,像是在说外语一样。"种瓜得瓜,种豆得豆。"她随即抬高声音说,"种瓜得瓜,种豆得豆!"她朝后靠向椅背,"嗯,如果这是人际关系的规则,那为什么我会为母亲付出那么多?"玛德琳指出,不管夏洛特什么时候打来电话,自己都会尽量去她身边陪伴,每逢节假日还会送花给她。可是,母亲却什么都不放在心上,也不会对她做出任何表示。

我问玛德琳为什么如此锲而不舍。她说她也不知道,接着又坦言自己依然忌惮母亲。"她现在已经没法张牙舞爪了,因为我随时都能一走了之。可是,她能够支配的不单单是爪牙。"

我建议她尝试对这一概念进行自由联想,玛德琳抱怨说,她可不是在弗洛伊德的办公室里。"我知道你也许觉得这样很做作,"我说,"但有时无意识其实很渴望被察觉,你需要做的无非是制造一些喘息的空间。你何不想象一下自己卸下所有防备的状态,专心思考'我为什么依然善待母亲'这个问题?然后看看你的脑海里会浮现出什么样的念头。"

玛德琳不是个情感外露的人。毕竟,她必须强硬一点儿才不至于被击垮——不然完全有可能屈服于厌食症、毒瘾、精神疾病或其他种种障碍。她在与内心做斗争时也表现出了同样的强硬特质。值得称道的是,她最后卸下防备,闭上眼睛,开始思考这个问题。

大约过了一分多钟,两行眼泪滑过玛德琳脸上的完美妆容。她哽咽着说:"我每次都表现得很友善,因为我想也许这一次她会爱我。我以为自己只是没有找对办法,还没做出会让她回心转意的那些事情。我总觉得下一次能做得更好。希望哪天早上我下楼以后她不再对我说'早安，怪物'。如果我足够努力，就能找到让她爱我的办法。"

"天底下没有哪个孩子不需要母爱。"我说。

她沮丧地哭喊着道："白痴才有妈妈爱！乔伊从来没有为他母亲做过一件事。即便他有钱了，也没有为母亲买烘焙用的新烤箱。可是，他母亲每次看到他都会神采飞扬。当巴里走进家门的时候，他的母亲就会停下手里的事情去亲吻他，还会拨弄他的头发，问他这一天过得怎么样。而巴里只会咕哝一声作为回应。即便如此，他依然得到了母亲的宠爱。"

她一边擦拭眼泪，一边看着我问道："我到底做错了什么？"

"你母亲有没有爱过任何人？"

"她也许爱杰克吧。杰克一直夸她漂亮。谁知道呢？反正她一直待在杰克身边。不过她现在已经五十多岁了，还能去哪儿呢？"

"她和你父亲在一起待了十五年。她没有爱过他吗？"

"她可受不了他。可是你知道吗，怪就怪在我父亲爱她。母亲只要稍微示意一下，比如在公共场合挽着他的胳膊，他就会乐呵呵的。我从他那里学会了渴望她的爱。"

"爱确实令人费解。就像话剧《谁害怕弗吉尼亚·伍尔夫》里那样，妻子折磨丈夫、给他戴绿帽子，可丈夫依然爱她。"

"真是巧了，父亲和我以前在百老汇看过那出戏，我们都认为那个妻子没什么糟糕的。"我们都笑了。

"你父亲会继续渴望你那缺乏爱意的母亲，这点确实挺费解的，尤其是因为——就像你说的那样——他的双亲都很体面。不过，你渴望她爱你这件事一点也不奇怪。这是所有孩子乃至所有动物都想从父母那里得到的东西。这其实与生俱来。"

为了说明这一点，我对玛德琳说了多伦多动物园对大猩猩做的一些研究。大猩猩在野外是众所周知的好父母,但在动物园里,它们连生育都不会。首先,它们很抑郁,会表现出强迫性的刻板行为。玛德琳一听到"强迫性"便来了兴趣。

  雄性大猩猩对性行为没有兴趣,尽管它们时而会表现出交配行为,但对象并非自己的伴侣。动物园希望能让雌猩猩怀孕,于是引进了一只由群居的母猩猩抚养长大的雄猩猩(大猩猩在野外是群居动物,群体往往由一只成年雄猩猩、几只成年雌猩猩以及它们的后代组成),认为它会知道如何交配。可是,当雄猩猩试图与雌猩猩交配时,那些没有被母亲抚养或在群体中长大的雌猩猩对其感到害怕,它们以为自己受到了攻击,于是回以猛烈的反击。它们从未在群体中看到过交配行为,更重要的是,它们从未见识过交配前的求偶行为,因此认定那是一种攻击。

  无奈之下,动物园管理员请来一位动物行为学家——我的一个朋友——他决定为大猩猩进行人工授精。大部分雌猩猩都流产了,但也有一些最终怀孕并生育。第一个分娩的雌猩猩即刻杀死了刚生下来的大猩猩宝宝。它将新生儿视为排泄出的异物,一看到它开始移动就惊慌失措,随后将其打死。兽医与动物行为学家对此都大吃一惊。

  这些雌猩猩既没有与各自的母亲建立过联系,也从未在群体中看到过母婴之间的亲密关系。而且,它们从未目睹过分娩,也没有见过幼年的大猩猩,因此,这让它们感到害怕。

  下一只雌猩猩分娩时,动物行为学家左右为难:他们既希望雌猩猩与宝宝建立联系,又不想冒它被母亲杀死的风险。于是,他们选择等宝宝一出生就抱走,然后让一位熟悉雌猩猩的动物园女管理员在雌猩猩面前扮演母亲,希望借此让它模仿这种亲密行为。这名女子抱着大猩猩宝宝喂奶,可这样的行为并没有引起雌猩猩的注意。

（它有时在一旁看着的眼神像是在说："不如你来带孩子好了。"）当他们试图让雌猩猩慢慢接触宝宝时，雌猩猩就会把它赶走。

令人难过的是，大猩猩宝宝会不断爬回去试图靠近母亲。雌猩猩猛地拍向宝宝，差点儿把它打死。可是，宝宝锲而不舍。于是，工作人员不得不将宝宝与母亲分隔开来，就像成年大猩猩与它的母亲被分离那样，十分可悲。这就是我们在人类案例中反反复复看到的代际关系障碍。

玛德琳评论说，大猩猩母亲很残忍。我解释说，雌猩猩不知道作为母亲应该做些什么，因为它从未见过自己的母亲，不知道宝宝是它的孩子，也不知道这究竟意味着什么。母性本能其实很复杂，是本能与早期社会化的结合，其中也包括依恋行为。

"我跟你说过，我的外祖母很坏，父亲从不允许她来我们家。"玛德琳说，"她整天赖在床上，除非女儿从权威显贵那里获得邀请，不然就不准她回家，基本上是在给女儿拉皮条。我有一次问母亲，她的母亲是不是病了。她说：'她以前很有钱，后来变穷了，再后来就成了蛇。'母亲从不向人吐露心事。她顶多透露只言片语，如果继续追问，她就会说：'别多管闲事。'"

我们默默地坐了几分钟。随后，我说道："独生子女的生活很不容易。你要是有兄弟姐妹，也许就会意识到她有多么缺乏爱心，或者，他们之中也许有人会帮助你，还可能成为替代父母的存在。"（我想到了艾伦娜对妹妹是如此百般呵护。）"可你只有父亲。你们两人待在地下室里吃着可怜巴巴的食物，既害怕夏洛特又渴望得到她的爱。不幸的是，你的父亲显得更像是担惊受怕的孩子，而不是一个会保护你的父亲。"

"好吧，好吧，我知道她无法爱我，但她为什么要恨我，还说我是个怪物呢？"

311

"为什么大猩猩只揍那只小猩猩,而不是其他大猩猩呢?"

玛德琳沉默良久。"婴儿想要的东西,她给不了。"

"说对了。你揭穿了母亲的伪装。你还记得无意间听到朋友的父母悄声说起'儿童虐待'吗?你想要的不过是寻常的爱,以及不被父母抛弃。你的母亲一定见过其他母亲以及她们对待孩子的方式。她想必有所察觉——尽管埋藏得很深——自己没有履行身为母亲的职责。"

"你说得对。她受不了巴里的母亲,说对方是个保护欲过剩的家庭主妇,把孩子都当成了宝宝。我们认识的所有母亲在她看来都叫人透不过气,缺乏管教能力。我都有点儿信以为真了。"

"你打心底里相信吗?"我问道,试图追问下去。

"半信半疑。我一方面觉得那些孩子就像她说的那样备受娇惯,另一方面又希望自己也能得到娇惯。我现在才意识到,巴里和其他人的母亲不过是温柔慈爱的母亲罢了,可我的母亲则不然。就像戈德布拉特医生说的那样:'你把关爱——其实是健康的行为——错认为是溺爱——不健康的行为。'"

我表示同意。"你母亲也不相信溺爱这回事。在无意识的某种层面上,她每次看到你,都深知自己无法胜任母亲的职责。"

玛德琳久久地望着远处。"要相信问题不在自己,真的很难。"她说,"她有没有可能爱过其他人呢?"她看起来很迷茫,依然在消化"母亲的残忍不是自己的错"这一观点。这是心理治疗中的一个重要时刻,我希望帮她厘清这个问题。

"她并不渴望真正的爱情、感情、热情与共鸣。"我回答说,"她遭到自己母亲的伤害,又被父亲抛弃,因此没有足够的能力恢复。她要么是个自恋者,要么是个精神变态者,或者两者都是。但这些说到底都只是标签。"(自恋者和精神变态者是先天还是后天形成,这一问题在心理学领域存在很大的争论，属于持续不断的先天/后天论中的一部分。）"关键在于，夏洛特缺乏当母亲的能力，但还是不知怎么的被寄予了当好母亲的期望。"

玛德琳悲伤地看着我说："我有生以来头一回觉得，我简直为她感到难过。"

心理治疗与种树相似。最开始的几年也许看不出什么动静，但等到第三年，当小树生根发芽、能够挺直树干后，就会向上挺拔生长。玛德琳对自己的行为有了一些重要的发现。其中之一就是人性的法则：种瓜得瓜，种豆得豆。这句俗语激励了她。她根本不知道自己有权按照母亲对她的付出——其实少得可怜——给予比例相当的回报。

她领悟到的第二点是她无意识中释放出的想法——或者说，是错误的信念——即她的母亲只有在她无可挑剔时才会爱她。这当然不是真的。她的母亲没有能力爱她，哪怕她做到十全十美也改变不了这个事实。这一洞见让她不再执着于千方百计去取悦母亲。

这一年里她最重要的发现是，她的母亲就像被圈养的大猩猩一样没有爱的能力。她自己从未得到过母爱，也没有可以效仿的榜样。众多心理学家认为，自恋型人格障碍在年幼时就会出现，很可能在两岁以前。儿童受到忽视或者遭受创伤后，会意识到自己的首要照顾者不值得信赖，而且无法满足自身的需求。儿童在经历创伤的年纪开始变得情感迟钝，无法体验更加成熟的情感，比如感激、悔恨、共情或爱。

当玛德琳意识到母亲不爱她错不在她后，她心理上的沉重负担就此被卸了下来——玛德琳并非讨人厌的"怪物"，而是她的母亲无法给予爱。

玛德琳还为她之前提出的问题找到了答案,这也成了她获得的最后一个启示:"她也许不爱我,但为什么要恨我,还叫我怪物呢?"在夏洛特眼中,玛德琳就是她失败的象征,她下意识地知道女儿需要的东西她给不了。玛德琳的存在让她想起自己的无能,因此,她只要看到女儿就会心生厌恶。毕竟,没有人喜欢时时想起自己的不足之处。

有了这些启发,玛德琳终于有能力打破以往的行为模式。她不再去佛罗里达探望夏洛特,也不再不遗余力地讨好那些一直吹毛求疵的女性贵宾客户(像母亲那样的人物)。她开始起草新的合同,列出具体的名目,不再容忍她们修改条款或设法以其他方式操纵她。

当来访者从害怕母亲转而开始为母亲感到难过,这往往意味着其已经在康复的道路上前进了不少。

5. 减压症

玛德琳接受心理治疗的第四年对我们两人来说都极度混乱。我作为心理学家犯了一个巨大的错误，一个我会为此付出高昂代价的错误。

玛德琳现在不仅准时赴约，还会准备一份待议事项清单。可是在有一次会面中，她看起来惊慌失措，还朝门外大喊："咖啡，赶紧的！老天，我到底该怎么办？把楼面上的产品都打包装箱吗？"她把一沓纸扔在桌上说，"这些都是还没完成的订单。其中一件必须在周四之前送到洛杉矶的盖蒂博物馆。我想让安东送过去，因为这件产品很重要，但我敢肯定飞机会坠毁。到底什么时候才会好起来啊？"

玛德琳似乎又陷入了严重的焦虑之中，对飞机失事的强迫意念也加剧了。"嗯，有三种选择。"我回答说，"第一种是让他坐飞机去送货，然后忍受自己的焦虑情绪；第二种是服药，这样才能让公司正常运转；第三种是通过心理治疗来改善。我如果是你，就会一边服药一边参加心理治疗。"

玛德琳对心理治疗进展如此缓慢感到十分沮丧，对服用药物治疗焦虑的想法则不屑一顾。"现在已经不流行吃药了。我可不想变得像我母亲那样。她什么药都吃，还喝酒，现在也依然如此。我父亲喝酒也很厉害，但他至少能正常工作。他虽然已经年过七十，却还是每周工作六十小时，年轻人都比不过他。"她沉默了好一阵，随后将脑袋搁在桌子上喃喃地说，"我的身体承受不住了。"

我看着她修长轻盈的身躯，不太明白她的意思。她在生活中的一些方面是个十足的强人，在其他方面却受到了严重的伤害。她最后说，她得过四种癌症，而且相互之间都毫无关联：她在二十一岁时诊断出乳腺癌，二十八岁罹患甲状腺癌，三十五岁确诊子宫内膜癌，而现在，她得了黑色素瘤。

我摇了摇头，没开口。我其实已经从玛德琳父亲那里得知前三种癌症，但我想知道，她为什么过了那么久才亲自告诉我。我问她认为是什么原因导致她年纪轻轻就患上了这些彼此毫无关联的癌症。她说："嗯，老实说，我相信科学，也喜欢阅读各种书，但我觉得我的免疫系统在小时候就透支了，已经没剩下什么能够保护自己的了。你可别问一些想当然的问题：'那为什么其他蛇蝎心肠母亲的孩子没有得各种各样的癌症呢？'我不知道。"她开始用铅笔轻敲桌面，"我只知道我下周要做肾脏的 X 光检查，结果不出意料肯定是癌症。"我问玛德琳是否相信这是她作为怪物受到来自上天的另一种惩罚。她露出笑容说："你终于理解我了，真是太好了。"随后她板起面孔，"我猜老天是这么想的：'乳腺癌还不够，让她再尝尝甲状腺癌吧。接着再试试子宫，这样她就没法生小孩了。'"

"你想要孩子吗？"

她若有所思地望着窗外。"我希望自己能有选择的权利。我因为得了癌症才没和乔伊生孩子。我觉得这好歹算是不幸中的万幸。"

"是上天的惩罚，还是命运？"

"就像我母亲说的那样：'全世界都会看穿你，你不会有好日子过的。怪物是藏不住的。'"（玛德琳把母亲的波士顿口音模仿得惟妙惟肖。)"要知道，我可不像以前那样笃信这句话了，但所有这些各不相干的癌症真是让我感到够呛。"

我问玛德琳二十一岁第一次得癌症时，夏洛特有什么反应。她并没有直接回答问题，而是讲起自己十几岁的时候，母亲离开了父亲。杰克在纽约开启一门新生意后便与夏洛特一起搬到了那里，冬天时，他们会南下佛罗里达，住在邓肯从父母那里继承后送给夏洛特的房子里。"没有她，生活轻松多了。"玛德琳回忆道，"我和父亲会外出用晚餐。他不仅坚持参加家长会，还来看我的比赛，甚至跑到渥太华观看我的辩论队竞赛。我们雇了一位住家管家奈尔欣达，她做事井井有条，为人亲切又善良。我非常喜欢她，几年前把她一起带到纽约来了。"

我很纳闷为什么玛德琳对我的问题避而不答，于是又重复了一遍。她摇了摇头，仿佛回忆起那段经历让她很难过。我从她的表情中可以看出，她不想重提这段往事。"我父亲告诉她后，她给我寄来了一张超市买的贺卡。我至今依然记得，贺卡上有一辆白色的小马车，上面堆满了紫色的紫罗兰。贺卡里写着'早日康复'，署名是'夏洛特'。"

"她没写'妈妈'？"

"没有。"

玛德琳在十四年后患上子宫内膜癌时，夏洛特去医院看望了她。"我看到她大吃一惊。父亲也在病房，他大部分时间都在那里陪我。身穿粉色连衣裙和粉色皮鞋的她说：'邓肯，你的秘书说你在这里。'接着，她简短地说了一句话向我表示慰问。"玛德琳问她为什么打扮得如此隆重，夏洛特说她和杰克是进城来参加婚礼的，他正在楼下车里等着她。"接着，她把离婚协议书递给父亲后便离开了。她每次缺钱花时都会用离婚来威胁父亲。而且啊，他们从来都没有离婚。

她就是想按照法律规定亲自把离婚协议书送到他手里，然后走人。她根本就不是来看望我的。"

我说："这想必让你感到特别失望。"玛德琳说："这完全是因为——我是在心理治疗中意识到的——孩子永远都不会放弃希望。我真心觉得自己现在算是放弃了。她就像个被挖空了的南瓜：她被她的母亲挖空了内里的瓤和籽，瓜皮上还刻了个笑脸。她要是长得不好看，早就被当作精神变态关进当地的监狱了。"

"我认为你的评价十分公允——可如果你真心这样认为，为什么依然觉得自己是她所说的'怪物'呢？"

"就逻辑上而言，我并不相信。我象征着她难以实现的角色：成为孩子的母亲。她因此记恨我。但话说回来，这一度是我唯一的身份。"

"那你的父亲呢？"

"你知道吗，他每个星期都会来纽约帮我的公司做一些国际贸易和关税方面的工作。我宁愿花钱找别人做。老实说，这样会少很多麻烦。"

"他什么都愿意为你效劳，就是不让你踏进家门。"

"正是如此。"

"最大的问题是，他如此害怕心理变态又自恋的女人，这是否意味着他不爱你？"

"我觉得他是爱我的。自己搞得一团糟的人还是可以爱自己的孩子的。安东也问过一样的问题。我深夜里加班的时候会跟他聊天。"

"听起来，他是你第一个吐露心声的人。"

"嗯。不管是我和乔伊还没离婚的时候、我出轨的时候，还是母亲和她那些朋友贸然登门拜访的时候，他都在。母亲喜欢在朋友面前炫耀我的成就，因为这能让她显得像个'完美的母亲'。她当时还常常在朋友面前跟我说一些场面话，暗示我在为某个著名的客户工作。维也纳说她是'追星族'。"

"整出闹剧安东都看见了？"

"嗯。我们开玩笑说，他的父亲和我的母亲一样糟糕，所以我们都要保持警惕。"她接着说安东聪明又善解人意，可他那差劲的英语拖了他的后腿。他和兄弟一起生活，在家只说俄语。很少喜形于色的玛德琳告诉我安东是个才华横溢的博物馆学家——他说得出几乎所有雕塑的创作年代，误差不大于五年。显然，要成为一名博物馆学家不仅需要了解数百种美学的历史与工艺技巧，还要有鉴赏作品的天赋或眼光。她说安东最近发现了一个假冒有六百年历史的明代瓷瓶赝品，佳士得拍卖行和她都没看出来。

我直截了当问她安东是否单身。玛德琳说，他二十多岁在俄罗斯生活时有过一段短暂的婚姻，现在已经离婚了。我问她是否在乎安东，她回答说自己还没有和他发生过性关系。尽管他们性格不同，所处的圈子也不同，但工作起来却配合无间。安东拥有莫斯科顶尖大学的博士学位，平时只在纽约的俄罗斯社群活动。玛德琳称赞他在艺术方面直觉敏锐，还把他的头脑比作无所不包的产品目录。"有一天，我们去拜访一位客户，他看到门厅里有个角落空着，于是说：'我们几年前在爱沙尼亚资产拍卖中购入的那个蓝色芬兰柜子怎么样？'他永远独具慧眼。"她还说，安东毫无财务意识，她不能让他给任何东西定价，也不能让他经手账目。我指出如果她寻求的是商业头脑，大可以留在乔伊身边。我们随后都笑了起来。

接下来那个星期，我进门后见玛德琳面色疲劳。维也纳正指引星巴克的外卖员把咖啡放到桌上，她说："我走以前，需要把一些想法讲给吉尔迪纳医生听。"

"维也纳,你薪水明明那么高,除了惹恼我之外却什么也不做。请你走吧。"

"我不走。吉尔迪纳医生,我想玛德琳可不会告诉你,她之所以有黑眼圈,是因为她已经连续工作了六百七十八天。我算得这么清楚是因为我也在场。任何人这么拼命都会得癌症的。我很担心她,她需要休息一段时间。"

"你是拿工资的,而且你每个周末都会带儿子来上班。"

"我不是在抱怨,我是关心你。听说过'关心'这两个字吗?真是的!"她说完便慢慢走了出去。

我接过维也纳的话茬,提醒玛德琳——她堪称癌症病因与治疗方案的活字典——免疫系统过载的理论。如果一个人持续处在压力状态下,免疫系统就会透支,使其无力对抗癌症。(研究表明,遭受虐待的儿童罹患癌症的可能性比其他儿童高出 50% 左右。)

玛德琳反驳说,其他员工也每天上班。随后她更正道,晚上和周末来这里的只有她和安东,有时还有维也纳和她的儿子。她露出少见的微笑继续说:"我们就像一个小家庭。维也纳九岁的儿子雅克特别有意思,他对这里的工作很感兴趣,而且生来就眼光独到。"安东教了他不少,甚至还跟维也纳一起去参加雅克在私立艺术学校的入学面试——学费由玛德琳支付。

"安东听起来真是个好男人,而且不寻常的是,你每个星期都会提到他的名字。"

"他是个新移民。有时候,为了在周末的工作中休息片刻,我们会步行前往星巴克。他记不住杯型尺寸,必须用手指给店员看。"

"真是个悲剧。哇!我现在算明白了,你应该早点儿告诉我。"我故作严肃地说。

她笑了:"好吧,这只是个插曲。"

"在我们聊其他话题以前,你得想出一些比这个更糟糕的事例才行,毕竟安东是你生命中唯一对你忠诚的男人。"

"天啊,好吧,我老实交代。他为什么会对我感兴趣呢?我爱发牢骚又喜欢大喊大叫,我恋爱失败,还癌症缠身,我那么神经,特别可悲。"

"那他为什么不走呢?"

玛德琳说,他工资优渥,而且所在的领域工作机会稀少。她默默地坐在那里,随后露出微笑,整张脸看起来都容光焕发。"我很喜欢的一点是,他每天晚上离开以前都会摸摸我的脑袋说:'Spokóynoy nóchi moy zavetnyy odin。'"我问她那是什么意思。她说:"我不知道,可能是'晚安'。"

我觉得那么长一句话应该不只是"晚安",于是当场拿出手机搜索。我一边查询一边说:"真是奇怪,你竟然从没问过他这句话的意思,也没有搜索过。我是说,毕竟你洞悉每天的日元汇率走向,还能在几秒钟内看透一份合同。有人每天晚上对你说相同的话,你却从来没有开口问过?"终于,我找到了这句话的意思,随即大声念了出来:"晚安,我的宝贝。"

玛德琳坐在那里久久地盯着桌子看,没有出声,几乎没有几根眉毛的眉头紧锁着。终于,她大喊道:"我的天!"

她的脸皱成一团,看起来极为震惊。谜团逐渐浮出水面。

然而,我就在这个时候犯了一个严重的错误:我解读过头了。"你不希望他上飞机,对吗?"我开口说道,"你是个怪物,因此认为他会从你身边被夺走,他搭乘的飞机会失事。失去像安东这样优秀、善良又关心你的人,对你来说太可怕了。这种难以承受的恐惧,是你在以一种匪夷所思的方式告诉自己你爱安东吗?"

玛德琳大喊:"滚蛋吧!"随即踩着色彩多姿的莫罗·伯拉尼克

高跟鞋噔噔噔地走出房间。

几分钟后，维也纳冲进来问我："刚才发生了什么？大事不好了。玛德琳把一大堆纸塞进碎纸机，让我告诉你心理治疗永久结束了。我们会把支票寄给你的。"

玛德琳和她的家人向来都会这么说——哪怕是在情绪大起大落之际："我们会把支票寄给你的。"

我婉拒了送我去机场的专车，漫步走在纽约的街头，一边穿越中央公园一边欣赏春日的美景：杜鹃花刚刚绽放，草坪上布满星星点点的粉色；平时不起眼的连翘灌木则在枝干上开出了奶黄色的花朵；掉落的花瓣散落在小径上，仿佛置身于我自己的婚礼。

探究我在玛德琳的案例中犯了什么错误毫无意义。答案很明显，作为一个经验丰富的心理治疗师，我犯了一个新手级的错误：过早透露了自己知道的内容。

我不断试图以过快的速度在玛德琳的心理治疗中向前推进，还做出了过度诠释。我看得出她很在乎安东，不想失去他，但同时，她又觉得自己配不上他，母亲说她是怪物的回忆重新浮现，她的强迫性思维模式因此占了上风，不允许公司里的任何人搭乘飞机。她对飞机失事的强迫意念掩盖了她对真实依恋的恐惧。安东是个关心她的好人，只用俄语向她吐露过心意，而且他和玛德琳一样热爱艺术、美与辛勤工作。她的强迫意念会战胜她对安东的真实情感吗？

玛德琳的崩溃展现了强迫意念的本质：就根本而言，那是一种防御机制，避免来访者看清真正让他们感到恐惧的东西。玛德琳说她害怕飞机失事，可她小时候飞遍欧洲各地却从未心慌意乱。这种强迫意念是在她爱上安东之后才出现的。真正让玛德琳害怕的是爱与被爱。"爱"这个字对她来说意味着受到抛弃、失望和背叛。她的母亲对她做出种种残忍行径，然后说："我这么做是因为我爱你。"她的父亲很爱她，却把两个自恋的精神变态者看得比她的幸福更重要。埃利·威塞尔[1]说过："沉默永远只会帮助施虐者而非受虐者。"丈夫乔伊到头来也只是更富有亲和力的母亲的翻版。

玛德琳光是为了活下去就拼尽了全力。她罹患四种癌症时都是自己上医院的。她要如何卸下防备去爱一个人呢？爱情的风险太大，让她感到害怕。她在经营公司方面不断冒险，但也因此成长为一名成功的生意人，在这方面从未失手，她的父亲和祖母都曾称赞她的艺术眼光和理财智慧。

如果有人一直说你是怪物，然后你爱上一个人，你就不会相信那个人也会爱上你。玛德琳认为最好把她对安东的感情隐藏起来也不足为奇。

我犯下的第一个错误是，当玛德琳认为某些事情（对安东的爱）很可怕时，我却将其说成是一件好事。其次，弗洛伊德发现并称之为"防御机制"的东西可没有那么好对付。我们无意识的需求非常强烈——强烈到足以将我们击垮。我们都极其渴望被爱，玛德琳也不例外。然而，每当她试图获得并给予爱时，得到的却只有痛苦。母亲说她是怪物，父亲将她拒之门外，乔伊也不在乎她。她无法冒险承受在爱中遭受挫败的痛苦。现在她爱上了安东，因此担心自己会在飞机失事中失去他。然而实际上，她觉得自己不值得被爱。她对飞机失事的强迫意念掩盖了她对被爱的渴望，同时也掩盖了她对被爱的恐惧。极度渴望某样东西的同时又对其感到恐惧，这会给人

---

[1] 埃利·威塞尔是一位作家兼政治家，诺贝尔和平奖得主与犹太人大屠杀幸存者。后文的引言出自他1986年获得诺贝尔奖时的获奖感言。

带来极大的焦虑。对人的头脑来说，这也是一场永无休止的拉锯。

探索无意识领域有点儿像是深海潜水。我们不能太快浮出水面，而是要逐渐适应越来越浅的水深，不然就会得减压症。玛德琳就患上了心理上的减压症。我以过快的速度抛给了她过多痛苦的内容。她的防御机制——通过对飞行的恐惧显露无遗——对她来说如此重要，她宁愿为此每月损失数千美元，还使生意陷入危机。她想保护自己不受爱情伤害的程度可见一斑。爱意味着展现自身脆弱的一面，爱我们的人也具有伤害我们的能力。因此，展现自我的脆弱面是勇敢的终极表现。这不仅非常可怕，也成了心理治疗需要耗费很长时间的原因之一。心理治疗师不能猛然扯掉来访者毕生建立起来的防御，必须慢慢将其剥下。就这个案例而言，问题不在于玛德琳接受心理治疗的时间长短——因为五年的时间已经足够长了——而是我突然给出了草率的过度解读。

心理治疗师一旦犯了错误，就必须审视自身的动机。我知道自己有各种冲动与控制方面的问题，但我的办公室赋予了我作为心理治疗师的全副武装。在多伦多时，我有那把被我称为"客观态度"的椅子。然而在纽约，我不仅屈服于邓肯的压力为他女儿进行心理治疗，还屈从于玛德琳公司里其他人非心理方面的需求（害怕破产、工作压力，等等）。

另一个因素在于，我与玛德琳有相当多的共鸣。我也是独生女。我母亲为人从不残忍，但她自己也说过，当母亲不是她的强项。如果当时并非二十世纪五十年代、女性没有被要求待在家里，她很可能会去搞学术研究。我的母亲和玛德琳的母亲一样，说过"我宁愿用滚烫的火钳戳瞎自己的眼睛，也不愿为七岁的小孩举办生日派对"之类的话。因此我会自己筹办各种派对，还会准备三明治和蛋糕，一如玛德琳小时候那样。我打心底里明白，她在自己尚未准备就绪时就不得不长大成人。我依然记得,我小时候听见朋友母亲说我的母亲疏于照管孩子时有多么震惊。我还以为她只是在忙自己的事情,而且所有母亲都是这个样子。

玛德琳读完我的回忆录《离瀑布太近》后十分感动,因为我们的经历在许多方面都十分相似。我们的母亲都从不做饭,家里也没有像样的食物。不过,每当我受到批评时,母亲都很支持我,玛德琳的母亲则充满了破坏性。学校里的修女责备我"试图通过搞笑博得大家的关注"时,我的母亲说:"好吧,那就让阿格尼斯修女去教室里活跃气氛吧。说实话,那个修女就算使出浑身解数也讲不出一个笑话来。"

我在中央公园的一条长椅上坐了下来,边上是一位身着绿色手术服的医生。他依然戴着手术室里戴的发网,显然是从西奈山医院径直走到这里来的。他双手交叠放在膝上,低头盯着自己脚上的红色手术鞋看。我开口道:"手术不顺利?"

"双胞胎里其中一个没活下来。"

虽然悲剧的程度并不相同,但我还是说:"我也失去了一位病人。我是个心理治疗师。"

"他们个头发育得都很不错,分娩时心跳也很强劲,但其中一个就是还没做好出生的准备。我还是没能完全搞明白到底是哪里出了问题。你呢?"

"我被解雇了。治疗中止。"

"怎么会的?"他问道。

"有时候,人们还没有做好了解自己的准备,就像婴儿没有做好出生的准备一样。一切都在于时机。"

"只能坚持下去。"他说着,将手臂举过头顶舒展身子。我们都站起身准备离开。

我当时已经离开翠贝卡步行了好几英里,深刻意识到自己犯了个错误,而且没有办法挽回。我考虑过给玛德琳打电话,但这是我的需求,对她而言并非最好的举措。我在某些方面确实帮助了她,现在最好的办法就是给她空间,希望我撕开的那个伤口能够愈合。

第二天,国际快递公司真的寄来了一张支票,上面没有任何附言。只有玛德琳会为了摆脱我而支付国际快递当日抵达的费用。

6. 启示

我越是思考玛德琳的案例，越是纳闷自己到底是如何陷入了这个光怪陆离的迷宫。于是，我向我的其中一位导师、精神病学教授米尔奇博士寻求帮助，他是我见过的最优秀的心理治疗师之一。我曾用大量时间观看他与来访者交谈的录像带，还通过单向玻璃现场观摩他展开心理咨询。他是德国犹太难民，在二十世纪三十年代取道纽约来到加拿大，如今已经八十多岁。他是最后一批与精神分析理论奠基人共事且频繁引用他们的著名心理学家之一。我相信我们之间交情匪浅，因此，尽管他早已退休，我还是打去电话向他寻求建议。米尔奇博士同意我到他家见面。

我在他摆满书籍的房间和他面对面坐下，从不寻常的开始到国际快递寄来的支票，把这个案例从头到尾讲了一遍。随后，米尔奇博士带着浓重的口音总结说："所以说，亲爱的，你告诉这个人——邓肯——你不做婚姻咨询，结果却答应了下来。你让他一个人来，他却带来了女友。他不准女儿踏进自己的家门，你却把注意力放在他那位精神不太正常的女友身上，而不是这位父亲本人。后来，你因为已经不再执业，拒绝为他的女儿进行心理治疗。他尾随你去餐厅，跟踪你，然后你就同意每周飞一趟纽约，去他女儿的公司，甚至都没有要求他的女儿来见你。在我看来,这一案例从一开始——甚至在你见到来访者以前——就注定会失败。你为什么会为这个几乎没有几面之缘的男人破坏所有的规矩呢?"

我哑然无言,意识到自己从一开始就对邓肯产生了反移情,可是,我并没有完全察觉到这对我造成了什么样的影响。邓肯看起来确实和我的父亲有点儿相似:说话都带着美国人的莽撞态度,还会穿上了浆的衬衫。而且,他和我的父亲一样是位魅力过人的生意人。米尔奇博士让我明白了这种反移情的潜在影响:我未能仔细探究邓肯在情感上抛弃女儿的原因。我也不明白为什么他能够经营一家在全国各地拥有数百名员工的企业,却在九十磅重的妻子发脾气时不得不躲进地下室。最关键的问题依然尚未得到解答:他为什么依然爱着——确切而言,有如青春期时一样迷恋着——如此残忍的女人?而且之后又和凯伦在一起,重复了这一行为?

这些问题我一个也没有解决,我也没有真正地——在我的无意识中——认为他对此负有责任。

米尔奇博士提醒我,我拥有二十五年心理治疗师执业经验,曾在大学任教,还指导过心理学专业的学生。我出现如此明显的反移情,意味着我与父亲的关系之中存在情感创伤,或至少在某种程度上不太稳定。我向博士保证我与父亲的关系十分融洽,小时候也很高兴能去药店和他一起工作。

随后,米尔奇博士并没有手下留情,他说他要概括一下我在无意识中对父亲的感受。"他非常成功,聪明又受人喜爱,可是在你十几岁的时候,他开始失去理智。他随后做出一些古怪的事情,让你感到尴尬,比如错过免下车柜台,径直把车开进了餐馆。他还因为投资失败输光家产,使你和你的母亲一贫如洗。除此之外,你还欠了钱,高中时就得打两份工。他背叛了你、离开了你,还把你丢给一个无法应对现实的母亲。他等于是在说：'你十四岁了，是时候挑起大梁来养家了。'"

我对此表示反驳，说父亲在我十几岁时得了脑癌，所以这一切错不在他。米尔奇博士举起手做了个"打住"的手势。他指出无意识从不在乎事实究竟如何。"无意识只知道遭遗弃的感受。"他强调无意识并不取决于实际情况（我的父亲罹患癌症，无法通过手术治疗，不久便去世了），而是会记住情感上受到的影响（我遭到遗弃）。我的无意识中早已刻下被迫挑起贫穷又破碎的家庭重担的恐惧。"玛德琳的父母因为去俄罗斯旅行而遗弃了她，在你与当年的玛德琳差不多大的年纪，你的父亲则因为死亡而遗弃了你。"我点头表示同意。

米尔奇博士说："现在你了解了这些以后，说说邓肯对你而言代表了什么？"

我思考了很久，终于领悟过来："他代表了我父亲罹患脑癌以前一帆风顺时的模样。我希望重现那段时光。我被邓肯的轻松诙谐所吸引，因为那与我的父亲十分相像。"

他表示同意："当你成为慈爱又成功的父亲眼中备受宠爱的女儿时，你希望能冻结住时间。"

我意识到自己扮演了一个希望取悦父亲的女儿的角色，不再是一个探究来访者问题成因且边界分明的心理治疗师。很明显，我应该早点儿来找米尔奇博士的。人无法独自克服过去的全部问题。我以为自己不需要帮助了，这一点显然大错特错。身为一名有经验的心理治疗师，意味着拥有丰富的阅历与智慧，但相应地，这也会使人滋生自满。

很久以后，我在撰写这本书的时候又发现了另一种联系。虽然女孩由父亲抚养长大不太常见，但我选择书写的每一位女性——劳拉、艾伦娜及玛德琳——基本上都是由父亲抚养成人。我直到很久以后才意识到这一点,对此感到无比震惊:我治疗过数千名女性,却在无意识中选择了这三个成长经历——在一个至关重要的方面——和我相似的女性。难怪我会感到和她们有共鸣。这是心理学家受无意识掌控却毫无察觉的一个完美例证。

三十六天后,维也纳打来电话,在我们以往会面的时间段预约了下一次的会面。"老天,"她说,"我们真是痛不欲生。等你'刀了'再和你细说。"(维也纳用法语口音说"到了",她讲话时经常掺杂近似法语的词句。)"美好的翠贝卡这里发生了翻天覆地的变化。我们多了系统分析师、顾问、计算机专业人员,连墙壁都翻新过了。焕然一新!"

我抵达以后,玛德琳身穿阿玛尼服饰走进办公室,她的头发梳成法式麻花辫,耳朵上金色的宝格丽耳钉闪闪发光,眉毛和嘴唇都一如既往画着精美的妆容。她坐下后说道:"好吧,你说得对,忠言逆耳。我必须采取行动。我要是一听到什么可怕的事情就崩溃,那我九岁的时候就会被关进精神病院,穿着约束衣整天淌口水了。

"我大病了一场。简而言之,在大约一个星期的时间里,我身上的每一个孔口都忙活个不停。不过我还是扛过来了,而且还列了一张待办事项清单。"随后,玛德琳拿出一本印有字母组合压花、缀有皮制蝴蝶结的粉色皮面笔记本,断断续续地大声念出上面写着的内容。"第一点。"她开始说道。玛德琳请来IT顾问,后者建议她创建一个所有员工都能访问的数字库存系统。此外,她找人设计了一个更加优化的网站,现在还从中国与匈牙利雇人为公司物色古董。"这里的所有人都必须进修,学会自己本来就他×的需要掌握的技能。"她说,"整个库房也正在重新编目。总之,我正在学习如何把工作委派给他人。"

玛德琳说她厌倦了对别人缺乏信任。她和安东也厌倦了在办公室忙到半夜，而她那些收入不菲的助理却声称只有玛德琳真正了解这些产品，自己则跑去吃晚饭了。她说，现在他们要么学习，要么滚蛋。她以前之所以留住他们，是因为她认为自己是个怪物，担心没有其他人愿意为她工作。"他们的薪资比任何一家博物馆的都要高，所以是时候开始他×的给我挣钱了。"

我点了点头正要开口，却被玛德琳打断。"吉尔迪纳医生，你说得已经够多的了。"她告诉我，"这次会面听我说吧。"

她接着念道："第二点：我完全崩溃，喘得特别厉害，最后只好用纸袋子来帮助呼吸。我八年级时就学会这么做了。"她的嗓音变得嘶哑，但还是继续说了下去，"哦，对了，我跟安东说了我爱他。"（我很想知道他作何反应，但还是按捺住好奇心没有开口。）"还跟他说'你最好也爱我'。他说他确实爱我。

"第三点：新生活。他搬进了我的住处。我跟父亲说我和安东恋爱了，另外，我不想听到'他不适合你'之类的评价。我的类型就是开玛莎拉蒂的浑蛋，而安东平时骑自行车，还他×的读书，平时会给母亲寄钱。"（好在邓肯说只要玛德琳高兴，他就为她感到高兴。）

所有出差飞行计划都已经恢复正常，玛德琳继续说，实际上，他们当周就有十三个航班要飞。不过，她说，她有时还是会哭着告诉安东千万别飞机失事。安东则会握住她的手，安慰说她不是怪物（并指出他走去星巴克的路上被杀的概率更高）。玛德琳还通知全体员工，虽然公司正全速发展，但大家还是要在她好转以前学会应对她的焦虑症状。她从来都不担心顾客——她永远知道要如何应付他们。

她和安东带着一些梅森瓷器飞往棕榈滩时，她决定不去探望母亲。"我打算就按你说的做：按照母亲的付出给予相应的回报。她能做的无非是忘记去机场接我,或者说安东的坏话。我自己其实不在乎这些,但我想保护安东,他不应该受到这种待遇。"

玛德琳在我面前举起手,示意我"别开口"。"我知道你想说'你也不应该受到这种待遇'。我正在为此努力,知道吗?"

她吃不下任何固体食物,奈尔欣达——常年照顾她的管家——因此为她准备了婴儿吃的辅食。"不过我会坚持下去的。恐惧可吓不倒我。我今天只能穿平底鞋,因为我双腿抖得特别厉害,像是穿着高跟鞋的初生牛犊。安东叫我别再穿高跟鞋了。他说看见我穿高跟鞋脚这么疼,觉得鞋跟不仅要把地板戳出洞来,还戳痛了他的心。"

终于,轮到我开口了。"我很抱歉在上一次会面时让你感到不知所措。"我充满歉意地说,"这是我的错。"

玛德琳用一种就事论事的冷漠语气表示不以为意。"没什么大不了的。我毕竟领略过高手有多可怕,而且毕生都不得不战斗。"接着,她笑盈盈地加了一句,"这成了我的强项。"

玛德琳的声明完全符合布鲁斯·梅耶[1]在《英雄:从赫拉克勒斯到超人》中对"英雄"的定义。他在书中写道:"简而言之,英雄主义就是故事之中生命的力量比死亡更强大的那个时刻。"

玛德琳那天害怕极了,她腿颤抖得只能换上平底鞋。可是,她依然大步迈向战场。这是一个自出生以来不断遭受情感创伤却坚持继续生活的女人。她并非只上过一次战场、打过一场胜仗的成年人,

---

[1] 布鲁斯·梅耶是一名加拿大学者兼教授,著有数十本诗歌、虚构与非虚构类作品。后文中的《英雄:从赫拉克勒斯到超人》是他于 2007 年出版的一本非虚构作品,解析文学作品内外的著名英雄经久不衰的现象及原因。

而是一个每天都为自己的理智而抗争的小女孩，而她的敌人恰恰是自己的母亲。她必须把母亲吐在餐巾里的肉偷偷带出餐厅，为母亲的外遇打掩护，忍受母亲和初恋男友上床的背叛，而且明明瘦削无比却因为想好好吃一顿饭而被说成是肥猪。她孩提时希望获得母亲的关注，却被称为怪物。她还被父母连续数周遗弃在家独自生活。而且，她的父亲也帮不了她，因为父亲和她一样害怕。

她八岁的时候，有一天，邓肯在车上转过头对她说："玛德琳，我们该怎么办啊？"玛德琳对夏洛特的恐惧中，有一部分来自邓肯自己对夏洛特的恐惧。她不仅要保护自己，还必须保护父亲。

即便如此，玛德琳还是闯出了自己的一片天地。她拒绝接受家族财产，而是将自己的信托基金支票捐给了癌症研究机构，她的父亲为此十分气恼。她的祖母把翠贝卡的房子和古董都留给了玛德琳，但除此之外，她全靠自己在打拼。玛德琳打造的宏大事业已经远远超过了她祖母收藏的古董的价值。她没日没夜地工作，从没说过："我那么有钱，没必要工作。我四十岁前就得了四次癌症，我觉得我需要休息。"如果这都不算英雄，那谁才算得上呢？

玛德琳情绪崩溃的那个星期——或者用她自己的话来说，"当我他×的发疯了的时候"——彻底改变了她。最重要的就是，她向安东告白了。二人自那以后关系一直很好；我此后再也没有听到她表示过任何担心或者犹疑。性、爱与亲密感，样样都有了。二人还拥有共同的兴趣爱好与职业道德。安东在与她恋爱之前早已是她的朋友，这一点也很有帮助。

有一天，我走出玛德琳的办公室，刚坐上开往机场的豪华轿车，一名又高又瘦的英俊的金发男子敲了敲贴着防晒膜的车窗。他对我竖起大拇指，露出了灿烂的笑容。我摇下车窗（尽管在纽约，英俊的金发男子也有可能会朝人开枪），他对着渐渐驶离的轿车用口型默示："我是安东。"他长得与巴雷什尼科夫[1]相似，只是腿更长一些。玛德琳从未提过安东有多英俊，真是有她一贯的作风。我再次见到玛德琳时说起了这一幕。她嘲弄地看着我说："我虽然有点儿神经质，但品位可不差。"

玛德琳把情绪崩溃后的那些会面称为"天启过后"。在宗教术语中，"天启"说的是天堂突然显现并打开大门，展现其中不为人知的景象，以便让人们更容易理解尘世间的种种现实。对玛德琳来说，在此之后一切也确实变得更容易了。我见证了她经历了一个又一个的变化。

玛德琳和安东周日不再上班，而且会纯粹以休闲为目的去欧洲度假。他们还带着维也纳已经十几岁的儿子一起去阿斯彭滑雪。玛德琳与父亲也已经和解，父亲每个星期都会飞往纽约与她和安东共进晚餐。

我每周远赴纽约，穿过丢弃着不再新鲜的冷冻鸡翅与成堆垃圾的街道。与玛德琳进行为时两个小时的会面，一晃已经过去四年多时间。如今我认得她公司里的每一个人。当我发现自己辨别得出某些类型的骨瓷时，我意识到我在那里已经待得太久了。

心理治疗临近尾声的时候，尽管玛德琳的心理状态谈不上完美，但治疗师必须清楚意识到自己的大部分工作在何时应该告一段落。这跟养育孩子其实有点儿相似，家长必须知道"支持"与"依赖"之间的区别。我回顾我们一路走过的历程——尽管我在此期间犯了

---

[1] 米哈伊·巴雷什尼科夫是俄裔美国舞蹈家，出生于苏联时期的拉脱维亚，被公认为是二十世纪最出色的舞蹈家之一。

错误——我依然为我们的进展感到骄傲。玛德琳一如各种患有PTSD的前战俘一样，状态仍有可能反复。当她感到疲劳、压力大，面对触发点或是一些逆境时，她的症状——主要是沉迷于工作——就有可能再次出现。

玛德琳与安东一起搭乘飞机出行，标志着她克服了自己最大的障碍。安东想带她去圣彼得堡的冬宫博物馆，还想带她见识他喜爱的其他俄罗斯景点。通过爱人的眼睛领略世界美景，还有什么比这更美妙的事情呢？

在我们的最后一次会面中，我正喝着超大杯脱脂无咖啡因拿铁，维也纳走进来搂着我哭了起来。"我们会想你的。"她啜泣着说。玛德琳以惯常的假正经姿态开玩笑说："别担心，就我这种运气，她早晚会回来的。"

富裕的人在大家看来什么都不缺，因此常常遭到误读或误判。一位杂志记者就曾将玛德琳形容为"生性傲慢"，因为她既不微笑也不与人进行眼神交流。如果她并不富有，就会被描述为"害羞"。那名记者的猜想显然大错特错。玛德琳不与人产生眼神交流是因为她害怕任何形式的亲密或关注；她不微笑则是因为她的母亲曾经说她笑的时候像是一只"露着紫色牙龈跳舞的鬣狗"。

玛德琳是我的英雄。她在我看来就是一个在自己家中遭到洗脑的战俘。她有一个看似体面实则自恋又精神变态的母亲。有时候，有夏洛特这样的母亲——在外体面，私下里却对自己的孩子十分残忍——比有一个明显精神错乱且众人皆知的家长更加艰难。至少在后一种情况下，孩子明白自己遭受虐待的原因不在自己。

玛德琳置身于五星级的豪华监狱，被反复告知自己是个怪物，不仅娇生惯养，脾气暴躁，还又懒又胖。可她实际上非常漂亮，还是班长、网球冠军和学生会主席。我见到过她小时候的照片,照片里的她身着华丽的派对礼服,美丽如画。然而玛德琳一如所有的孩子,对母亲所描述的她深信不疑。当玛德琳偶尔指出自己的成就时,夏洛特就会说只有她知道玛德琳的真面目是怎样的一个怪物。

夏洛特本能地知道如何从方方面面给女儿洗脑。心理学家玛格丽特·辛格(Margaret Singer)是洗脑研究领域的专家,她在著作《我们之中的邪教:与隐藏威胁的持续斗争》(*Cults in Our Midst: The Continuing Fight Against Their Hidden Menace*)中列出了洗脑的一些基本规则:

1. 不让其察觉现状并逐步对其心理上施加影响。

玛德琳的母亲在和她一起生活的那些年里,每天早上都叫她怪物。

2. 系统性地使其感到无助。

所有孩子都非常无助,而母亲则十分全能,这是核心家庭所固有的权力结构。夏洛特的权力是如此之大,以至于她那个掌管数百名员工的丈夫不得不和女儿一起躲到地下室去。

3. 群体操纵是一个包含奖励、惩罚与经验的系统,以此促进其学习群体所持有的意识形态或信仰体系以及群体所认可的行为。

玛德琳的家里有两种相互抗衡的意识形态。她的父亲代表真理、文明行为与社会契约的重要性。（然而，他的一个重大疏忽就是未能保护女儿免受掠夺成性的母亲的伤害。）母亲嘲笑父亲的条条框框，称他不滥交是"假正经"，说玛德琳没有和青少年时期的男友睡觉是"幼稚"的表现。与此同时，夏洛特将自己的心理变态行为形容为"有趣"，而邓肯符合道德的行为则"无聊又乏味"。相比之下，夏洛特更加冷酷无情，因此她的思想在家中占了上风。她要是去给情报机构工作，肯定也能将敌人成功洗脑。

距离我上一次见玛德琳和邓肯已经分别过去了十四年和二十年。我一直通过各种杂志关注她公司的近况，有一次还看见一张夺目的照片，照片上的她身穿古驰及地长裙礼服，挽着身穿燕尾服的安东的手臂。杂志专栏里有关医院慈善舞会的那篇报道中，二人都露出了灿烂的笑容。

玛德琳在邮件沟通中告诉我，她依然和安东幸福地生活在一起。她的癌症没有复发，和父亲的关系也更紧密了。凯伦年事已高，不得不住进护理机构；玛德琳也因此得以重新踏入儿时的家。她已经学会原谅父亲未能在母亲与凯伦面前维护自己的过往，也对邓肯试图做出的各种弥补欣然表示接纳。

虽然玛德琳的母亲和年轻时比起来温和许多（精神变态者年纪上去后往往会有所消停），但是她本质上并没有改变。精神变态者晚年时常常状况不佳，因为他们无法与人建立长久的人际关系——人类存在的主要目的之一。夏洛特一度拥有美貌与金钱，还享受着丈夫的社会地位。然而她后来的同居伴侣杰克去世时身无分文，她也因为年纪增长、吸烟酗酒、日晒与缺乏锻炼而失去了美貌。不出所料，她现在突然想花更多时间陪伴女儿。玛德琳难以信任这种冷不丁冒出来的情谊，因此只尽一个孝顺女儿应尽的义务。玛德琳和她的父亲都给过夏洛特钱，但此后拒绝再给更多。他们学会了如何保护自己。用玛德琳的话来说就是："多亏了心理治疗和来电显示。"

（正文完）

致谢

感谢本书中的英雄们,他们永不放弃、坚持努力,让我深受启发。没有他们就不会有这本书。他们不仅是英雄,还慷慨地同意分享各自的故事。感谢我的第一批读者乔恩·雷德芬(Jon Redfern)与琳达·卡恩(Linda Kahn),是他们让我此次的写作走上正轨。

我孜孜不倦的代理人希拉里·麦克马洪(Hilary McMahon)不仅提出了必要的修改建议,还为这本书在企鹅出版社找到了完美归宿。我想感谢编辑戴安·特尔拜德(Diane Turbide),她以令人难以置信的能力使我在编辑过程中没有感到丝毫痛苦。她不可思议的删减与编排方式,外加总是挂在嘴边的"有趣但多余"让这本书变得更优秀、更凝练。文字编辑凯伦·埃利斯顿(Karen Alliston)则能在不改变我原意的同时,揪出各种细微的错误。

最后,我要感谢与我结婚四十八年的丈夫迈克尔(Michael),他一直会像初次聆听那样倾听我的各种想法——这项才能需要不断学习才能掌握。

凯瑟琳·吉尔迪纳
(Catherine Gildiner)

加拿大籍作家、心理治疗师。有 25 年临床心理治疗的从业经验，同时也是《纽约时报》畅销作家，著有回忆录《离瀑布太近》《瀑布以后》《回到陆上》和小说《诱惑》等作品。

早安，怪物

作者 _ [加] 凯瑟琳·吉尔迪纳　　译者 _ 木草草

产品经理 _ 周喆　　装帧设计 _ 肖雯　　产品总监 _ 木木
技术编辑 _ 顾逸飞　　责任印制 _ 刘淼　　出品人 _ 贺彦军

营销团队 _ **魏洋** 张艺千 马莹玉

果麦
www.guomai.cn

以　微　小　的　力　量　推　动　文　明

图书在版编目（CIP）数据

早安，怪物 /（加）凯瑟琳·吉尔迪纳著；木草草译. -- 石家庄：花山文艺出版社，2024.2（2024.7重印）
书名原文：Good Morning, Monster
ISBN 978-7-5511-6963-9

Ⅰ．①早… Ⅱ．①凯… ②木… Ⅲ．①心理学-通俗读物 Ⅳ．① B84-49

中国国家版本馆CIP数据核字（2023）第236056号

Good Morning, Monster: Five Heroic Journeys to Recovery
Copyright © 2019 by Catherine Gildiner
Published by arrangement with Penguin Canada, a division of Penguin Random House Canada Limited, through The Grayhawk Agency Ltd.

版权登记号：冀图登字：03-2023-155

书　　名：早安，怪物
　　　　　ZAO'AN, GUAIWU
著　　者：［加］凯瑟琳·吉尔迪纳
译　　者：木草草
责任编辑：梁东方
封面设计：肖　雯
美术编辑：王爱芹
出版发行：花山文艺出版社（邮政编码：050061）
　　　　　（河北省石家庄市友谊北大街330号）
销售热线：0311-88643299/96/17
印　　刷：河北鹏润印刷有限公司
经　　销：新华书店
开　　本：880毫米×1230毫米　1/32
印　　张：11
字　　数：265千字
版　　次：2024年2月第1版
　　　　　2024年7月第6次印刷
书　　号：ISBN 978-7-5511-6963-9
定　　价：59.80元

（版权所有　翻印必究·印装有误　负责调换）